高等职业教育系列教材

数字电子技术项目化教程

主　编　李华

副主编　王　萍　弥　锐　马　颖

参　编　李晓丽　祝建科

主　审　贾正松

机械工业出版社

本书根据《高职高专电子信息类指导性专业规范（Ⅱ）》和《高等职业学校专业教学标准（试行）：电子信息大类》相关要求，结合多年职业教育教学成果编写而成。全书以逻辑测试笔电路、键控编码显示电路、四路智能抢答器电路、30s倒计时电路、触摸式防盗报警电路、数字电压表电路以及可编程逻辑器件实现4位加/减法器7个制作项目为主线，主要介绍了数字电路基础知识、逻辑门电路、组合逻辑电路、触发器、时序逻辑电路、D/A转换与A/D转换、存储器和可编程逻辑器件等相关知识，并通过技能训练介绍了仪器仪表的使用方法、电路的仿真调试方法和实物的装配调试方法。本书由任务入手引入理论知识，通过技能训练，将相应的理论知识和技能操作融为一体；通过项目实施，完成电路设计、制作与调试，有效地提升了学生知识和技能的综合应用能力。

7个项目设置了项目概述、项目引导、项目实施、项目考核、项目习题等内容，方便了课程教学和自学。

本书可作为高职高专院校"数字电子技术"课程的教材，也可作为从事电子技术相关工作的工程技术人员的参考用书。

本书配有电子课件，需要的教师可登录 www.cmpedu.com 免费注册，审核通过后下载，或联系编辑索取（微信：13261377872，电话：010-88379739）。

图书在版编目（CIP）数据

数字电子技术项目化教程/李华主编 .—北京：机械工业出版社，2019.7（2024.2重印）

高等职业教育系列教材

ISBN 978-7-111-62772-2

Ⅰ. ①数… Ⅱ. ①李… Ⅲ. ①数字电路-电子技术-高等职业教育-教材 Ⅳ. ①TN79

中国版本图书馆 CIP 数据核字（2019）第 094785 号

机械工业出版社（北京市百万庄大街 22 号　邮政编码 100037）

策划编辑：和庆娣　　　　　责任编辑：和庆娣　陈文龙

责任校对：赵　杨　刘雅娜　责任印制：郜　敏

中煤（北京）印务有限公司印刷

2024 年 2 月第 1 版第 5 次印刷

184mm×260mm · 18 印张 · 446 千字

标准书号：ISBN 978-7-111-62772-2

定价：55.00 元

电话服务　　　　　　　　　网络服务

客服电话：010-88361066　　机 工 官 网：www.cmpbook.com

　　　　　010-88379833　　机 工 官 博：weibo.com/cmp1952

　　　　　010-68326294　　金 书 网：www.golden-book.com

封底无防伪标均为盗版　机工教育服务网：www.cmpedu.com

出 版 说 明

党的二十大报告首次提出"加强教材建设和管理",表明了教材建设国家事权的重要属性,凸显了教材工作在党和国家事业发展全局中的重要地位,体现了以习近平同志为核心的党中央对教材工作的高度重视和对"尺寸课本、国之大者"的殷切期望。教材作为教育目标、理念、内容、方法、规律的集中体现,是教育教学的基本载体和关键支撑,是教育核心竞争力的重要体现。建设高质量教材体系,对于建设高质量教育体系而言,既是应有之义,也是重要基础和保障。为落实立德树人根本任务,发挥铸魂育人实效,机械工业出版社组织国内多所职业院校(其中大部分院校入选"双高"计划)的院校领导和骨干教师展开专业和课程建设研讨,以适应新时代职业教育发展要求和教学需求为目标,规划并出版了"高等职业教育系列教材"丛书。

该系列教材以岗位需求为导向,涵盖计算机、电子信息、自动化和机电类等专业,由院校和企业合作开发,由具有丰富教学经验和实践经验的"双师型"教师编写,并邀请专家审定大纲和审读书稿,致力于打造充分适应新时代职业教育教学模式、满足职业院校教学改革和专业建设需求、体现工学结合特点的精品化教材。

归纳起来,本系列教材具有以下特点:

1)充分体现规划性和系统性。系列教材由机械工业出版社发起,定期组织相关领域专家、院校领导、骨干教师和企业代表开展编委会年会和专业研讨会,在研究专业和课程建设的基础上,规划教材选题,审定教材大纲,组织人员编写,并经专家审核后出版。整个教材开发过程以质量为先,严谨高效,为建立高质量、高水平的专业教材体系奠定了基础。

2)工学结合,围绕学生职业技能设计教材内容和编写形式。基础课程教材在保持扎实理论基础的同时,增加实训、习题、知识拓展以及立体化配套资源;专业课程教材突出理论和实践相统一,注重以企业真实生产项目、典型工作任务、案例等为载体组织教学单元,采用项目导向、任务驱动等编写模式,强调实践性。

3)教材内容科学先进,教材编排展现力强。系列教材紧随技术和经济的发展而更新,及时将新知识、新技术、新工艺和新案例等引入教材;同时注重吸收最新的教学理念,并积极支持新专业的教材建设。教材编排注重图、文、表并茂,生动活泼,形式新颖;名称、名词、术语等均符合国家有关技术质量标准和规范。

4)注重立体化资源建设。系列教材针对部分课程特点,力求通过随书二维码等形式,将教学视频、仿真动画、案例拓展、习题试卷及解答等教学资源融入到教材中,使学生学习课上课下相结合,为高素质技能型人才的培养提供更多的教学手段。

由于我国高等职业教育改革和发展的速度很快,加之我们的水平和经验有限,因此在教材的编写和出版过程中难免出现疏漏。恳请使用本系列教材的师生及时向我们反馈相关信息,以利于我们今后不断提高教材的出版质量,为广大师生提供更多、更适用的教材。

机械工业出版社

前　言

本书根据《高职高专电子信息类指导性专业规范（Ⅱ）》和《高等职业学校专业教学标准（试行）：电子信息大类》相关要求，结合四川信息职业技术学院"数字电子技术"课程教学团队十余年的教学改革和经验积累，同时借鉴其他高职院校教学改革的成果与经验编写而成。全书基于"项目导向、任务驱动"模式，将项目制作、理论知识和技能训练有机结合，更加符合当今高等职业院校高素质技术技能人才的培养要求。本书是我院（四川信息职业技术学院）省级示范院校建设期间的教学改革成果之一。

本书以典型的数字电子电路（包括逻辑测试笔电路、键控编码显示电路、四路智能抢答器电路、30s倒计时电路、触摸式防盗报警电路、数字电压表电路以及可编程逻辑器件实现4位加/减法器共7个典型电路）为载体，介绍了相应电路的设计、制作与调试。每个项目划分为若干个任务。

书中的各任务内容具有设计性、扩展性和系统性强的特点，贴近岗位实际需求，针对每个项目模块能力要素的培养目标，精心选择工作任务与技能训练项目，避免过大过繁。同时，注重能力训练的延展性，每个任务既相对独立，又与前后任务密切联系。

本书主要介绍数字电路基础知识、逻辑门电路、组合逻辑电路、触发器、时序逻辑电路、D/A转换与A/D转换、存储器和可编程逻辑器件等内容。全书编写形式直观生动，在内容上引入了大量与实践相关的图、表，并给出了元器件清单、电路仿真图和电路装调注意事项等内容，从而引导读者按部就班地完成任务，增强了可操作性。同时，每个项目都给出了项目概述，明确了本项目需完成的学习任务和工作步骤，增强了可读性，便于读者掌握项目内容重点，提高学习效率和归纳总结能力。本书参考教学学时为72学时，使用时可根据具体教学情况酌情增减。

本书由四川信息职业技术学院李华担任主编，王萍、弥锐、马颖担任副主编，贾正松担任主审。具体分工如下：李华对本书的编写思路和大纲进行了构思、策划，指导全书的编写，对全书统稿，并编写了绪论、项目1、项目6、综合训练（部分）；王萍编写了项目4和项目5；弥锐编写了项目2、项目3；马颖编写了项目7与各任务的技能训练；李晓丽编写了综合训练（部分）；祝建科编写了附录。校内外同行老师以及教学合作企业的工程技术人员，对本书的编写提供了很多宝贵意见和建议，同时在编写中参考了多位同行老师的著作，在此一并表示感谢。

限于编者水平，本书在内容取舍、编写方面难免存在不妥之处，恳请读者提出宝贵意见。

编　者

目　　录

绪　论

数字电路包括数字信号的传送、控制、记忆、计数、产生和整形等内容，其在结构、分析方法、功能、特点等方面均不同于模拟电路。数字电路的基本单元是逻辑电路，分析工具是逻辑代数，在功能上着重强调电路输入与输出间的因果关系。数字电路比较简单、抗干扰能力强、精度高、便于集成，因而在无线电通信、自动控制系统、测量设备、电子计算机等领域获得了广泛的应用。

电子技术中的信号可以分为模拟信号和数字信号两大类：模拟信号是随时间连续变化的信号，如正弦波信号；数字信号是在时间上和数量上都不连续变化的信号，即离散的信号，如矩形波信号。由于这两类信号的处理方法各不相同，所以电子电路也相应地分为两类：一类是处理模拟信号的电路，即模拟电路，如交流放大电路；另一类是处理数字信号的电路，即数字电路。本书重点讨论数字电路。

1. 数字信号

自然界中存在着许多物理量，它们在时间和数值上均是离散的，也就是说，它们的变化在时间上是不连续的，总是发生在一系列离散的瞬间，这类物理量称为数字量。用来表示数字量的信号称为数字信号。

数字信号通常用数字波形表示，数字波形表示的是逻辑电平与时间的关系。当某波形仅有两个离散值时，可以称为脉冲波形。此时，数字波形与脉冲波形的关系是统一的，区别是表达方式不同，前者用逻辑电平表示，后者用电压值表示。数字信号分为周期性和非周期性两种，如图 0-1 所示。

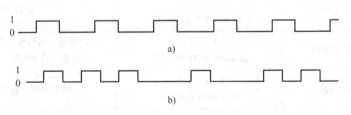

图 0-1　数字信号

a）周期性数字信号　b）非周期性数字信号

2. 二值数字逻辑和逻辑电平

数字信号在时间和数值上均是离散的，常用数字 0 和 1 表示，这里的 0 和 1 不是十进制中的数字，而是逻辑 0 和逻辑 1，因而称为二值数字逻辑，简称数字逻辑。

二值数字逻辑的产生，基础是客观世界的许多事物可以用彼此相关又相互对立的两种状态来描述，例如，是与非、真与假、开与关、低与高等。在电路中，可用电子元器件的开关特性来描述，由此形成离散电压或数字电压。这些数字电压常用逻辑电平来表示：通常将高电位称为高电平，用逻辑"1"表示；低电位称为低电平，用逻辑"0"表示。在实际数字电路中，高电平通常为 3.5V 左右，低电平通常为 0.3V 左右，这种逻辑关系称为正逻辑关系；如果高电平用逻辑"0"表示，低电平用逻辑"1"表示，则称为负逻辑关系。本书所用的都是正逻辑关系。

3. 数字电路

数字电路就是用于传递、加工和处理数字信号的电路。与模拟电路相比，数字电路具有以下特点：

1）工作信号是二进制的数字信号，反映在电路上是高、低电平两种状态。
2）研究的主要问题是电路的逻辑功能。
3）电路结构简单，便于集成、系列化生产，成本低廉，使用方便。
4）抗干扰能力强、可靠性强、精度高。
5）对电路中元器件的精度要求不高，只要能区分"0"和"1"两种状态即可。
6）更易于存储、加密、压缩、传输和实现。

4. 数字电路的分类

（1）按电路类型分类

数字电路按电路类型可分为组合逻辑电路和时序逻辑电路两大类：组合逻辑电路的输出只与当时的输入有关，如编码器、加/减法器、比较器、数据选择器等；时序逻辑电路的输出不仅与当前的输入有关，还与电路原来的状态有关，如触发器、计数器、寄存器等。

（2）按集成度分类

数字电路按集成度可分为小规模集成电路（SSI）、中规模集成电路（MSI）、大规模集成电路（LSI）、超大规模集成电路（VLSI）4类。所谓集成度，是指单片芯片上所容纳的器件个数。表0-1列出了几类数字集成电路的分类依据。

表0-1 数字集成电路的分类依据

分 类	集 成 度	典型集成电路
小规模集成电路（SSI）	1 ~ 10 门/片 或 10 ~ 100 器件/片	逻辑门电路
中规模集成电路（MSI）	10 ~ 100 门/片 或 100 ~ 1000 器件/片	译码器、编码器、选择器、计算器、寄存器、转换电路、算术运算部件等
大规模集成电路（LSI）	>100 门/片 或 >1000 器件/片	微控制器、存储器、门阵列
超大规模集成电路（VLSI）	1000 门/片 或 >10 万器件/片	大型存储器、微处理器、可编程逻辑器件、多功能集成电路

（3）按电路所用器件的不同分类

数字电路按照电路所用器件的不同可分为双极型（晶体管型）和单极型（场效应晶体管型）两大类。其中，双极型电路常用的类型有标准型TTL、高速型TTL（H-TTL）、低功耗型TTL（L-TTL）、肖特基型TTL（S-TTL）、低功耗肖特基型TTL（LS-TTL）等；单极型电路有JFET、NMOS、PMOS、CMOS等。

总之，数字电路较模拟电路而言，抗干扰能力更强，技术性能指标更高，可以轻松去除干扰信号，生产成本更低，极大地方便了对电信号的各种处理，使得数字式电器具有更强的功能，电路结构却比模拟电路简单。

5. 数字电路的学习方法

1）逻辑代数式分析是设计数字电路的重要工具，熟练掌握和运用这一工具才能使学习更为高效。

2）重点掌握各种常用数字逻辑电路的逻辑功能、外部特性和典型应用，其内部电路结构和工作原理不必深究。

3）只要掌握基本的分析方法，就可以得心应手地分析各种逻辑电路。

4）数字电子技术实践性很强，需按电路设计流程严格训练，并及时补充必备的理论知识，这样才能学有所成。

5）数字电子技术发展迅速，应提高查阅技术资料和信息检索的能力，从而获取更多更新的知识和技术。

项目1　逻辑测试笔电路的设计与制作

项目概述

数字电路主要研究的是输出信号状态与输入信号状态之间的关系，这就是所谓的逻辑关系，即电路的逻辑功能。在数字电路中，经常要检测电路的输入和输出是否符合所要求的逻辑关系，使用万用表测试数字电路电平的高低显得很不方便，但使用逻辑测试笔却可以快速测量出数字电路中的故障点，它是数字电路设计、试验、检查和修理中最简便的工具。本项目通过逻辑测试笔电路的设计与制作，来帮助读者掌握数字电路中的逻辑关系、逻辑运算和逻辑门电路的电气特性及实际应用。

项目引导

项目名称		逻辑测试笔电路的设计与制作
项目说明	教学目的	1. 了解数制与数制转换、码制 2. 掌握基本逻辑运算和复合逻辑运算 3. 掌握逻辑代数的基本定律和运算规则 4. 掌握逻辑函数及其表示方法 5. 掌握逻辑函数的化简 6. 了解分立元件门电路 7. 了解集成 TTL 门电路和 CMOS 集成逻辑门电路 8. 熟练使用电路仿真软件 Multisim 14，仿真电路进行正确的连接与调试 9. 掌握电路装配、调试与故障排除方法
	项目要求	1. 工作任务：逻辑测试笔电路的设计、制作与调试 2. 电路功能：当被测点为高电平时，LED1（红灯）被点亮；当被测点为低电平时，LED2（绿灯）被点亮；当测试探针悬空时，LED3（黄灯）被点亮；从而实现数字电路逻辑电平的测试

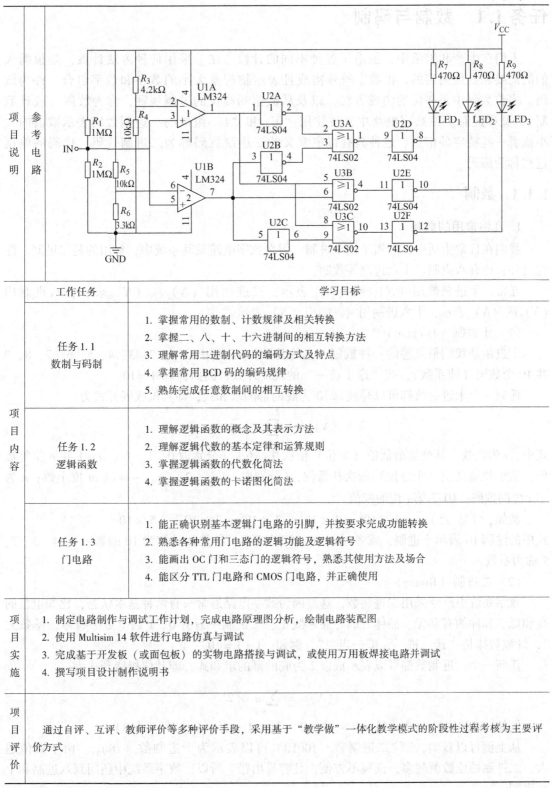

工作任务	学习目标
任务 1.1 数制与码制	1. 掌握常用的数制、计数规律及相关转换 2. 掌握二、八、十、十六进制间的相互转换方法 3. 理解常用二进制代码的编码方式及特点 4. 掌握常用 BCD 码的编码规律 5. 熟练完成任意数制间的相互转换
任务 1.2 逻辑函数	1. 理解逻辑函数的概念及其表示方法 2. 理解逻辑代数的基本定律和运算规则 3. 掌握逻辑函数的代数化简法 4. 掌握逻辑函数的卡诺图化简法
任务 1.3 门电路	1. 能正确识别基本逻辑门电路的引脚，并按要求完成功能转换 2. 熟悉各种常用门电路的逻辑功能及逻辑符号 3. 能画出 OC 门和三态门的逻辑符号，熟悉其使用方法及场合 4. 能区分 TTL 门电路和 CMOS 门电路，并正确使用

项目说明 参考电路

项目内容

项目实施
1. 制定电路制作与调试工作计划，完成电路原理图分析，绘制电路装配图
2. 使用 Multisim 14 软件进行电路仿真与调试
3. 完成基于开发板（或面包板）的实物电路搭接与调试，或使用万用板焊接电路并调试
4. 撰写项目设计制作说明书

项目评价
通过自评、互评、教师评价等多种评价手段，采用基于"教学做"一体化教学模式的阶段性过程考核为主要评价方式

任务 1.1　数制与码制

人们在生产和生活中，创造了各种不同的计数方法。采用何种方法计数，是根据人们的需要和方便而定的。由数字符号构成且表示物理量大小的数字和数字组合，称为数码。多位数码中每一位的构成方法，以及从低位到高位的进制规则，称为数制（或计数制），又称进制。在数字电路中，往往用"0"和"1"组成的二进制数码表示数值的大小或者一些特定的信息，这种具有特定意义的二进制数码称为二进制代码，代码的编制过程称为编码。

1.1.1　数制

1. 几种常用的数制

我们在日常生活中，习惯于用十进制，但在数字电路及其系统中，常用的是二进制。除此之外，还有八进制、十六进制等数制。

通常，十进制数用 $(N)_{10}$ 或 $(N)_D$ 表示，二进制用 $(N)_2$ 或 $(N)_B$ 表示，八进制用 $(N)_8$ 或 $(N)_O$ 表示，十六进制用 $(N)_{16}$ 或 $(N)_H$ 表示。

（1）十进制（Decimal）

十进制是我们最熟悉的一种数制，它的基数为 10，用 0、1、2、3、4、5、6、7、8、9 共 10 个数码（或系数），按"逢十进一"的规律计数，例如，$9+1=10$。

任何一个十进制数都可以写成以 10 为底的幂的求和式，即其位权展开式为

$$(N)_{10} = \sum_{i=-m}^{n-1} a_i \times 10^i$$

式中，i 为位数，从整数最低位（个位）依次往高位，i 分别取 0、1、$\cdots$、$n-1$ 共 n 位整数位，从小数最高位（十分位）依次往低位，i 分别取 -1、-2、$\cdots$、$-m$ 共 m 位小数；a_i 为第 i 位的数码；10^i 为第 i 位的权值。

例如，$(143.75)_{10} = 1 \times 10^2 + 4 \times 10^1 + 3 \times 10^0 + 7 \times 10^{-1} + 5 \times 10^{-2}$

式中的注脚 10 表示十进制，或者说以 10 为"基数"；各位数的权为 10 的幂；1、4、3、7、5 称为系数。

（2）二进制（Binary）

数字系统中广泛采用二进制数，这是因为数字电路通常只有两种基本状态，比如电位的高和低、脉冲的有和无、晶体管的导通和截止。二进制中只有 0、1 两个数字符号，基数为 2，计数规律是"逢二进一，借一当二"，例如，$1+1=10$。

任何一个二进制数都可以表示成以 2 为底的幂的求和式，即其位权展开式为

$$(N)_2 = \sum_{i=-m}^{n-1} a_i \times 2^i$$

例如，$(10010)_2 = 1 \times 2^4 + 0 \times 2^3 + 0 \times 2^2 + 1 \times 2^1 + 0 \times 2^0 = (18)_{10}$

从上例可以看出，5 位二进制数 $(10010)_2$ 可以表示为十进制数 $(18)_{10}$。由于数值越大，二进制的位数就越多，读写不方便，且容易出错。所以，数字系统中还用到八进制和十六进制。

（3）八进制（Octal）

八进制的数码为 0、1、2、3、4、5、6、7 共 8 个数码，基数为 8。它的计数规则是"逢八进一，借一当八"，例如，$7+1=10$。

其位权展开式为

$$(N)_8 = \sum_{i=-m}^{n-1} a_i \times 8^i$$

例如，$(116)_8 = 1 \times 8^2 + 1 \times 8^1 + 6 \times 8^0 = (78)_{10}$

（4）十六进制（Hexadecimal）

十六进制是以 16 为基数的计数体制，它有 0~9、A、B、C、D、E、F 共 16 个数码，其计数规则是"逢十六进一，借一当十六"，例如，$F+1=10$。

其位权展开式为

$$(N)_{16} = \sum_{i=-m}^{n-1} a_i \times 16^i$$

例如，$(3F)_{16} = 3 \times 16^1 + 15 \times 16^0 = (63)_{10}$

2. 数制转换

二进制、八进制、十六进制转换成十进制时，只要将它们按位权展开式展开，将各项相加，便可得到相应进制数对应的十进制数，这里不再赘述。

（1）十进制数转换成非十进制数

把十进制数转换成为非十进制数可用"除基数取余法"。它是将十进制数逐次除以转换数的基数，并依次记下余数，直到商为 0。最先得到的余数为转换数的最低位，最后得到的余数为转换数的最高位。

例如，将十进制数 157 转换为二进制数的步骤如下：

$$2 \underline{|157} \quad \cdots\cdots\cdots\cdots \quad 余\,1 \quad b_0$$
$$2 \underline{|78} \quad \cdots\cdots\cdots\cdots \quad 余\,0 \quad b_1$$
$$2 \underline{|39} \quad \cdots\cdots\cdots\cdots \quad 余\,1 \quad b_2$$
$$2 \underline{|19} \quad \cdots\cdots\cdots\cdots \quad 余\,1 \quad b_3$$
$$2 \underline{|9} \quad \cdots\cdots\cdots\cdots \quad 余\,1 \quad b_4$$
$$2 \underline{|4} \quad \cdots\cdots\cdots\cdots \quad 余\,0 \quad b_5$$
$$2 \underline{|2} \quad \cdots\cdots\cdots\cdots \quad 余\,0 \quad b_6$$
$$2 \underline{|1} \quad \cdots\cdots\cdots\cdots \quad 余\,1 \quad b_7$$

可得 $(157)_{10} = (10011101)_2$

（2）二进制数与八进制数之间的转换

1）二进制数转换成八进制数。从低位到高位"三位并一位"，不足三位用 0 补足，分组后将每三位二进制数组用对应的八进数来代替，再按顺序排列写出对应的八进制数。

例如，$(10110001)_2 = (010, 110, 001)_2 = (261)_8$

2）八进制数转换成二进制数。可以概括为"一位拆三位"，并去掉整数部分最高位的 0 即可。

例如，$(315)_8 = (011, 001, 101)_2 = (11001101)_2$

（3）二进制数与十六进制数之间的转换

1）二进制数转换成十六进制数。从低位到高位"四位并一位"，不足四位用 0 补足，分组后将每四位二进制数组用对应的十六进数来代替，再按顺序排列写出对应的十六进制数。

例如，$(10111100010)_2 = (0101, 1110, 0010)_2 = (5E2)_{16}$

2）十六进制数转换成二进制数。可以概括为"一位拆四位"，并去掉整数部分最高位的 0 即可。

例如，$(8D3C)_{16} = (1000, 1101, 0011, 1100)_2 = (1000110100111100)_2$

几种进制数的对照表见表 1-1。

表 1-1　几种进制数的对照表

十进制数	二进制数	八进制数	十六进制数
0	0000	0	0
1	0001	1	1
2	0010	2	2
3	0011	3	3
4	0100	4	4
5	0101	5	5
6	0110	6	6
7	0111	7	7
8	1000	10	8
9	1001	11	9
10	1010	12	A
11	1011	13	B
12	1100	14	C
13	1101	15	D
14	1110	16	E
15	1111	17	F

1.1.2　码制

码制即编码的方式。在数字系统中，用 0 和 1 组成的二进制数码不仅可以表示数值的大小，而且还常用来表示数字、文字或符号等特定信息，这种具有特定意义的二进制数码称为二进制代码。二进制代码的编制过程称为"编码"。编码的形式有很多，本节只介绍常用的二-十进制编码（又称为 BCD 码）和格雷码。

1. 常用的 BCD 码

BCD 码是用一个 4 位二进制代码表示 1 位十进制数字的编码方法。4 位二进制有 16 种不同的状态组合，从中取出 10 种组合来表示 0 ~ 9 十个数字，可以有多种组合方式，因此

BCD 码有许多种，见表1-2。

表 1-2 几种常用的 BCD 码

十进制数	8421BCD 码	5421BCD 码	余 3 码
0	0000	0000	0011
1	0001	0001	0100
2	0010	0010	0101
3	0011	0011	0110
4	0100	0100	0111
5	0101	1000	1000
6	0110	1001	1001
7	0111	1010	1010
8	1000	1011	1011
9	1001	1100	1100

（1）有权 BCD 码

1）8421BCD 码。从表1-2 可以看出，8421BCD 码是选取 0000 ~ 1001 这 10 种状态来表示十进制数 0 ~ 9 的，1010 ~ 1111 为不用状态。8421BCD 码实际上就是用按自然顺序的二进制数来表示对应的十进制数的。因此，这种编码最自然和简单，很容易识别和记忆，与十进制数之间的转换也比较方便。

8421BCD 码和一个 4 位二进制数一样，从高到低的位权值分别是 8、4、2、1，故称为 8421BCD 码。在这种编码中，1010 ~ 1111 这 6 种状态是不用的，称为禁用码。用 8421BCD 码可以十分方便地表示任意一个十进制数。例如，十进制数 1314 用 8421BCD 码表示为

$$(1314)_{10} = (0001\ 0011\ 0001\ 0100)_{8421BCD}$$

2）5421BCD 码。从表1-2 可以看出，5421BCD 码是选取 0000 ~ 0100 和 1000 ~ 1100 这 10 种状态来表示十进制数 0 ~ 9 的，0101 ~ 0111 和 1101 ~ 1111 这 6 种状态为不用状态。5421BCD 码从高到低的位权值分别是 5、4、2、1。

可以看出，8421BCD 码和 5421BCD 码都是用位权值来命名的，所有又称为有权码。

（2）无权 BCD 码（余 3 码）

余 3 码选取的是 0011 ~ 1100 这 10 种状态，与 8421BCD 码相比，对应相同十进制数均要多 3，故称为余 3 码。要将一位十进制数转换成余 3 码，只要先将十进制数转换成 8421BCD 码，然后再加上 $(0011)_2$ 即可。可以看出，余 3 码不是用位权值来命名的，所有又称为无权 BCD 码。

2. 其他常用的编码

（1）格雷码

格雷码又称为循环码。它有一个显著特点，即任意两个相邻的数所对应的代码之间只有一位不同，其余位都相同。这一特点使它在代码的形成和传输时引起的误差比较小。4 位循环码的编码表见表 1-3。

表 1-3　4 位循环码的编码表

十进制数	循环码	十进制数	循环码
0	0000	8	1100
1	0001	9	1101
2	0011	10	1111
3	0010	11	1110
4	0110	12	1010
5	0111	13	1011
6	0101	14	1001
7	0100	15	1000

格雷码和余 3 码均属于无权 BCD 码，无权 BCD 码没有确定的权值，但它们各有特点，在不同的场合可以根据需要选用。

（2）奇偶校验码

信息的正确性对数字系统和计算机系统有着重要的意义，但在信息的存储和传送过程中，常由于某种随机干扰而发生错误。所以希望在传送代码时能进行某种校验以判断是否发生了错误，甚至能自动纠正错误。

奇偶校验码就是一种具有自动检错的代码。这种代码由两部分组成：一部分是信息位，可以是任意一种二进制代码（如 8421BCD 码）；另一部分是校验位，它仅有一位。常见的奇偶校验码见表 1-4。

表 1-4　常见的奇偶校验码

十进制数	奇校验码		偶校验码	
	信息位	校验位	信息位	校验位
0	0000	1	0000	0
1	0001	0	0001	1
2	0010	0	0010	1
3	0011	1	0011	0
4	0100	0	0100	1
5	0101	1	0101	0
6	0110	1	0110	0
7	0111	0	0111	1
8	1000	0	1000	1
9	1001	1	1001	0

从表 1-4 可以看出校验位数码的编码方式：作为"奇校验"时，使校验位和信息位所组成的每组代码中含有奇数个"1"；作为"偶校验"时，使校验位和信息位所组成的每组代码中含有偶数个"1"。

奇偶校验码常用于代码的传送中对代码接收端的奇偶性进行检查：与发送端的奇偶性一致，则可认为接收的代码正确；否则，接收的代码错误。

任务 1.2 逻辑函数

为了便于研究和处理一些复杂的逻辑问题，常常将实际的逻辑问题用逻辑函数来表示。表示逻辑函数的方法有很多种，如真值表、逻辑表达式、逻辑图和卡诺图等。逻辑函数进行运算的数学工具是逻辑代数。本任务主要介绍逻辑函数与逻辑运算、逻辑函数的表示方法、逻辑代数和逻辑函数的化简。

1.2.1 逻辑函数与逻辑运算

如果将一个事件能否发生作为逻辑的结果，那么影响这个结果的各个原因就是这个逻辑的因，这种因果关系称为逻辑关系。用来描述任何一种具体事物因果关系的公式称为逻辑函数，逻辑函数的一般表达式为

$$Y = F(A, B, C, D, \cdots)$$

式中，Y 为输出变量；A，B，C，D，$\cdots$为输入变量；F 为输出变量与输入变量的逻辑关系。

逻辑函数变量的取值范围仅为 0 和 1，0 和 1 并不表示数量的大小，而是表示两种不同的逻辑状态，例如，用 1 和 0 表示是和非、真和假、高电平和低电平、开和关等。逻辑函数中的变量称为逻辑变量。任何一个逻辑函数均可由与、或、非 3 种基本逻辑运算组合而成。

1. 基本逻辑运算

（1）与运算

与逻辑关系：只有当决定事物结果的所有条件全都具备时，结果才会发生。

例如，图 1-1a 所示电路中有两个开关（输入 A 和 B），不难看出，只有两个开关都闭合时，灯（输出 Y）才亮；只要有一个开关断开，灯就不亮。

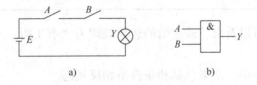

图 1-1　与逻辑

a）电路模型　b）逻辑符号

实现与逻辑的电路称为与门，与逻辑和与门的逻辑符号如图 1-1b 所示，符号 "&" 表示与逻辑运算。

当然，"与"的条件可以有多个。若用逻辑表达式来描述，则写为 $Y = A \cdot B$，式中的符号 "·"读作与（或乘），在不引起混淆的前提下，"·"常被省略。

与逻辑的真值表见表 1-5。

表 1-5　与逻辑的真值表

A	B	$Y - AB$
0	0	0
0	1	0
1	0	0
1	1	1

从与逻辑的真值表可以看出，与逻辑的运算规律为"有0得0，全1得1"。

（2）或运算

或逻辑关系：决定事物结果的几个条件中，只要有一个或一个以上条件得到满足，结果就会发生。

电路如图1-2a所示，两个开关（输入 A 和 B）是并联的，只要有一个开关闭合，灯（输出 Y）就亮；只有当开关全部断开时，灯才灭。

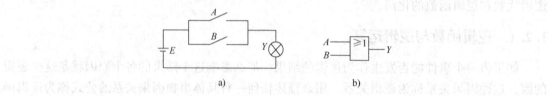

图1-2　或逻辑

a）电路模型　b）逻辑符号

实现或逻辑的电路称为或门，或逻辑和或门的逻辑符号如图1-2b所示，符号"≥1"表示或逻辑运算，其中"或"的条件可以有多个。若用逻辑表达式来描述，可写为 $Y = A + B$，式中的符号"+"读作或（或加）。

或逻辑的真值表见表1-6。

表1-6　或逻辑的真值表

A	B	$Y = A + B$
0	0	0
0	1	1
1	0	1
1	1	1

从或逻辑的真值表可以看出，或逻辑的运算规律为"有1得1，全0得0"。

（3）非运算

非逻辑关系：在事件中，结果总是和条件呈相反状态。

电路如图1-3a所示，当开关（输入 A）闭合时，灯（输出 Y）不亮；当开关断开时，灯就亮。

实现非逻辑的电路称为非门或反相器，其逻辑符号如图1-3b所示，逻辑符号中的"○"表示非，符号中的"1"表示缓冲。

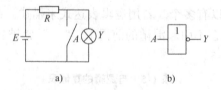

图1-3　非逻辑

a）电路模型　b）逻辑符号

非逻辑用逻辑表达式描述可写为 $Y = \bar{A}$，式中变量上方的符号"—"表示非运算，读作非（或反）。

非逻辑的真值表见表1-7。

表1-7 非逻辑的真值表

A	$Y = \overline{A}$
0	1
1	0

从非逻辑的真值表可以看出，非逻辑运算的规律为"0变1，1变0"。

2. 逻辑函数的复合运算

三种基本逻辑的运算简单、容易实现，但是实际的逻辑问题要比基本逻辑运算复杂得多。所以常把与、或、非三种基本逻辑运算合理地组合起来使用，这就是逻辑函数的复合运算。常用的复合逻辑运算有与非运算、或非运算、与或非运算、异或运算和同或运算等。

（1）与非运算

"与"和"非"运算的复合运算称为与非运算，若输入变量为A、B、C，则与非运算的逻辑表达式为

$$Y = \overline{ABC}$$

实现与非运算的电路称为与非门，其逻辑符号如图1-4所示。

图1-4 与非门的逻辑符号

表1-8为与非逻辑的真值表，从表中可以看出，只有A、B、C全为1时，输出才为0。其运算规律可归纳为"有0则1，全1才0"。

表1-8 与非逻辑的真值表

A	B	C	$Y = \overline{ABC}$	A	B	C	$Y = \overline{ABC}$
0	0	0	1	1	0	0	1
0	0	1	1	1	0	1	1
0	1	0	1	1	1	0	1
0	1	1	1	1	1	1	0

（2）或非运算

"或"和"非"运算的复合运算称为或非运算，若输入变量为A、B、C，则或非运算的逻辑表达式为

$$Y = \overline{A + B + C}$$

实现或非运算的电路称为或非门，其逻辑符号如图1-5所示。

图1-5 或非门的逻辑符号

表1-9为或非逻辑的真值表，从表中可以看出，只有A、B、C全为0时，输出才为1。

其运算规律可归纳为"有1则0，全0才1"。

表1-9　或非逻辑的真值表

A	B	C	$Y=\overline{A+B+C}$	A	B	C	$Y=\overline{A+B+C}$
0	0	0	1	1	0	0	0
0	0	1	0	1	0	1	0
0	1	0	0	1	1	0	0
0	1	1	0	1	1	1	0

（3）与或非运算

与或非运算是先进行与运算，把与运算的结果进行或运算，最后进行非运算。若输入变量为 A、B、C、D，则其逻辑表达式为

$$Y = \overline{AB + CD}$$

实现与或非逻辑的电路称为与或非门，其逻辑符号如图1-6所示。

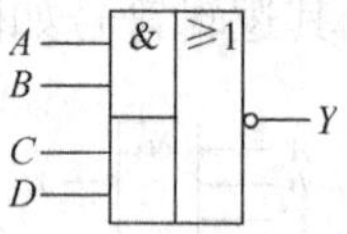

图1-6　与或非门的逻辑符号

（4）异或运算

异或运算是指两个输入变量的取值相同时输出为0，取值不相同时输出为1。若输入变量为 A、B，则其逻辑表达式为

$$Y = A \oplus B = \overline{A}B + A\overline{B}$$

实现异或运算的电路称为异或门，其逻辑符号如图1-7所示。逻辑符号的" =1 "表示异或运算。

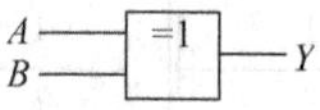

图1-7　异或门的逻辑符号

表1-10为异或逻辑的真值表，从表中可以看出，异或逻辑功能可归纳为"相同为0，相异为1"。

表1-10　异或逻辑的真值表

A	B	$Y=A\oplus B$
0	0	0
0	1	1
1	0	1
1	1	0

（5）同或运算

同或运算是指两个输入变量的取值相同时输出为 1，取值不相同时输出为 0。若输入变量为 A、B，则其逻辑表达式为

$$Y = A \odot B = \overline{A}\ \overline{B} + AB$$

实现同或运算的电路称为同或门，同或逻辑和同或门的逻辑符号如图 1-8 所示。

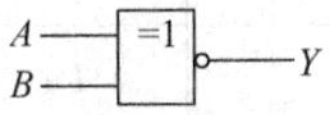

图 1-8　同或门的逻辑符号

表 1-11 为同或逻辑的真值表，从表中可以看出，同或逻辑功能可归纳为"相同为 1，相异为 0"。

表 1-11　同或逻辑的真值表

A	B	$Y = A \odot B$
0	0	1
0	1	0
1	0	0
1	1	1

由于同或运算是异或运算的非运算，所以有

$$\overline{A \oplus B} = A \odot B$$

或

$$\overline{\overline{A}B + A\overline{B}} = \overline{A}\ \overline{B} + AB$$

1.2.2　逻辑函数的表示方法

任何一个逻辑函数都可以有逻辑表达式、真值表、逻辑图和卡诺图 4 种表示方法。

1. 逻辑表达式

逻辑函数表达式是将逻辑变量用与、或、非等运算符号按一定规则组合起来表示逻辑函数的一种方法。它是逻辑变量与逻辑函数之间逻辑关系的表达式，简称逻辑表达式，如 $Y = AB + BC + AC$、$Y = \overline{A}BC + A\overline{B}C + AB\overline{C} + ABC$ 等。该表示方法的特点比较明显：简洁、方便，有利于化简和变换。

2. 真值表

真值表是将输入逻辑变量的所有可能取值与相应的输出变量函数值排列在一起而组成的表格。由于每个输入变量有 0 与 1 两种取值，n 个输入变量就有 2^n 个不同的取值组合。将输入变量的全部取值组合和相应的输出函数值全部列出来，就可以得到逻辑函数的真值表。

例如，逻辑函数 $Y = AB + BC + AC$，式中有 A、B、C 三个输入变量，共有 8 种取值组合，把它们分别代入逻辑表达式中运算，求出相应的输出变量 Y 的值，即可列出其真值表（见表 1-12）。

表 1-12 $Y = AB + BC + AC$ 的真值表

A	B	C	$Y = AB + BC + AC$	A	B	C	$Y = AB + BC + AC$
0	0	0	0	1	0	0	0
0	0	1	0	1	0	1	1
0	1	0	0	1	1	0	1
0	1	1	1	1	1	1	1

该表示方法能直观、明了地反映函数和输入变量的取值对应关系。

3. 逻辑图

逻辑图是用逻辑符号表示逻辑函数的一种方法。其中，每一个逻辑符号就是一个最简单的逻辑图。根据逻辑表达式 $Y = AB + BC + AC$，可以画出如图 1-9 所示的逻辑图。

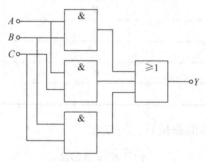

图 1-9　$Y = AB + BC + AC$ 的逻辑图

由图 1-9 可知，逻辑符号与实际器件有着明显的对应关系，能方便地按逻辑图构成实际电路。

从前面三种逻辑函数的表示方法很容易看出，同一个逻辑函数可以用几种不同的方法表示，每一种表示方法都有其优点和缺点，表示逻辑函数时应该视具体情况合理选用，各种表示方法可以互相转换。逻辑函数的第四种表示方法（卡诺图）将在后面进行介绍。

1.2.3　逻辑代数

逻辑代数是一种描述客观事物逻辑关系的数学方法，又称布尔代数。它是研究数字电路的数学工具，是分析和设计逻辑电路的理论基础。它的研究内容是逻辑函数与逻辑变量之间的关系。

1. 逻辑代数的基本公式

根据与、或、非 3 种基本运算的特点，可以推导出表 1-13 的逻辑代数的基本公式。这些公式中，有一些是与普通代数不同的，在运用中要特别注意。证明这些定律是极容易的，最直接的方法，就是将变量的各种可能取值组合代入等式中进行计算，如果等号两边的值相等，则等式成立，否则就不成立。

表 1-13　逻辑代数的基本公式

名　称	公　式
0-1 律	$A \cdot 1 = A$　　　$A + 0 = A$
	$A \cdot 0 = 0$　　　$A + 1 = 1$
重叠律	$A \cdot A = A$　　　$A + A = A$
互补律	$A \cdot \overline{A} = 0$　　　$A + \overline{A} = 1$
交换律	$A \cdot B = B \cdot A$　　　$A + B = B + A$
结合律	$A \cdot (B \cdot C) = (A \cdot B) \cdot C$　　$A + (B + C) = (A + B) + C$
分配律	$A(B + C) = AB + AC$　　$A + BC = (A + B)(A + C)$
摩根定律 （反演律）	$\overline{A \cdot B} = \overline{A} + \overline{B}$　　　$\overline{A + B} = \overline{A} \cdot \overline{B}$
非-非律 （还原律）	$\overline{\overline{A}} = A$

逻辑代数关于常量间关系的规律：

$$0 \cdot 0 = 0 \qquad\qquad\qquad 0 + 0 = 0$$
$$0 \cdot 1 = 0 \qquad\qquad\qquad 0 + 1 = 1$$
$$1 \cdot 0 = 0 \qquad\qquad\qquad 1 + 0 = 1$$
$$1 \cdot 1 = 1 \qquad\qquad\qquad 1 + 1 = 1$$

2. 逻辑代数的常用公式

应用基本公式，可以推导出一些其他的常用公式。熟练地掌握和使用这些公式将为化简逻辑函数带来很多方便。下面介绍一些常用公式。

公式 1：
$$AB + A\overline{B} = A$$

证明：
$$AB + A\overline{B} = A \cdot (B + \overline{B}) = A \cdot 1 = A$$

可见，如果当两乘积项中分别含有 B 和 $\overline{B}$ 形式而其他因子相同时，则可消去变量 B，合并成一项。

公式 2：
$$A + AB = A$$

证明：
$$A + AB = A(1 + B) = A \cdot 1 = A$$

可见，在两个乘积项中，如果一个乘积项是另一乘积项（如 AB）的因子，则另一个乘积项是多余的。

公式 3：
$$A + \overline{A}B = A + B$$

证明：
$$A + \overline{A}B = (A + \overline{A}) \cdot (A + B) = 1 \cdot (A + B) = A + B$$

可见，在两个乘积项中，如果一个乘积项的反函数（如 $\overline{A}$）是另一个乘积项的因子，则这个因子是多余的。

公式 4：
$$AB + \overline{A}C + BC = AB + \overline{A}C$$

证明：
$$AB + \overline{A}C + BC = AB + \overline{A}C + (A + \overline{A})BC$$
$$= AB + \overline{A}C + ABC + \overline{A}BC$$
$$= AB(1 + C) + \overline{A}C(1 + B)$$

$$= AB + \overline{A}C$$

推论：
$$AB + \overline{A}C + BCDE = AB + \overline{A}C$$

可见，如果一个与或表达式中的两个乘积项中，一项含有原变量（如 A），另一项含有反变量（如 $\overline{A}$），而这两个乘积项的其他因子正好是第三个乘积项（或第三个乘积项的部分因子），则第三个乘积项是多余的。公式 4 常称为添加定理。

3. 逻辑代数的基本规则

（1）反演规则

反演规则主要是用来求逻辑函数的反函数，其方法是将原函数中所有的"·"换成"+"、"+"换成"·"；所有的"0"换成"1"、"1"换成"0"；所有原变量变成反变量、反变量变成原变量。这样，所得到的新逻辑表达式就是原函数的反函数。

例如，若 $\qquad Y = \overline{A}\,\overline{B} + CD + 0$

则 $\qquad \overline{Y} = (A + B) \cdot (\overline{C} + \overline{D}) \cdot 1$

注意：① 所求反函数运算的优先顺序要与原函数一致。

② 原函数的长非号在反函数中位置保持不变。

（2）对偶规则

对偶规则主要是用来求函数的对偶式，其方法是将原函数中所有的"·"换成"+"、"+"换成"·"；所有的"0"换成"1"、"1"换成"0"。这样，所得到的新逻辑函数就是原函数的对偶式。

例如：若 $\qquad Y = \overline{A(B + \overline{C})}$

则 $\qquad Y' = \overline{A + B\overline{C}}$

注意：① 所求对偶式运算的优先顺序要与原函数一致。

② 原函数的长非号在对偶式中位置保持不变。

对比表 1-13 所列的公式，除还原律外，其余同一行公式中的左侧公式和右侧公式两边的表达式是互为对偶式的。因此可知，如果两个逻辑函数相等，则它们的对偶式也相等，这称为对偶定理。

（3）代入规则

代入规则是指在任何一个逻辑等式中，如果将等式两端的某个变量都以一个逻辑函数代入，则等式仍然成立。应用代入规则，可扩大公式的应用范围。

例如，$\overline{A + Y} = \overline{A}\,\overline{Y}$，令 $Y = B + C$，并代等式中的变量 B，则有

$$\overline{A + Y} = \overline{A}\,\overline{Y}$$

即
$$\overline{A + B + C} = \overline{A}\,\overline{B + C}$$

故
$$\overline{A + B + C} = \overline{A}\,\overline{B}\,\overline{C}$$

反复运用代入规则，则有
$$\overline{A + B + C + \cdots} = \overline{A}\,\overline{B}\,\overline{C}\cdots$$

同理可得
$$\overline{ABC\cdots} = \overline{A} + \overline{B} + \overline{C} + \cdots$$

1.2.4 逻辑函数的化简

逻辑函数的表达式并不是唯一的，它可以有各种不同的形式。为了提高数字电路的可靠性，尽可能地减少所用的元器件数量，这就需要通过化简找出逻辑函数的最简形式，这样既提高了可靠性，又节省了元器件，降低了成本。

对于某一给定的逻辑函数，其真值表是唯一的，但描述同一个逻辑函数的逻辑表达式却可以是多种多样的，常用的有6种形式：与或表达式、或与表达式、与或非表达式、或与非表达式、与非-与非表达式、或非-或非表达式。

通过观察逻辑函数表达式的6种表示形式可以看出，与或表达式最简单、直观，同时与或表达式也比较容易转换成其他形式的表达式。因此，我们主要讨论与或表达式的化简方法。

逻辑函数的化简方法有代数化简法和卡诺图化简法两种，下面将分别加以讨论。

1. 代数化简法

逻辑函数的代数化简法就是反复利用逻辑代数的基本公式和常用公式，经过运算化简逻辑函数的方法，又称公式化简法。通常采用的方法有并项法、吸收法、消去法和配项法等。

（1）并项法

利用公式 $AB + A\bar{B} = A$ 把两项合并成一项，同时消去互补变量。

【例1-1】化简逻辑函数：$Y_1 = A\bar{B}C + A\bar{B}\bar{C}$。

解：$Y_1 = A\bar{B}C + A\bar{B}\bar{C} = A\bar{B} \cdot (C + \bar{C}) = A\bar{B}$

（2）吸收法

利用公式 $A + AB = A$ 和公式 $AB + \bar{A}C + BC = AB + \bar{A}C$，消去多余项。

【例1-2】化简逻辑函数：$Y_1 = A\bar{B} + A\bar{B}CD(E + F)$。

解：$Y_1 = A\bar{B} + A\bar{B}CD(E + F) = A\bar{B}$

（3）消去法

利用公式 $A + \bar{A}B = A + B$，消去多余的因子 $\bar{A}$。

【例1-3】化简逻辑函数：$Y_1 = AB + \bar{A}C + \bar{B}C$。

解：$Y_1 = AB + \bar{A}C + \bar{B}C = AB + (\bar{A} + \bar{B}) \cdot C = AB + \overline{AB} \cdot C = AB + C$

（4）配项法

在不能直接利用公式、定律化简时，可在某个乘积项上乘以 $A + \bar{A} = 1$ 进行化简。

【例1-4】化简逻辑函数：$Y_1 = AD + A\bar{D} + AB + \bar{A}C + BD + ACEF + \bar{B}EF + DEFG$。

解：$Y_1 = AD + A\bar{D} + AB + \bar{A}C + BD + ACEF + \bar{B}EF + DEFG$

$\qquad = A + AB + \bar{A}C + BD + ACEF + \bar{B}EF + DEFG$

$\qquad = A + \bar{A}C + BD + \bar{B}EF + DEFG$

$\qquad = A + C + BD + \bar{B}EF + DEFG$

$\qquad = A + C + BD + \bar{B}EF$

【例 1-5】化简逻辑函数：$Y_1 = A\bar{B} + B\bar{C} + \bar{B}C + \bar{A}B$。

解：$Y_1 = A\bar{B} + B\bar{C} + \bar{B}C + \bar{A}B$

$\qquad = A\bar{B} + B\bar{C} + \bar{B}C + \bar{A}B + \bar{A}C$

$\qquad = A\bar{B} + \bar{B}C + \bar{A}C + B\bar{C} + \bar{A}B$

$\qquad = A\bar{B} + \bar{B}C + \bar{A}C + B\bar{C}$

$\qquad = A\bar{B} + \bar{A}C + B\bar{C}$

公式化简法相对比较烦琐，目前尚无一套完整的方法，能否以最快的速度进行化简，这与我们的经验和对公式掌握及运用熟练程度有关。公式化简法对逻辑函数的变量个数没有限制，但结果是否最简有时不易判断。为此，下面介绍一种简便、直观的化简方法，即卡诺图化简法。

2. 卡诺图化简法

（1）相关概念

1）最小项。最小项即一个包含了所有输入变量的乘积项（每一个输入变量均以原变量或反变量的形式在乘积项中出现，且仅仅出现一次）。它是由输入变量的取值组合而写出的输入变量组合。n 个输入变量共有 2^n 种取值组合，对应就有 2^n 个最小项。

例如，A、B、C 三个输入变量共有 $2^3 = 8$ 种取值组合，就有 8 个最小项，即 ABC、$AB\bar{C}$、$A\bar{B}C$、$\bar{A}BC$、$A\bar{B}\bar{C}$、$\bar{A}B\bar{C}$、$\bar{A}\bar{B}C$、$\bar{A}\bar{B}\bar{C}$。

对于任意一个最小项只有一组变量取值使它的值为 1，而变量其余各组值时，该最小项均为 0（如最小项 $\bar{A}\bar{B}\bar{C}$，只有当 A、B、C 均为 1 时，$\bar{A}\bar{B}\bar{C}$ 才为 1，否则 $\bar{A}\bar{B}\bar{C}$ 的值均为 0）；任意两个不同的最小项之积恒为 0；全部最小项之和恒为 1。

2）最小项编号。为了表示方便起见，常常把最小项排列起来，编上号。编号的方法是把使最小项值为 1 的取值组合当作二进制数，与这个二进制等值的十进制数就是该最小项的编号。经编号之后，就用 m_i 的形式来表示。

3）最小项的逻辑相邻性。若两个最小项中只有一个变量互反，其余变量均相同，则这样的两个最小项为逻辑相邻。如三变量最小项 ABC 和 $AB\bar{C}$，其中的 C 和 $\bar{C}$ 为互反变量，其余变量 AB 都相同，故它们是相邻最小项。

任何一个 n 变量的最小项有 n 个最小项分别与它逻辑相邻。

4）逻辑函数的最小项表达式。任何一个逻辑函数都可以表示为最小项之和的形式——标准与或表达式。而且这种形式是唯一的，也就是说，一个逻辑函数只有一种最小项表达式。

【例 1-6】将 $Y = AB + BC$ 展开为最小项表达式。

解：$\qquad Y = AB + BC$

$\qquad\qquad = AB(C + \bar{C}) + BC(A + \bar{A})$

$\qquad\qquad = ABC + AB\bar{C} + \bar{A}BC$

或者 $\quad Y(A,B,C) = m_3 + m_6 + m_7 = \sum m(3,6,7)$

式中，$\sum$ 为逻辑或。

（2）卡诺图及其画法

1）卡诺图及其构成原则。如前所述，如果把 n 变量逻辑函数的所有最小项按一定规则排列构成一个方格图，这一方格图称为卡诺图，它能够直观地表示出最小项的逻辑相邻关系。因为 n 个变量有 2^n 个最小项，所以 n 变量的卡诺图也应该有 2^n 个方格。卡诺图中各变量的取值要按一定的规则（循环码规律）排列，以保证在几何位置上相邻的最小项在逻辑上也是相邻的。

几何相邻的 3 种情况如下：

① 相邻——上、下、左、右紧挨着的小方格。

② 相对——任意一行或一列的首尾小方格。

③ 相重——对折起来位置相重合的小方格。

2）变量卡诺图的画法。将 n 变量的 2^n 个最小项用 2^n 个小方格表示，并且使相邻最小项在几何位置上也相邻且循环相邻，这样排列得到的方格图称为 n 变量最小项卡诺图，简称变量卡诺图。

注意：卡诺图一般画成正方形或矩形，变量取值的顺序按照循环码排列。

3）逻辑函数的卡诺图。任何一个逻辑函数都可以填到与之相对应的卡诺图中，称之为逻辑函数的卡诺图。对于确定的逻辑函数，其卡诺图和真值表一样都是唯一的。

① 由真值表画卡诺图。由于卡诺图与真值表一一对应，即真值表的某一行对应着卡诺图的某一个小方格。因此，如果真值表中的某一行函数值为 1，则卡诺图中对应的小方格填"1"；如果真值表某一行的函数值为 0，则卡诺图中对应的小方格填"0"，这样即可以得到逻辑函数的卡诺图。

【例 1-7】已知逻辑函数 Y 的真值表见表 1-14，画出 Y 的卡诺图。

解：首先画出三变量的卡诺图，然后根据表 1-14 的真值表在卡诺图的对应方格中填写 Y 的值，即可得到函数 Y 的卡诺图，如图 1-10 所示。

表 1-14　例 1-7 真值表

A	B	C	Y
0	0	0	0
0	0	1	1
0	1	0	1
0	1	1	0
1	0	0	1
1	0	1	0
1	1	0	0
1	1	1	1

A \ BC	00	01	11	10
0	0	1	0	1
1	1	0	1	0

图 1-10　例 1-7 卡诺图

② 由最小项表达式画卡诺图。把表达式中所有的最小项在对应的小方块中填入"1"，其余的小方块中填入"0"。

【例 1-8】画出函数 $Y(A,B,C,D) = \sum m(0,3,5,7,9,12,15)$ 的卡诺图。

解：卡诺图如图 1-11 所示。

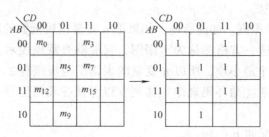

图 1-11　例 1-8 卡诺图

③ 由逻辑函数表达式画卡诺图。首先把逻辑函数表达式展开成最小项表达式，然后在每一个最小项对应的小方格内填 "1"，其余的小方格内填 "0"，这样就得到了该逻辑函数的卡诺图。

【例 1-9】 画出函数 $Y = AB + A\,\overline{CD} + \overline{A}BCD = \sum m(7,9,12,13,14,15)$ 的卡诺图。

解：

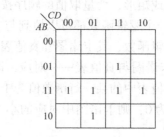

图 1-12　例 1-9 卡诺图

4) 用卡诺图化简逻辑函数。卡诺图逻辑相邻性的特点保证了在卡诺图中相邻的两个最小项之中只有一个变量不同，因此，当相邻的方格都为 1 时，可将其合并，利用公式 $A + \overline{A} = 1$ 消去一个或多个变量，合并的结果是消去不同的变量、保留相同的变量，进而达到化简逻辑函数的目的。

① 卡诺图中最小项合并的规律。两个相邻最小项合并成一项时，可消去一个变量；4 个相邻最小项合并成一项时，可消去两个变量；8 个相邻最小项合并成一项时，可消去 3 个变量。

一般来说，2^n 个相邻最小项合并时，可消去 n 个变量。

② 用卡诺图化简逻辑函数的步骤如下：

a. 根据变量数画出变量卡诺图，根据给出的要化简的逻辑函数，在函数包含的最小项方格中填 "1"，其余的方格填 "0"（或不填），画出函数的卡诺图。

b. 找出可以合并的最小项并画圈（每一个圈就是一个乘积项）。

c. 由画圈的结果写出最简与或表达式。

③ 画圈的原则如下：

a. 必须按 2^i（$i = 0$，1，2，…，n）的规律来圈取值为 1 的相邻最小项。

b. 每个取值为 1 的相邻最小项至少圈一次，可以圈多次。

c. 圈的个数要最少（与项就少），并要尽可能大（消去的变量就越多）。

画圈完成后，应当检查是否符合以上原则。尤其要注意是否漏圈了最小项，是否有多余的圈（某个圈中的"1"都被其他圈圈过）。只要能正确画圈，就能获得函数的最简与或表达式。

④ 由圈写最简与或表达式的方法：

a. 将每个圈用一个乘积项表示。其中，圈内各最小项中相同的因子保留，互补的因子消去；相同因子取值为"1"时用原变量表示，取值为"0"时用反变量表示。

b. 将各乘积项相或，便得到最简与或表达式。

5) 具有无关项逻辑函数的化简。

① 无关项的概念。在某些实际问题的逻辑关系中，有时会遇到这样的问题：对应于输入变量的某些取值下，输出函数的值可以是任意的，或者这些输入变量的取值根本不会也不允许出现。针对这一问题，通常把这些输入变量的取值所对应的最小项称为无关项或约束项。例如，当8421BCD码作为输入变量时，禁止码1010～1111这6种状态所对应的最小项就是无关项。无关项在卡诺图中用符号"×"表示，在标准与或表达式中用"$\sum d(\quad)$"表示。

② 具有无关项逻辑函数的化简。因为无关项的值可以根据需要取0或取1，所以在用卡诺图化简逻辑函数时，充分利用无关项，可以使逻辑函数进一步得到简化。

卡诺图的优点：形象地表达了变量各个最小项之间在逻辑上的相邻性。

卡诺图的缺点：随着输入变量的增加，图形迅速复杂化。所以，卡诺图只适于用来表示5～6个变量以内的逻辑函数。

【例1-10】化简图1-13所示逻辑函数。

解：$Y = \overline{A}CD + \overline{A}\overline{B}\,\overline{C} + A\,\overline{C}D + ABC$

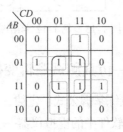

图1-13　例1-10卡诺图

多余项：如果一个圈中各个1都被其他圈圈过，则这个圈是多余的。

圈组技巧（防止多圈组的方法）：

a. 先圈孤立的1。

b. 再圈只有一种圈法的1。

c. 最后圈大圈。

d. 检查：每个圈中至少有一个1未被其他圈圈过。

【例1-11】设ABCD是十进制数X的二进制编码，当X≥5时输出Y为1，求Y的最简与或表达式。

解：画卡诺图，如图1-14所示。

利用无关项化简结果为$Y = A + BD + BC$。

充分利用无关项化简后得到的结果要简单得多。

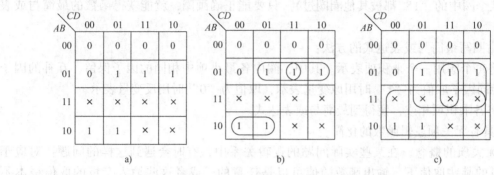

图 1-14　例 1-11 卡诺图

注意：当圈组后，圈内的无关项已自动取值为 1，而圈外无关项自动取值为 0。

【例 1-12】画出 $Y(A,B,C,D) = \sum m(1,2,5,6,9) + \sum d(10,11,12,13,14,15)$ 的卡诺图，并进行化简。

解：如图 1-15 所示，化简结果为 $Y = \overline{C}D + C\overline{D}$。

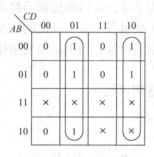

图 1-15　例 1-12 卡诺图

技能训练　逻辑函数的化简——仿真测试逻辑变换器

利用代数法化简逻辑函数，要熟练掌握公式、定律、规则，且要有一定的技巧，尤其是结果是否最简难以确定。Multisim 仿真软件中的虚拟仪器——逻辑变换器可以直观地显示出逻辑函数的真值表，并能将逻辑函数化简结果显示出来（本书仿真软件均采用 Multisim 14）。

1. 训练目的

1）掌握使用 Multisim 14 仿真软件进行逻辑函数化简的方法。

2）通过训练加深读者对 Multisim 14 仿真软件的掌握。

2. 训练器材

计算机、Multisim 14 仿真软件。

3. 操作步骤

1）运行 Multisim 14 仿真软件，进入软件操作界面并在仪器栏中调出逻辑变换器，如图 1-16 所示。

2）打开逻辑变换器操作界面，如图 1-17 所示。

3）把逻辑函数 $Y = ABC + ABD + A\overline{C}D + \overline{C}\,\overline{D} + A\overline{B}C + AC\overline{D} + \overline{A}\,\overline{B}\,\overline{C} + \overline{A}BCD$ 输入逻辑变换

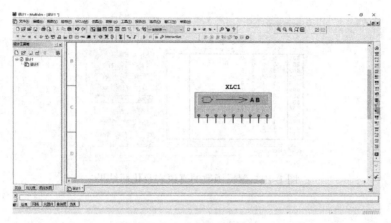

图 1-16　调出逻辑变换器

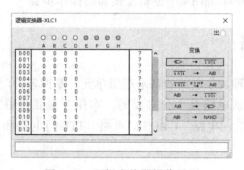

图 1-17　逻辑变换器操作界面

器操作界面的输入栏中，如图 1-18 所示。

注意：在逻辑函数的输入中用 "'" 代替逻辑非运算。

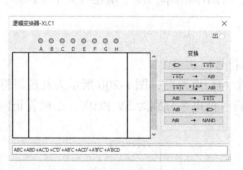

图 1-18　输入逻辑函数

4）单击逻辑变换器操作界面右侧的第四行按钮，显示界面出现逻辑函数的真值表；再单击第三行按钮，则在逻辑变换器操作界面的输入栏显示出逻辑函数的最简结果 $Y = \overline{B}\,\overline{C} + \overline{C}\,\overline{D} + BCD + A$，如图 1-19 所示。

5）任意选择逻辑函数使用逻辑变换器进行化简，观察化简结果是否与采用其他方法化简的结果一致。

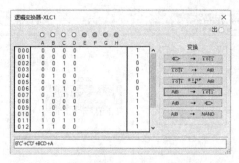

图 1-19　逻辑函数的真值表及化简结果

4. 思考

1）仿真软件 Multisim 14 中的逻辑变换器还有哪些功能？

2）试梳理仿真软件 Multisim 14 中逻辑变换器的操作步骤。

任务 1.3　门电路

逻辑门电路是构成各种数字电路的基本逻辑单元，掌握各种门电路的逻辑功能和电气特性，对于正确使用数字集成电路是十分必要的。本任务主要介绍二极管和晶体管的开关特性、基本逻辑门电路、TTL 门电路、CMOS 门电路、TTL 门电路和 CMOS 门电路的使用知识及连接等内容。

1.3.1　分立元器件门电路

用以实现各种基本逻辑关系的电子电路称为门电路，它是组成其他逻辑功能电路的基础。由于分立元器件门电路的结构简单，便于阐述有关工作原理，所以它是学习集成门电路的基础。

1. 二极管与门

（1）电路组成及逻辑符号

图 1-20a 所示为二极管与门电路图，图 1-20b 所示为其逻辑符号。图中 A 和 B 是输入信号，Y 是输出信号，输入高、低电平分别为 3V 和 0V，二极管正向导通时电压降为 0.7V。

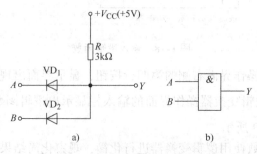

图 1-20　二极管与门

a）电路图　b）逻辑符号

（2）工作原理

1）当 $A = B = 0\text{V}$ 时，二极管 VD_1 和 VD_2 都导通，输出 $Y = 0.7\text{V}$，为低电平。

2）当 $A = 0\text{V}$、$B = 3\text{V}$ 时，二极管 VD_1 优先导通，输出 $Y = 0.7\text{V}$，为低电平，此时 VD_2 截止。

3）当 $A = 3\text{V}$、$B = 0\text{V}$ 时，二极管 VD_2 优先导通，输出 $Y = 0.7\text{V}$，为低电平，此时 VD_1 截止。

4）当 $A = B = 3\text{V}$ 时，二极管 VD_1 和 VD_2 都导通，输出 $Y = 3.7\text{V}$，为高电平。

（3）输入与输出电压关系及真值表

把上述分析结果归纳起来，很容易得出与门输入与输出电压关系，见表1-15。如果采用正逻辑（1 表示高电平，0 表示低电平），则可以列出与门的真值表（见表1-16）。由与门真值表可知，与门的逻辑表达式为 $Y = A \cdot B$。

<table>
<tr><td colspan="3">表1-15　与门输入与输出电压关系表</td></tr>
<tr><td colspan="2">输　入</td><td>输　出</td></tr>
<tr><td>A/V</td><td>B/V</td><td>Y/V</td></tr>
<tr><td>0</td><td>0</td><td>0.7</td></tr>
<tr><td>0</td><td>3</td><td>0.7</td></tr>
<tr><td>3</td><td>0</td><td>0.7</td></tr>
<tr><td>3</td><td>3</td><td>3.7</td></tr>
</table>

<table>
<tr><td colspan="3">表1-16　与门的真值表</td></tr>
<tr><td colspan="2">输　入</td><td>输　出</td></tr>
<tr><td>A</td><td>B</td><td>Y</td></tr>
<tr><td>0</td><td>0</td><td>0</td></tr>
<tr><td>0</td><td>1</td><td>0</td></tr>
<tr><td>1</td><td>0</td><td>0</td></tr>
<tr><td>1</td><td>1</td><td>1</td></tr>
</table>

在图1-20a 电路基础上，增加一个输入端和一个二极管，就可变成三输入端与门。按此办法可构成更多输入端的与门。

2. 二极管或门

（1）电路组成及逻辑符号

图1-21a 所示为二极管或门电路，图1-21b 所示为其逻辑符号。图中 A、B 为输入信号，Y 为输出信号，输入低电平仍然为 0V，高电平为 3V。二极管导通时电压降为 0.7V。

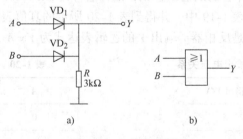

图1-21　二极管或门

a）电路图　b）逻辑符号

（2）工作原理

由图1-21a 可知，当输入 A、B 中有一个为高电平 3V 时，输出 Y 便为高电平 2.3V；只有当 A、B 都为低电平 0V 时，输出 Y 才为低电平 0V。由此可得二极管或门输入与输出电压关系，见表1-17，二极管或门的真值表见表1-18。由真值表可知，或门的逻辑表达式为 $Y = A + B$。

表 1-17 或门输入与输出电压关系表		
输 入		输 出
A/V	B/V	Y/V
0	0	0
0	3	2.3
3	0	2.3
3	3	2.3

表 1-18 或门的真值表		
输 入		输 出
A	B	Y
0	0	0
0	1	1
1	0	1
1	1	1

同样，可用增加输入端和二极管的方法，构成更多输入端的或门。

3. 晶体管非门

（1）电路组成

图 1-22a 所示为晶体管非门电路，图 1-22b 所示为其逻辑符号。图中 A 为输入信号，Y 为输出信号。晶体管 VT 饱和导通时，$U_{BE}=0.7V$、$U_{CES}=0.3V$，当 $U_{BE}<0.5V$ 时，晶体管截止，$I_C=0A$。

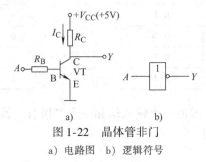

图 1-22 晶体管非门

a）电路图 b）逻辑符号

（2）工作原理

1）当 $A=0V$ 时，晶体管的发射结电压小于死区电压，满足截止条件，所以晶体管截止，$Y=5V$。

2）当 $A=5V$ 时，晶体管的发射结正偏，晶体管导通，$Y=0.3V\approx0V$。

把上述分析结果列入表 1-19 中，并得到表 1-20 所示的真值表。由此可见，输出电平正好和输入电平反相，所以是反相器。输出 Y 的逻辑表达式为 $Y=\overline{A}$。

表 1-19 非门输入与输出电压关系	
输入 A/V	输出 Y/V
0	5
5	0.3

表 1-20 非门的真值表	
A	Y
0	1
1	0

1.3.2 TTL 集成逻辑门电路

TTL 电路是一种由双极型晶体管组成的集成电路，由于其输入级和输出级均采用了晶体管，所以又称之为晶体管-晶体管逻辑门电路。

1. TTL 与非门

（1）TTL 与非门的基本结构

三输入 TTL 与非门电路如图 1-23a 所示，逻辑符号如图 1-23b 所示。它由输入级、中间级和输出级 3 部分组成。

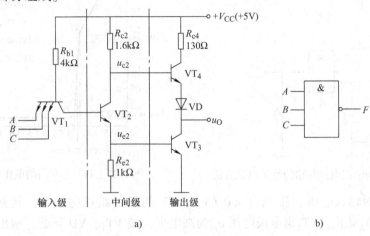

图 1-23　三输入 TTL 与非门

a）电路图　b）逻辑符号

1）输入级。由多发射极晶体管 VT_1 及电阻 R_{b1} 组成。VT_1 的 3 个发射极与基极形成的 3 个发射结可等效为 3 只二极管，起与门的作用，故 VT_1 用以实现与逻辑功能。用多发射极晶体管代替二极管作与门，有利于提高门电路的工作速度。

2）中间级。由 VT_2、R_{c2}、R_{e2} 组成。VT_2 集电极和发射极输出两个逻辑电平相反的信号，分别用以驱动 VT_3 和 VT_4。

3）输出级。由 VT_3、VT_4 及 VD、R_{c4} 组成。VT_3、VT_4 构成推拉式结构的输出级，两晶体管在不同输入信号作用下轮流导通，输出高低电平。

（2）工作原理

设输入 u_1 的高电平 $U_{IH} = 3.6V$，低电平 $U_{IL} = 0.3V$，晶体管的正向电压降为 0.7V。

1）当输入 A、B、C 中有一个或多个为低电平（$U_{IL} = 0.3V$）时，VT_1 的发射结正向导通，VT_1 的基极电压 $u_{b1} = 1V$，使 VT_2 和 VT_4 截止。这时，VT_2 的集电极电压 $u_{c2} \approx V_{CC} = 5V$，为高电平，使 VT_3 和二极管 VD 导通，输出 u_0 为高电平 U_{OH}，其值为 $u_0 = 3.6V$。

2）当输入 A、B、C 都为高电平（$U_{IH} = 3.6V$）时，电源 V_{CC} 通过 R_{b1} 和 VT_1 集电结向 VT_2 和 VT_4 提供基极电流，使 VT_2 和 VT_4 饱和，输出 u_0 为低电平 U_{OL}，其值为 $u_0 \approx 0.3V$。

可见，电路实现了反相器的逻辑功能：输入高电平，输出为低电平；输入低电平，输出为高电平。其输出与输入间具有与非逻辑关系，输出逻辑表达式为 $F = \overline{ABC}$。

（3）TTL 与非门的电压传输特性及主要参数

1）电压传输特性曲线。电压传输特性曲线是指输出电压与输入电压之间的对应关系曲线，即 $u_0 = f(u_I)$，它反映了电路的静态特性。TTL 与非门电压传输特性的测试方法如图 1-24 所示，其电压传输特性如图 1-25 所示。

TTL 与非门的电压传输特性曲线可分为 4 段：AB 段（截止区）、BC 段（线性区）、CD 段（过渡区）、DE 段（饱和区）。

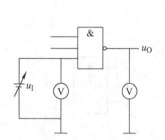

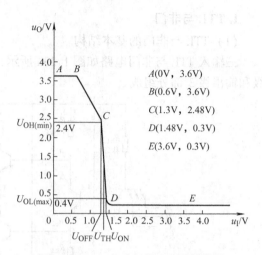

$A(0V, 3.6V)$

$B(0.6V, 3.6V)$

$C(1.3V, 2.48V)$

$D(1.48V, 0.3V)$

$E(3.6V, 0.3V)$

图 1-24　TTL 与非门电压传输特性的测试方法　　　　图 1-25　TTL 与非门的电压传输特性

AB 段：此时输入电压 u_I 很低（<0.6V），VT_1 的发射结正向偏置。其基极电压 u_{b1} < 1.3V，VT_2 和 VT_3 截止，VT_2 集电极电压 u_{c2} 为高电平，使 VT_4、VD 导通，输出 u_O 为高电平，$U_{OH} \approx 3.6V$。这时与非门工作在截止区。

BC 段：当输入电压 u_I 增加，使 VT_2 导通，但 VT_3 仍处于截止状态时，由于 VT_2 的放大作用，使得 $u_I \uparrow \rightarrow u_{b2} \uparrow \rightarrow i_{c2} \uparrow \rightarrow u_{c2} \downarrow$，$u_O$ 将线性下降。故 BC 段称为线性区。

CD 段：当 u_I 继续增加，VT_2 和 VT_3 同时导通，由于 VT_2 和 VT_3 的放大作用，使得 u_O 迅速下降。这时与非门工作在转折区，又称过渡区。

DE 段：由于 u_I 继续增加，使得 VT_2 和 VT_3 均饱和、VT_4 截止，电路输出低电平。这时与非门工作在饱和区。

2）几个重要参数。从 TTL 与非门的电压传输特性曲线上，可以定义几个重要的电路指标：

输出高电平 U_{OH}：U_{OH} 的理论值为 3.6V，产品规定输出高电压的最小值 $U_{OH(min)} = 2.4V$，即大于 2.4V 的输出电压就可称为输出高电压 U_{OH}。

输出低电平 U_{OL}：U_{OL} 的理论值为 0.3V，产品规定输出低电压的最大值 $U_{OL(max)} = 0.4V$，即小于 0.4V 的输出电压就可称为输出低电压 U_{OL}。

由上述规定可以看出，TTL 与非门电路的输出高低电压都不是一个固定值，而是一个电压范围。

关门电平 U_{OFF}：U_{OFF} 就是保证输出为额定高电平时所允许输入低电平的最大值，一般要求 $U_{OFF} \geqslant 0.8V$。

开门电平 U_{ON}：它是保证输出为额定低电平时所允许输入高电平的最小值，一般要求 $U_{ON} \leqslant 1.8V$。

阈值电压 U_{TH}：它是指电压传输特性曲线上转折区中点所对应的输入电压值，也即是决定输出高、低电压的分界线。U_{TH} 的值为 1.3 ~ 1.4V。

噪声容限：又称抗干扰能力，它是反映门电路抗干扰能力强弱的参数，即门电路在多大的干扰电压下仍能正常工作。

扇出系数 N_0：它是指与非门正常工作时能驱动的同类门的个数。对于典型电路，$N_0 \geqslant 8$。

2. 其他功能的 TTL 门电路

TTL 集成逻辑门电路除与非门外，常用的还有集电极开路与非门、或非门、与或非门、三态门和异或门等，它们的逻辑功能虽各不相同，但都是在与非门的基础上发展而来的。因此，前面讨论的 TTL 与非门的特性对这些门电路同样适用。

（1）集电极开路与非门（OC 门）

1）OC 门的电路结构及工作原理。在工程实践中，有时需要将几个门的输出端并联使用，以实现与逻辑，称为线与。如果将 G_1、G_2 两个 TTL 与非门的输出直接连接起来，如图 1-26 所示，当 G_1 输出为高、G_2 输出为低时，从 G_1 的电源 V_{CC} 通过 G_1 的 VT_4、VD 到 G_2 的 VT_3，形成一个低阻通路，产生很大的电流，输出既不是高电平也不是低电平，逻辑功能将被破坏，还可能烧毁器件。所以普通的 TTL 门电路是不能进行线与的。

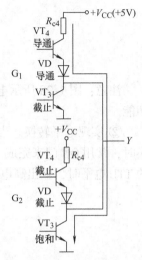

图 1-26　普通 TTL 门电路的输出并联

为满足实际应用中实现线与的要求，专门生产了一种可以进行线与的门电路——集电极开路与非门（OC 门），其电路结构及逻辑符号如图 1-27 所示。

OC 门电路工作时，需要在输出级开路的集电极和电源之间加负载电阻，该负载电阻称为上拉电阻 R_P。只要 R_P 的阻值选择得当，就能做到既保证输出高、低电平符合要求，又能做到输出级晶体管不过载。

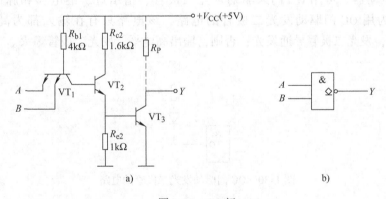

图 1-27　OC 门

a）电路图　b）逻辑符号

电路工作原理如下：当输入 A、B 都为高电平时，VT_2 和 VT_3 饱和导通，输出低电平；当输入 A、B 中有低电平时，VT_2 和 VT_3 截止，输出高电平。因此，OC 门具有与非功能。其逻辑表达式为

$$Y = \overline{AB}$$

2）OC 门的应用。OC 门开关速度较低，但逻辑功能灵活，应用广泛。

① 实现线与。两个 OC 门实现线与时的电路如图 1-28 所示。

此时输出 Y 的逻辑表达式为

$$Y = Y_1 \cdot Y_2 = \overline{AB} \cdot \overline{CD} = \overline{AB + CD}$$

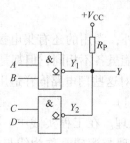

图 1-28　OC 门实现线与时的电路

注意：图 1-28 所示电路必须外接集电极负载电阻，只有这样，才能实现与非门的逻辑功能。

② 实现电平转换。当数字系统的接口部分（与外部设备相连接的地方）需要有电平转换时，常用 OC 门来完成。图 1-29 所示为上拉电阻接到 10V 电源上，这样在 OC 门输入普通的 TTL 电平时，输出高电平就可以变为 10V。

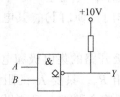

图 1-29　OC 门实现电平转换的电路

③ 用作驱动器。可用 OC 门来驱动发光二极管、指示灯、继电器和脉冲变压器等。图 1-30 所示为用 OC 门驱动发光二极管的电路，该电路只有在输入都为高电平时，输出才为低电平，发光二极管导通发光；否则，输出高电平，发光二极管熄灭。

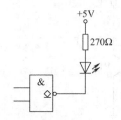

图 1-30　OC 门驱动发光二极管的电路

（2）三态输出门（TS 门）

TS 门是在普通门的基础上附加控制电路而构成的，是指不仅可输出高电平、低电平两个状态，而且输出还可呈高阻状态的门电路。图 1-31 所示为 TS 门的电路图及逻辑符号，逻辑符号中的 "▽" 表示输出为三态。

TS 门的主要用途是实现总线传输。

3. TTL 集成逻辑门电路

（1）CT54 系列和 CT74 系列

CT54 系列和 CT74 系列具有完全相同的电路结构和电气性能参数。所不同的是，CT54 系列 TTL 集成逻辑门电路更适合在温度条件恶劣、供电电源变化大的环境中工作，常用于军品；而 CT74 系列 TTL 集成逻辑门电路则适合在常规条件下工作，常用于民品。

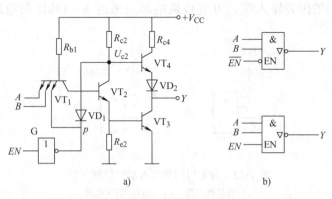

图 1-31 TS 门

a) 电路图 b) 逻辑符号

（2）TTL 集成逻辑门电路的子系列及比较

CT54 系列和 CT74 系列的几个子系列的主要区别表现在它们的平均传输延迟时间 t_{pd} 和平均功耗这两个参数上。下面以 CT74 系列为例说明其各子系列的主要区别。

1）CT74 标准系列。为 TTL 集成逻辑门电路的早期产品，属中速 TTL 器件。

2）CT74H 高速系列。为 CT74 标准系列的改进型产品，提高了工作速度和负载能力。

3）CT74L 低功耗系列。电路的平均功耗很小，约为 1mW/门，但平均传输延迟时间较长，约为 33ns/门。

4）CT74S 肖特基系列。电路中采用了抗饱和晶体管，有效地降低了晶体管的饱和深度，同时，电阻的阻值也不大，从而提高了电路的工作速度，在 TTL 集成逻辑门电路的各子系列中，它的工作速度是很高的，但电路的平均功耗较大，约为 19mW/门。

5）CT74LS 低功耗肖特基系列。电路既具有较高的工作速度，又有较低的平均功耗。

6）CT74AS 先进肖特基系列。工作速度高，但平均功耗较大，约为 8mW/门。

7）CT74ALS 先进低功耗肖特基系列。电路的平均功耗低、工作速度高。

（3）TTL 集成逻辑门电路的使用规则

1）电源电压及电源干扰的消除。CT54 系列 TTL 集成逻辑门电路的电源电压可以在 ±10% 的范围内变化，即应满足 $5 \times (1 \pm 10\%)$ V；而 CT74 系列 TTL 集成逻辑电路的电源电压只能在 ±5% 的范围内变化，即应满足 $5 \times (1 \pm 5\%)$ V，且电源极性和地线不能接错。为了防止外来干扰通过电源串入电路，需要对电源进行滤波，通常在印制电路板的电源输入端接入 10 ~ 100μF 的电容进行滤波，在印制电路板上，每隔 6 ~ 8 个门加接一个 0.01 ~ 0.1μF 的电容对高频进行滤波。

2）输出端的连接。具有推拉输出结构的 TTL 集成逻辑门电路的输出端不允许直接并联使用。输出端不允许直接接电源 V_{CC} 或直接接地。使用时，输出电流应小于产品手册上规定的最大值。TS 门的输出端可并联使用，但在同一时刻只能有一个门正常工作，其余处于高阻状态。OC 门输出端可以并联使用（线与），但输出端必须外接上拉电阻 R_p 到电源。

3）闲置（多余）输入端的处理。TTL 集成逻辑门电路在使用时，对于闲置（不用的）输入端，一般不悬空，主要是防止干扰信号从悬空输入端引入电路。闲置输入端的处理，应以不改变电路正常逻辑功能且稳定工作为原则，常用的有以下几种方法：

① 对于与非门的闲置输入端，可直接接电源或通过 $1 \sim 10\text{k}\Omega$ 的电阻接电源 V_{CC}，如图 1-32 所示。

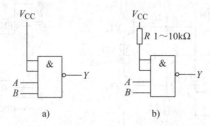

图 1-32 与非门闲置输入端的处理（1）

a) 直接接电源 b) 通过电阻接电源

② 如果前级驱动能力允许，可将闲置输入端与有用端并联使用，如图 1-33a 所示。

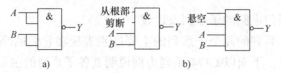

图 1-33 与非门闲置输入端的处理（2）

a) 并联使用 b) 剪断或悬空使用

③ 在外界干扰很小时，与非门的闲置输入端可以剪断或悬空，如图 1-33b 所示。但不允许接开路长线，以免引入外界干扰而产生逻辑错误。

④ 或非门不使用的闲置输入端应接地，或通过较小电阻（$1\text{k}\Omega$ 以下）接地，如图 1-34a 所示。

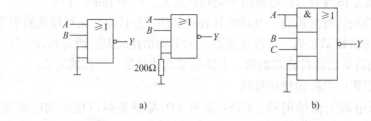

图 1-34 或非门和与或非门闲置输入端的处理

a) 或非门闲置输入端的处理 b) 与或非门闲置输入端的处理

⑤ 对于与或非门中整个不用的与门，至少应有一个输入端接地；而对于要使用的与非门，其多余输入端应接电源（高电平），方法同①，如图 1-34b 所示。

4）电路安装接线和焊接时的注意事项如下：

① 连线要尽可能短，最好用绞合线。

② 整体接地要好，地线要粗且短。

③ 焊接时应使用功率不大于 25W 的电烙铁，并使用中性焊剂，如松香酒精溶液，不可使用腐蚀性较强的焊膏。

④ 由于集成电路外引脚之间距离很近，焊接时焊点要小，避免相邻引脚短路，且焊接时间要短。

⑤ 印制电路板焊接完毕后，不得浸泡在有机溶液中清洗，只能用少量酒精擦去外引脚

上的助焊剂和污垢。

1.3.3 CMOS 集成逻辑门电路

MOS 集成逻辑门电路是采用单极型场效应晶体管（MOS 管）作为开关器件的数字集成电路。它是继 TTL 集成逻辑门电路之后发展起来的另一种应用广泛的数字集成电路。就逻辑功能而言，它与 TTL 集成逻辑门电路并无区别，但突出的优点是功耗小、抗干扰能力强，此外还具有制造工艺简单、集成度高、价格便宜等优点，因此得到了十分迅速的发展。

MOS 集成逻辑门电路有 PMOS、NMOS 和 CMOS 三种类型，其中 CMOS 门电路是由增强型 PMOS 管和增强型 NMOS 管组成的互补对称 MOS 门电路。它的突出优点是静态功耗小、抗干扰能力强、工作稳定性好、开关速度较高。国产 CMOS 数字集成电路主要有 4000 系列和高速系列。

1. CMOS 反相器

CMOS 门电路有非门（反相器）、与非门、或非门等多种电路。其中，反相器是 MOS 集成电路的基本组成部分，许多复杂的 MOS 电路都是由反相器演变而来的。

（1）MOS 管的开关特性

MOS 管属于电压控制的开关器件，MOS 系列门电路有 PMOS、NMOS 和 CMOS，而 CMOS 电路由于功耗小、对电源电压适应性广，以及与 TTL 电路兼容等特点，处于主导地位。

（2）CMOS 反相器

1）电路组成。CMOS 反相器的基本电路结构如图 1-35a 所示。

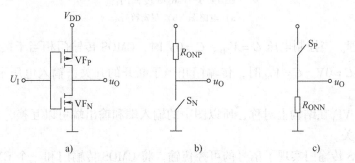

图 1-35　CMOS 反相器
a) 基本电路结构　b) VF_P 导通 VF_N 截止　c) VF_N 导通 VF_P 截止

其中 VF_N 为增强型 NMOS 管，用作驱动管；VF_P 为增强型 PMOS 管，用作负载管。两管栅极连接在一起用作输入端，漏极相连用作输出端，VF_P 源极接电源 V_{DD}，VF_N 源极接地。要求电源 V_{DD} 大于两管开启电压绝对值之和，即 $V_{DD} > U_{GSN} + |U_{GSP}|$，设 VF_N 和 VF_P 的开启电压 $U_{GSN} = |U_{GSP}|$，且小于 V_{DD}。

2）工作原理。当输入为低电平，即 $u_I = U_{IL} = 0V$ 时，NMOS 管 $u_{GSN} = 0V < U_{GSN}$，VF_N 截止，相当于开关 S_N 断开；而 PMOS 管 $|u_{GSP}| = |0V - V_{DD}| = V_{DD} > |U_{GSP}|$，$VF_P$ 导通，可等效为一个小电阻 R_{ONP}，等效电路如图 1-35b 所示。此时，输出电压 $u_O = U_{OH} \approx V_{DD}$。

当输入为高电平，即 $u_I = U_{IH} = V_{DD}$ 时，$u_{GSN} = V_{DD} > U_{GSN}$，$VF_N$ 导通，可等效为一个小电阻 R_{ONN}，而 $|u_{GSP}| = |V_{DD} - V_{DD}| = 0V < |U_{GSP}|$，$VF_P$ 截止，相当于开关 S_P 断开，等效

电路如图 1-35c 所示。此时，输出电压 $u_O = U_{OL} \approx 0V$。

显然，在图 1-35 所示电路中，当输入为低电平时，输出高电平；当输入为高电平时，输出低电平，进而实现了反相器的功能。

通过以上分析可以看出，在 CMOS 反相器中，无论电路处于何种状态，VF_N、VF_P 总是一管导通而另一管截止，即两管中总有一个截止，使静态电流为零，所以它的静态功耗极低，有微功耗电路之称。

2. 其他功能的 CMOS 门电路

（1）CMOS 传输门（TG 门）

CMOS 传输门是数字电路中用来传输信号的一种基本单元电路。它与 CMOS 反相器结合起来，可以组成各种功能的逻辑电路。

1）电路结构。将两个参数对称一致的增强型 NMOS 管 VF_N 和 PMOS 管 VF_P 并联可构成 CMOS 传输门，其电路和逻辑符号如图 1-36 所示。

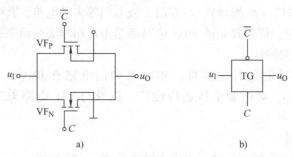

图 1-36 CMOS 传输门

a）电路图 b）逻辑符号

2）工作原理。当控制电压 $C = V_{DD}$、$\overline{C} = 0V$ 时，CMOS 传输门相当于接通的开关，$u_O = u_I$；当控制电压 $C = 0V$、$\overline{C} = V_{DD}$ 时，传输门相当于断开的开关，输入电压不能传到输出端，输出呈高阻状态。

由于 VF_N 和 VF_P 在结构上对称，所以图中的输入端和输出端可以互换，故又将 CMOS 传输门称为双向开关。

可见，CMOS 传输门实现了信号的可控传输。将 CMOS 传输门和一个 CMOS 反相器组合起来，由非门产生互补的控制信号，就可实现单刀单掷或单刀双掷开关的功能，如图 1-37 所示，称为 CMOS 模拟开关。

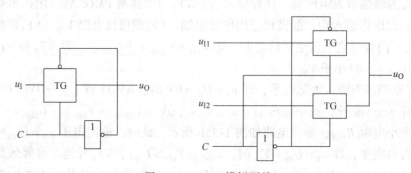

图 1-37 CMOS 模拟开关

（2）CMOS 漏极开路与非门（OD 门）

CMOS 漏极开路与非门电路及逻辑符号如图 1-38 所示。由图可知，该电路具有与非功能，即 $Y = \overline{AB}$。注意：电路工作时，必须外接电源 V_{DD2} 和负载电阻 R_D。

通常，电源电压 V_{DD1} 和 V_{DD2} 不同，因此它还可用于电平转换。当输入 A、B 都为高电平（$U_{IH} = V_{DD1}$）时，输出 Y 为低电平（$U_{OL} \approx 0V$）；当输入 A、B 中有低电平（$U_{IL} = 0V$）时，输出 Y 为高电平（$U_{OH} = V_{DD2}$）。可见，该电路能将 $V_{DD1} \sim 0V$ 的输入电压转换为 $0V \sim V_{DD2}$ 的输出电压，从而实现了电平转换。

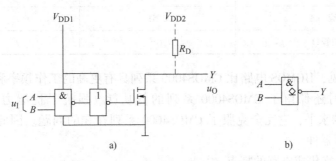

图 1-38 CMOS 漏极开路与非门

a）电路图 b）逻辑符号

3. CMOS 数字集成电路系列及其特点

（1）CMOS 数字集成电路系列

1）CMOS4000 系列。这是早期的 CMOS 集成逻辑门产品，工作电源电压范围为 3 ~ 18V，由于具有功耗低、噪声容限大、扇出系数大等优点，已得到普遍使用。缺点是工作速度较低，平均传输延迟时间为几十纳秒，且工作频率低，最高工作频率小于 5MHz，驱动能力差，门电路的输出负载电流约为 0.51mA/门，因此 CMOS4000 系列的使用受到一定的限制。

2）高速 CMOS（HCMOS）电路系列。该系列电路主要从制造工艺上做了改进，大大提高了其工作速度，平均传输延迟时间小于 10ns，最高工作频率可达 50MHz。HCMOS 电路主要有 54 系列和 74 系列两大类，其电源电压范围为 2 ~ 6V。它们的主要区别是工作温度的不同，见表 1-21。

表 1-21 HCMOS 电路 54 系列和 74 系列工作温度对比

参 数	54 系列			74 系列		
	最小	一般	最大	最小	一般	最大
工作温度/℃	-55	25	25	-40	25	85

由表 1-21 可知，HCMOS 电路 54 系列更适合在温度条件恶劣的环境中使用，而 74 系列则适合在常规条件下使用。

3）CMOS4000 系列和 HCMOS 系列的比较。CMOS4000 系列和 HCMOS 电路系列的重要参数见表 1-22。

表 1-22　CMOS4000 系列和 HCMOS 电路系列参数比较

系列名称	CMOS4000	54HC/74HC
工作电压/V	5	5
平均功耗/(mW/门)	5×10^{-3}	3×10^{-3}
平均传输延迟时间/(ns/门)	45	8
最高工作频率/MHz	5	50
噪声容限/V	2	2
输出电流/mA	0.51	4
输入阻抗/Ω	10^{12}	10^{12}

由表 1-22 可见，HCMOS 电路比 CMOS4000 系列具有更高的工作频率和更强的输出驱动负载的能力，同时还保留了 CMOS4000 系列的低功耗、强抗干扰能力的优点，已达到 CT54LS/CT74LS 的水平，它完全克服了 CMOS4000 系列存在的问题。因此，它是一种很有发展前途的 CMOS 器件。

（2）CMOS 数字集成电路的特点

CMOS 集成电路诞生于 20 世纪 60 年代末，随着制造工艺的不断改进，它在应用的广度上已与 TTL 平分秋色，从总体上说，其技术参数已经达到或接近 TTL 的水平，其中功耗、噪声容限、扇出系数等参数优于 TTL。与 TTL 数字集成电路相比，CMOS 数字集成电路主要有以下特点：

1）功耗低。CMOS 数字集成电路的静态功耗极小。如 HCMOS 在电源电压为 5V 时，静态功耗为 $10\mu W$，而 LSTTL 为 2mW。

2）电源电压范围宽。CMOS4000 系列的电源电压为 3 ~ 18V，HCMOS 电路为 2 ~ 6V，这给电路电源电压的选择带来了方便。如果采用 4.5 ~ 5.5V 电压，则可以与 LSTTL 共用同一电源。

3）噪声容限大。CMOS 非门的高、低电平噪声容限均达到 $0.45 V_{DD}$，其他 CMOS 门电路的噪声容限一般也大于 $0.3 V_{DD}$，且电源电压越大，其抗干扰能力越强。因此，CMOS 电路的噪声容限比 TTL 电路大得多。

4）逻辑摆幅大。CMOS 数字集成电路输出的高电平 $U_{OH} \geqslant 0.9 V_{DD}$，接近于电源电压 V_{DD}；而输出的低电平 $U_{OL} \leqslant 0.01 V_{DD}$，又接近于 0V。因此，输出逻辑电平幅度的变化接近电源电压 V_{DD}。电源电压越高，逻辑摆幅（即高低电平之差）越大。

5）输入阻抗高。在正常工作电源电压范围内，输入阻抗可达 $10^{10} \sim 10^{12} \Omega$。

6）扇出系数大。因 CMOS 电路有极高的输入阻抗，故其扇出系数很大，一般额定扇出系数可达 50。但必须指出的是，扇出系数是指驱动 CMOS 电路的个数，若就灌电流负载能力和拉电流负载能力而言，CMOS 电路远远低于 TTL 电路。

4. CMOS 集成逻辑门电路的使用规则

（1）电源电压

1）CMOS 电路的电源电压极性不可接反，否则可能造成电路永久性失效。

2）CMOS4000 系列的电源电压可在 3 ~ 18V 的范围内选择，但最大不能超过极限值18V。

3）HCMOS 电路中 HC 系列的电源电压可在 2~6V 的范围内选择，HCT 系列的电源电压在 4.5~5.5V 的范围内选用，但最大不允许超过极限值 7V。

4）在进行 CMOS 电路实验或对 CMOS 数字系统进行调试、测量时，应先接入直流电源，后接信号源；使用结束时，应先关信号源，后关直流电源。

（2）输入电路的静电保护

CMOS 电路的输入端设置了保护电路，这给使用者带来了很大方便。但是，这种保护还是有限的。由于 CMOS 电路的输入阻抗高，极易产生感应较高的静电电压，从而击穿 MOS 管栅极极薄的绝缘层，造成器件永久损坏。为此，应注意以下几点：

1）所有与 CMOS 电路直接接触的工具、仪表等必须可靠接地。

2）存储和运输 CMOS 器件，最好采用金属屏蔽层作为包装材料。

（3）闲置输入端的处理

1）输入端悬空极易产生感应较高的静电电压，因此闲置输入端不能悬空。

2）对于与门和与非门，闲置输入端应接正电源或高电平；对于或门和或非门，闲置输入端应接地或低电平。

3）闲置输入端不宜与使用输入端并联使用，因为这样会增大输入电容，从而使电路的工作速度下降。但在工作速度要求不高的情况下，允许输入端并联使用。

（4）输出端的连接

1）输出端不允许直接与电源 V_{DD} 或与地相连。因为电路的输出级通常为 CMOS 反相器结构，这会使输出级的 NMOS 管或 PMOS 管可能因电流过大而损坏。

2）为提高电路的驱动能力，可将同一集成芯片上相同门电路的输入端、输出端并联使用。

3）当 CMOS 电路输出端接大容量的负载电容时，流过管子的电流很大，有可能使管子损坏。因此，需在输出端和电容之间串接一个限流电阻，以保证流过管子的电流不超过允许值。

5. TTL 电路与 CMOS 电路的接口

在数字系统中，经常遇到不同类型集成电路混合使用的情况，最常见的就是 TTL 和 CMOS 两种集成电路混合使用、相互连接的情况。由于两者的电压和电流参数各不相同，故它们之间不能直接耦合，需要加入合适的接口电路。

所谓接口电路，是指位于不同类型的逻辑电路之间或逻辑电路与外部电路之间，使两者可有效连接、正常工作的中间电路。

采用接口电路时一般要考虑两个问题：一是要求电平匹配，即驱动门为负载门提供合适（标准）的高低电平；二是要求电流匹配，即驱动门为负载门提供足够大的驱动电流。

（1）TTL 电路驱动 CMOS 电路

用 TTL 电路驱动 CMOS 电路时，主要考虑 TTL 电路输出的电平是否符合 CMOS 电路输入电平的要求：

1）在 TTL 电路的电源电压 V_{CC} 和 CMOS 电路的电源电压 V_{DD} 都为 5V 时，可在 TTL 电路的输出端和电源之间接一个上拉电阻 R，如图 1-39a 所示。

2）TTL 电路输出的低电平 $U_{OL} \leqslant 0.4V$，而 CMOS4000 系列输入的低电平 $U_{IL} \leqslant 1.5V$，

CC74HC 输入的低电平 $U_{IL} \leqslant 1V$，显然 0.4V 明显小于 1.5V 和 1V，因此它们之间可直接相连。

3）当 TTL 电路的电源电压 V_{CC} 和 CMOS 电路的电源电压 V_{DD} 不同时，仍需接上拉电阻，只是需要用 OC 门实现，如图 1-39b 所示。

TTL 和 CMOS 电路之间的接口也可采用 CMOS 电平转换器来实现，如图 1-39c 所示。

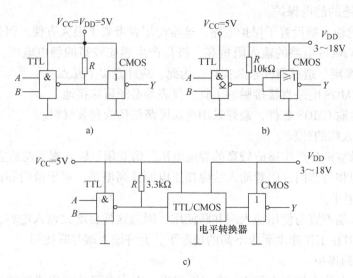

图 1-39　TTL 电路驱动 CMOS 电路
a）接上拉电阻 R　b）用 OC 门实现　c）用 CMOS 电平转换器实现

考虑了电平的匹配问题后，再看电流匹配，由于 CMOS 电路输入电流几乎为零，故不存在问题。

（2）CMOS 电路驱动 TTL 电路

首先看电平是否匹配。CMOS 电路作为驱动门，它的 $U_{OH} \approx 5V$、$U_{OL} \approx 0V$；TTL 电路作为负载门，它的 $U_{IH} \geqslant 1.8V$，$U_{IL} \leqslant 0.8V$。显然，电平匹配是符合要求的。

再看电流是否匹配。CMOS 电路允许的最大灌电流为 0.4mA，而 TTL 电路的输入短路电流 $I_{IS} \approx 1.4mA$，显然驱动电流不足。解决这个问题的办法通常有两种：

1）将同一芯片上的多个 CMOS 电路并联使用。图 1-40a 所示为用同一芯片上的多个 CMOS 与非门并联使用推动 TTL 电路的情况。此外，同一芯片上的多个 CMOS 或非门、多个非门同样也可并联使用。

2）在 CMOS 电路的输出端和 TTL 电路的输入端之间接入 CMOS 驱动器（缓冲器），如图 1-40b 所示。

6. TTL 和 CMOS 电路带负载时的接口电路

实际中经常会遇到用 TTL 或 CMOS 电路驱动负载的情况。图 1-41a 所示为用 TTL 电路驱动发光二极管的实用电路。用 TTL 电路驱动 5V 低压继电器的电路如图 1-41b 所示。若用 CMOS 门或 TTL 电路驱动大电流负载，则需采用图 1-41c 所示的电路，VT_2 为大功率晶体管，用以提供较大的负载电流；如果负载电流不大，则 VT_1 和 VT_2 可用小功率晶体管代替。

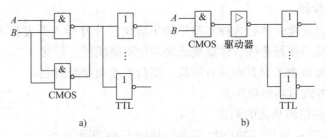

图 1-40　CMOS 电路驱动 TTL 电路

a）多个 CMOS 与非门并联使用　b）接入 CMOS 驱动器

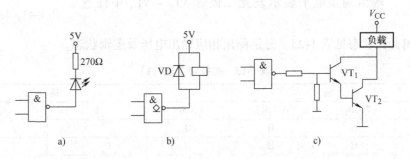

图 1-41　TTL 和 CMOS 电路的外接负载

a）TTL 电路驱动发光二极管　b）TTL 电路驱动低压继电器　c）TTL 电路驱动大电流负载

技能训练　门电路逻辑功能测试

1. 训练目的

1）熟悉门电路的逻辑功能、逻辑表达式、逻辑符号、等效逻辑图。

2）掌握数字电路实验箱及示波器的使用方法。

3）学会检测基本门电路的方法。

2. 训练器材

1）仪器设备：双踪示波器、数字万用表、开发板。

2）器件：

　　　74LS00　二输入端四与非门　2 片

　　　74LS20　四输入端双与非门　1 片

　　　74LS86　二输入端四异或门　1 片

所用芯片引脚图如图 1-42 所示。

图 1-42　芯片引脚图

3. 训练内容及步骤

先检查电源是否正常，然后选择实验用的集成块芯片并插入开发板中对应的 IC 座，按自己设计的实验接线图接好连线。注意集成块芯片不能插反。线接好后经实验指导教师检查无误方可通电实验。实验中改动接线时必须先断开电源，接好线后再通电实验。

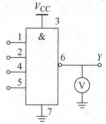

图 1-43　与非门电路

（1）与非门电路逻辑功能的测试

1）选用四输入端双与非门 74LS20 一片，按图 1-43 所示接线，输入端 1、2、4、5 分别接到 $S_1 \sim S_4$ 的逻辑开关输出插口（相应输出为 $S_1 \sim S_4$），输出端接电平显示发光二极管 $VL_1 \sim VL_4$ 中任意一个。

2）逻辑开关状态见表 1-23，分别测出相应输出电压及逻辑状态。

表 1-23　数据记录表（1）

输　　　入				输　　　出	
1（S_1）	2（S_2）	4（S_3）	5（S_4）	Y	电压/V
H	H	H	H		
L	H	H	H		
L	L	H	H		
L	L	L	H		
L	L	L	L		

（2）异或门逻辑功能的测试

1）选二输入端四异或门 74LS86，按图 1-44 接线，输入端 1、2、4、5 接 $S_1 \sim S_4$ 逻辑开关（相应输出为 $S_1 \sim S_4$），输出 A、B、Y 接电平显示发光二极管。

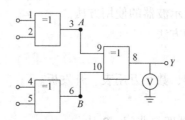

图 1-44　异或门逻辑功能测试电路

2）逻辑开关状态见表 1-24，将结果填入表中。

表 1-24　数据记录表（2）

输　　　入				输　　　出			
1（S_1）	2（S_2）	4（S_3）	5（S_4）	A	B	Y	电压/V
L	L	L	L				
H	L	L	L				
H	H	L	L				
H	H	H	L				
H	H	H	H				
L	H	L	H				

（3）逻辑电路的逻辑关系测试

1）选用二输入端四与非门 74LS00 按图 1-45 和图 1-46 连接电路，将测试所得输入/输出逻辑关系分别填入表 1-25 和表 1-26 中。

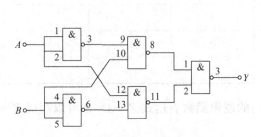

图 1-45　测试电路（1）

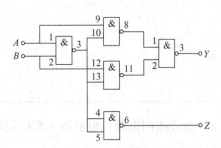

图 1-46　测试电路（2）

表 1-25　数据记录表（3）

输　　入		输　　出
A	B	Y
L	L	
L	H	
H	L	
H	H	

表 1-26　数据记录表（4）

输　　入		输　　出	
A	B	Y	Z
L	L		
L	H		
H	L		
H	H		

2）写出图 1-45 和图 1-46 两个电路的逻辑表达式，并画出等效逻辑图。

（4）利用与非门控制输出（选做）

用一片 74LS00 按图 1-47 所示接线，S 接任一电平开关，用示波器观察 S 对输出脉冲的控制作用。

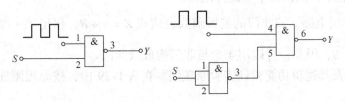

图 1-47　测试电路（3）

（5）用与非门组成其他逻辑门电路，并验证其逻辑功能

1）组成与门电路。由与门的逻辑表达式 $Z = A \cdot B = \overline{\overline{A \cdot B}}$ 得知，可以用两个与非门组成与门，其中一个与非门用作反相器。

① 将与门及其逻辑功能验证实验原理图画在表 1-27 中，按原理图连线，检查无误后接通电源。

② 当输入 A、B 为表 1-27 的情况时，分别测出输出端 Y 的电压或用 LED 监视其逻辑状态，并将结果记录在表中，测试完毕后断开电源。

表 1-27 用与非门组成与门电路实验数据

逻辑功能验证实验原理图	输	入	输	出
	A	B	Y	电压/V
	0	0		
	0	1		
	1	0		
	1	1		

2）组成或门电路。根据德·摩根定理，或门的逻辑函数表达式 $Z = A + B$ 可以写成 $Z = \overline{\overline{A} \cdot \overline{B}}$，因此，可以用 3 个与非门组成或门。

① 将或门及其逻辑功能验证实验原理图画在表 1-28 中，按原理图连线，检查无误后接通电源。

表 1-28 用与非门组成或门电路实验数据

逻辑功能验证实验原理图	输	入	输	出
	A	B	Y	电压/V
	0	0		
	0	1		
	1	0		
	1	1		

② 当输入 A、B 为表 1-28 的情况时，分别测出输出 Y 的电压或用 LED 监视其逻辑状态，并将结果记录在表中，测试完毕后断开电源。

3）组成或非门电路。或非门的逻辑函数表达式 $Z = \overline{A + B}$，根据德·摩根定理，可以写成 $Z = \overline{A} \cdot \overline{B} = \overline{\overline{\overline{A} \cdot \overline{B}}}$，因此，可以用 4 个与非门构成或非门。

① 将或非门及其逻辑功能验证实验原理图画在表 1-29 中，按原理图连线，检查无误后接通电源。

表 1-29 用与非门组成或非门电路实验数据

逻辑功能验证实验原理图	输	入	输	出
	A	B	Y	电压/V
	0	0		
	0	1		
	1	0		
	1	1		

② 当输入 A、B 为表1-29 的情况时，分别测出输出 Y 的电压或用 LED 监视其逻辑状态，并将结果记录在表中，测试完毕后断开电源。

4）组成异或门电路（选做）。异或门的逻辑表达式 $Z = A\overline{B} + \overline{A}B = \overline{\overline{A\overline{B}} \cdot \overline{\overline{A}B}}$，由表达式得知，可以用 5 个与非门组成异或门。但根据没有输入反变量的逻辑函数的化简方法，有 $\overline{A} \cdot B = \overline{(A+\overline{B})} \cdot B = \overline{A + \overline{B} \cdot B}$，同理有 $A\overline{B} = A \cdot \overline{(\overline{A}+B)} = A \cdot \overline{\overline{A}B}$，因此 $Z = A\overline{B} + \overline{A}B = \overline{\overline{ABB} \cdot \overline{ABA}}$，可由 4 个与非门组成。

① 将异或门及其逻辑功能验证实验原理图画在表 1-30 中，按原理图连线，检查无误后接通电源。

表 1-30　用与非门组成异或门电路实验数据

逻辑功能验证实验原理图	输　入		输　出	
	A	B	Y	电压/V
	0	0		
	0	1		
	1	0		
	1	1		

② 当输入 A、B 为表1-30 的情况时，分别测出输出 Y 的电压或用 LED 监视其逻辑状态，并将结果记录在表中，测试完毕后断开电源。

4. 思考与讨论

1）怎样判断门电路逻辑功能是否正常？

2）与非门一个输入接连续脉冲，其余端什么状态时允许脉冲通过？什么状态时禁止脉冲通过？

3）异或门又称可控反相门，为什么？

项目实施　逻辑测试笔电路的设计与制作

1. 设计任务要求

该逻辑测试笔电路的被测点为高电平时，LED_1（红灯）被点亮；被测点为低电平时，LED_2（绿灯）被点亮；测试探针悬空时，LED_3（黄灯）被点亮。

2. 电路设计

（1）电路设计

该逻辑测试笔电路主要由集成运放构成的电压比较器电路与若干门电路组成，设计电路如本项目开篇的"项目引导"表单参考电路所示。

（2）利用 Multisim 14 仿真软件绘制出逻辑测试笔仿真电路

1）绘制仿真电路时，测试笔探针使用模拟开关 S_3 代替，然后按图 1-48 连接仿真电路，完成参数设置，并进行调试。

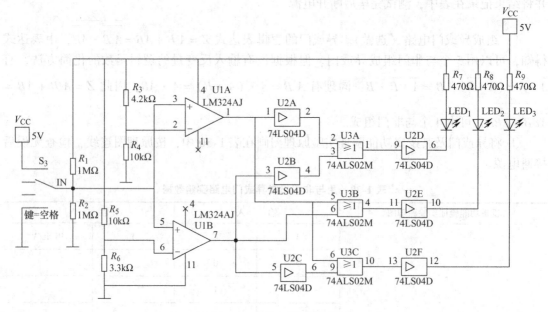

图 1-48　逻辑测试笔仿真电路

2）电路性能测试。运行仿真，调节模拟开关 S_3，模拟探针检测信号，S_3 接 V_{CC} 时，LED_1（红灯）应被点亮；S_3 接 GND 时，LED_2（绿灯）应被点亮；S_3 悬空时，LED_3（黄灯）应被点亮。则电路实现功能。

（3）电路原理分析

TTL 电路输出高电平 > 2.4V，输出低电平 < 0.4V。在室温下，一般输出高电平是 3.5V，输出低电平是 0.2V，分别为最小输入高电平和最大输入低电平。

设 V_{in} > 3.5V 时为高电平，小于 0.2V 为低电平，当 V_{in} 为第三态时相当于悬空，直流电源输出的电压为 5V，此时 R_1 和 R_2 分压后所得电压为 2.5V 左右；R_3 和 R_4 分压后所得电压为 3.5V 左右；R_5 和 R_6 分压后所得电压为 3.7V 左右；

当 IN 输入信号为低电平时，集成运放 U1A 的引脚 3 电压 U_+ = 0V、引脚 2 电压 U_- = 3.5V，$U_+ < U_-$，则引脚 1 输出为低电平，U2A 的引脚 2 输出为高电平；集成运放 U1B 的引脚 5 电压 U_+ = 0V、引脚 6 电压 U_- = 3.7V，$U_+ < U_-$，则引脚 7 输出低电平，U2B 引脚 4 输出高电平，U3A 引脚 3 输出低电平，U2D 引脚 8 输出高电平，LED_1（红灯）熄灭；同时，U3B 引脚 4 输出高电平；U2E 引脚 10 输出低电平，LED_2（绿灯）被点亮；此时，U2C 引脚 6 输出高电平，U3C 引脚 10 输出低电平，U2F 引脚 12 输出高电平，LED_3（黄灯）熄灭。

同理，可得当 IN 输入信号为高电平时，LED_1（红灯）被点亮，LED_2（绿灯）熄灭，LED_3（黄灯）熄灭；当 IN 悬空时，LED_1（红灯）熄灭，LED_2（绿灯）熄灭，LED_3（黄灯）被点亮。

3. 元器件清单（见表1-31）

表1-31　逻辑测试笔电路元器件清单

元器件名称	元器件序号	元器件注释	数　量
发光二极管	LED_1，LED_2，LED_3	LED	3个
电阻	R_1，R_2	1MΩ	2个
	R_3	4.2kΩ	1个
	R_4，R_5	10kΩ	2个
	R_6	3.3kΩ	1个
	R_7，R_8，R_9	470Ω	3个
集成运放	U1	LM324AJ	1个
六反相器	U2	74LS04D	1个
四2输入或非门	U3	74LS02M	1个

4. 电路装配与调试

（1）电路装配

接线工艺图绘制完成后，对照电路原理图认真检查无误，再在实验板上进行电路焊装，要求如下：

1）严格按照电路图进行电路安装。

2）所有元器件焊装前必须按要求先成型。

3）元器件布置必须美观、整洁、合理。

4）所有焊点必须光亮、圆润、无毛刺，无虚焊、错焊和漏焊。

5）连接导线应正确、无交叉，走线美观简洁。

（2）电路调试

电路上电调试前要仔细检查，确认无误后接入+5V电源，用电路中的探针（可用杜邦线代替）连接任意数字电路测试点（可直接检测+5V电源），若LED_1（红灯）被点亮，则测试点为高电平"1"；若LED_2（绿灯）被点亮，则测试点为低电平"0"；若LED_3（黄灯）被点亮，则探针悬空；若出现其他情况，则应再次检查电路连接是否正确，完成故障排除后再次进行测试。

项目考核

项目考核表见表1-32。

表1-32　项目考核表

项目1　逻辑测试笔电路的设计与制作						
班级		姓名		学号		组别
项目	配分	考核要求		评分标准	扣分	得分
电路分析	20	能正确分析电路的工作原理		分析错误，扣5分/处		

项目	配分	考核要求	评分标准	扣分	得分
元器件清点	10	10min 内完成所有元器件的清点、检测及调换	1. 超出规定时间更换元器件，扣 2 分/个 2. 检测数据不正确，扣 2 分/处		
组装焊接	20	1. 工具使用正确，焊点规范 2. 元器件的位置、连线正确 3. 布线符合工艺要求	1. 整形、安装或焊点不规范，扣 1 分/处 2. 损坏元器件，扣 2 分/个 3. 错装、漏装元器件，扣 2 分/个 4. 布线不规范，扣 1 分/处		
通电测试	20	电路功能能够完全实现	1. LED 不发光，扣 5 分/个 2. 电路性能检测步骤缺失，扣 5 分/步		
故障分析检修	20	1. 能正确观察出故障现象 2. 能正确分析故障原因，判断故障范围 3. 检修思路清晰、方法得当 4. 检修结果正确	1. 故障现象观察错误，扣 2 分/次 2. 故障原因分析错误，或故障范围判断过大，扣 2 分/次 3. 检修思路不清、方法不当，扣 2 分/次；仪表使用错误，扣 2 分/次 4. 检修结果错误，扣 2 分/次		
安全、文明工作	10	1. 安全用电，无人为损坏仪器、元器件和设备 2. 操作习惯良好，能保持环境整洁，小组团结协作 3. 不迟到、早退、旷课	1. 发生安全事故，或人为损坏设备、元器件，扣 10 分 2. 现场不整洁、工作不文明，团队不协作，扣 5 分 3. 不遵守考勤制度，扣 2～5 分/次		
合计					

项目习题

1.1 填空题

1. 数制转换：

（1）$(65)_{10} = ($ _____ $)_2 = ($ _____ $)_{8421BCD}$

（2）$(101011)_2 = ($ _____ $)_8 = ($ _____ $)_{16}$

（3）$(24)_{10} = ($ _____ $)_2 = ($ _____ $)_8 = ($ _____ $)_{16}$

（4）$(10011)_2 = ($ _____ $)_{10}$；$(75)_8 = ($ _____ $)_2$

（5）$(35)_{10} = ($ _____ $)_2 = ($ _____ $)_{8421BCD}$

2. BCD 码是指用 _____ 位二进制代码来表示 _____ 位十进制数字的编码方法。

3. 逻辑代数的 3 种基本逻辑运算是 _____、_____、_____。

4. 逻辑函数的化简方法通常有 _____ 法和 _____ 法。

5. 二–十进制编码是用一个 _____ 位二进制代码表示 _____ 位十进制数字的编码方法。

6. 逻辑代数的 3 种基本逻辑运算是 _____ 运算、_____ 运算和非运算。

7. 当 $i \neq j$ 时，同一逻辑函数的两个最小项 $m_i \cdot m_j = $ _____。

8. 逻辑变量是用来表示逻辑关系的二值量，它的取值只有 _____ 和 _____ 两种；

两个输入变量共有_____种取值组合。

9. 与非门的输出逻辑表达式为 $Y =$ _____，异或门的输出逻辑表达式为 $Y =$ _____（设输入逻辑变量为 A、B）。

10. 函数 $Y = AB + AC$ 的最小项表达式为 $Y =$ _____。

11. 在电子技术中，电子电路所处理的电信号可分为两大类：一类是模拟信号，一类是_____。其中，在时间和数值上均离散的信号称为_____。

12. $(503)_{10}$ 用 8421BCD 码表示为 $($_____$)_{8421BCD}$。

13. 一个逻辑函数可以用几种不同的方法描述，如_____、_____、_____和波形图等，这几种描述方法并不是孤立的，可以_____。

14. 两个输入变量共有_____种取值组合，有_____个最小项。

15. 运用基本定律求出表达式的最简式：$AB + \overline{A}C + BC =$ _____。

16. $Y = ABC + AC$，则 A、B、C 的取值组合有_____种，其中有两种取值组合使 $Y = 1$，则这两种 A、B、C 的取值组合分别是_____、_____。

17. 直接根据对偶规则和反演规则，写出函数 $F = AB + CD$ 的对偶式及反函数：$F' =$ _____，$\overline{F} =$ _____。

18. 若两个逻辑函数相等，则它们的真值表_____（相同或不同）。

19. 数字电路中，晶体管通常都工作在_____和_____状态。

20. 逻辑代数的 3 个重要规则是_____、_____和_____。

21. 逻辑函数 $F = A(B + C) \cdot 1$ 的对偶函数是_____。

22. 能够实现"线与"功能的门电路为_____门。

23. 最基本的逻辑门电路有_____、_____和_____。便于实现总线数据传输的门电路是_____。

24. 一般逻辑门电路的输出只有 0、1 两种状态，而三态门的输出除了 0、1 两种状态之外，还有第三种状态——_____。

25. OC 门称为_____门，多个 OC 门输出端并联到一起可实现_____功能。

1.2 选择题

1. 逻辑函数的最简表达式通常用（　　）。

A. 或与式　　　　　B. 与或式　　　　　C. 与或非式　　　　　D. 与非式

2. 函数 $Z = AB + CD$ 的反函数是（　　）。

A. $\overline{Z} = (\overline{A} + \overline{B})(\overline{C} + \overline{D})$
B. $\overline{Z} = \overline{A} + \overline{B} \, \overline{C} + \overline{D}$

C. $\overline{Z} = \overline{A} \, \overline{B} + \overline{C} \, \overline{D}$
D. $\overline{Z} = (A + B)(C + D)$

3. 十进制整数转换成任意 R 进制的方法是（　　）。

A. 除 R 取余　　　B. 乘 R 取整　　　C. 按位权式展开　　　D. 无任何方法

4. 下列关于最小项性质的说法，不正确的是（　　）。

A. 任意一个最小项，只有一组变量取值使它的值为 1

B. 任意两个不同的最小项之积恒为 0

C. 变量的全部最小项之和恒为 0

D. 变量的全部最小项之和恒为 1

5. 数字电路中通常采用（　　）进制。

A. 二　　　　　　　　B. 八　　　　　　　　C. 十　　　　　　　　D. 十六

6. 逻辑函数 $Y = A(B + C)$ 的对偶式是（　　）。

A. $Y' = AB + C$　　　　　　　　　　　　B. $Y' = AC + B$

C. $Y' = A + BC$　　　　　　　　　　　　D. $Y' = ABC$

7. 下列关于数字电路的特点，不正确的是（　　）。

A. 便于集成化

B. 工作可靠性高、抗干扰能力强

C. 数字信息不易长期保存，且保密性差

D. 数字集成电路通用性强、成本低

8. 有"1"出"0"、全"0"出"1"是（　　）的逻辑功能。

A. 与门　　　　　　　B. 与非门　　　　　　C. 或非门　　　　　　D. 非门

9. 以下表达式中符合逻辑运算法则的是（　　）。

A. $C \cdot C = C^2$　　B. $1 + 1 = 10$　　C. $0 < 1$　　D. $A + 1 = 1$

10. 下列各组数中，是八进制的是（　　）。

A. 27452　　　　　　B. 63957　　　　　　C. 47EF8　　　　　　D. 5812A

11. 逻辑函数的表示方法中具有唯一性的是（　　）。

A. 真值表　　　　　　B. 逻辑表达式　　　　C. 逻辑图　　　　　　D. 卡诺图

12. 与函数式 $Y = A + \overline{A}B$ 表示相同逻辑关系的表达式是（　　）。

A. $Y = A$　　　　　　B. $\overline{A}B$　　　　　　C. $Y = A + B$　　　　D. $Y = \overline{A} + B$

13. 一个逻辑函数所有变量的全体最小项之和为（　　）。

A. 1　　　　　　　　　B. 2　　　　　　　　　C. 3

14. 对逻辑函数用卡诺图化简时，应（　　）。

A. 消去不同变量，保留相同变量

B. 消去相同变量，保留不同变量

C. 消去不同变量，保留不同变量

15. 逻辑函数式 $F = ABC + \overline{A} + \overline{B} + \overline{C}$ 的值为（　　）

A. 0　　　　　　　　　B. 1　　　　　　　　　C. ABC　　　　　　D. $A\overline{B}C$

16. $A + BC$ 在三变量卡诺图中有（　　）个小格是"1"。

A. 3　　　　　　　　　B. 4　　　　　　　　　C. 5　　　　　　　　　D. 6

17. 使逻辑函数 $Y = \overline{A}B + C$ 为1的变量取值组合是（　　）。

A. $ABC = 001$　　　　　　　　　　　　　B. $ABC = 110$

C. $ABC = 101$　　　　　　　　　　　　　D. $ABC = 111$

18. 1位十六进制数可以用（　　）位二进制数来表示。

A. 1　　　　　　　　　B. 2　　　　　　　　　C. 4　　　　　　　　　D. 16

19. 二输入端的与非门，其输入端为 A、B，输出端为 Y，则其表达式 $Y = $（　　）。

A. AB　　　　　　　　B. $\overline{AB}$　　　　　　C. $\overline{A + B}$　　　　D. $A + B$

20. 逻辑函数 $F(A,B,C) = AB + BC + A\bar{C}$ 的最小项标准式为（　　）。

A. $F(A,B,C) = \sum m(0,2,4)$ 　　　　　　B. $F(A,B,C) = \sum m(1,5,6,7)$

C. $F(A,B,C) = \sum m(0,2,3,4)$ 　　　　　D. $F(A,B,C) = \sum m(3,4,6,7)$

21. 以下电路中可以实现"线与"功能的是（　　）。

A. 与非门　　　　　　B. 集电极开路门　　　　C. 或非门　　　　　　D. 三态输出门

22. 三态门的输出具有（　　）种状态。

A. 1　　　　　　　　　B. 2　　　　　　　　　　C. 3

23. 下列关于 TTL 门多余输入端的处理方法不正确的是（　　）。

A. 将与门的多余输入端接电源

B. 将或门的多余输入端通过电阻接到电源上

C. 将与门的多余输入端通过电阻接到电源上

1.3　证明与化简

1. 证明：$(A + C)(\bar{A} + B) = AB + \bar{A}C$

2. 证明：$ABC + \bar{A}BC + A\bar{B}C = AC + BC$

3. 证明：$\bar{A}\bar{B}C + A\bar{B}C + AB\bar{C} + ABC = AB + AC + BC$

4. 利用公式法化简：$Y = \bar{A}\bar{B}\bar{C} + A + B + C$

5. 利用公式法化简：$Y = A\bar{D} + AD + ABC$

6. 用公式法化简：$F = A(\bar{A} + B) + B(\bar{B} + C) + B$

7. 用代数法化简：$Y = A + ABC + \overline{ABC} + BC + \bar{B}C$

8. 用公式法化简：$F = A + \bar{A}BCD + A\bar{B}\,\bar{C} + BC + \bar{B}C$

9. 用卡诺图化简：$Y = \bar{A}\,\bar{B}\,\bar{C} + \bar{A}BC + A\bar{B}C + ABC$

10. 用卡诺图化简：$Y = F(A,B,C,D) = \sum m(0,2,5,7,8,10,13,15)$

11. 用卡诺图化简为最简与或式：

$$Y(A,B,C,D) = \sum m(0,2,4,6,8,9) + \sum d(10,11,12,13,14,15)$$

12. 用卡诺图化简：$F(A、B、C) = \sum m(2,3,6,7)$

13. 用卡诺图化简：$Y = \bar{A}\,\bar{B}C + \bar{A}BC + A\bar{B}C + ABC$

14. 试写出图 1-49 所示卡诺图的最小项表达式，并用卡诺图法求其最简与或式。

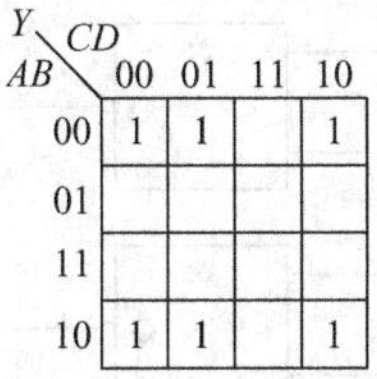

Y \ CD AB	00	01	11	10
00	1	1		1
01				
11				
10	1	1		1

图 1-49　习题 1.3（14）图

1.4　作图题

1. 写出图 1-50 所示门电路的输出表达式，并画出输出信号的波形。

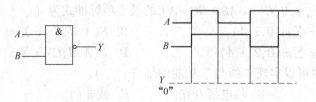

图 1-50　习题 1.4（1）图

2. 写出图 1-51 所示门电路的输出表达式，并画出输出信号的波形。

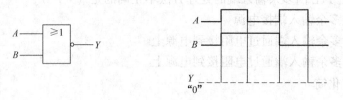

图 1-51　习题 1.4（2）图

3. 写出图 1-52 所示门电路的输出表达式，并画出输出信号波形。

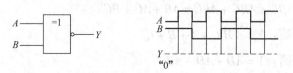

图 1-52　习题 1.4（3）图

4. 根据图 1-53 已知条件，画出输出波形。

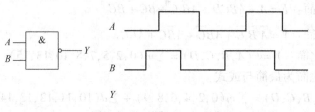

图 1-53　习题 1.4（4）图

5. 图 1-54 所示为两个 OC 门电路，如果要实现 $Y = \overline{AB} \cdot \overline{CD}$ ，试画出其连接方法（注意使用上拉电阻）。

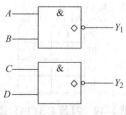

图 1-54　习题 1.4（5）图

6. 如图 1-55 所示，画出下列三态门在输入信号 EN、A、B 作用下，输出信号 Y 的波形。

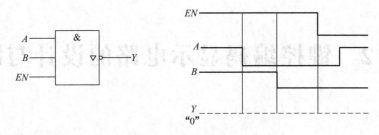

图 1-55　习题 1.4(6) 图

7. TTL 门电路如图 1-56 所示，试分析输入端状态并写出 Y_1、Y_2 的表达式。

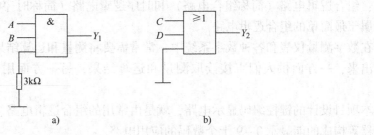

图 1-56　习题 1.4(7) 图

项目 2　键控编码显示电路的设计与制作

项目概述

在数字系统中，常用的各种逻辑电路，就其结构、工作原理和逻辑功能而言，可分为两大类：组合逻辑电路（简称组合电路）和时序逻辑电路（简称时序电路）。前面学过的门电路就属于最简单的组合逻辑电路。

在数字测量仪表和各种数字系统中，常常需要将测量和运算结果用数字、符号等直观地显示出来，一方面供人们直接读取测量和运算结果，另一方面用于监视数字系统的工作情况。

本项目设计的键控编码显示电路，就是由常用的组合逻辑电路、编码器、译码器和数码显示器等构成的能显示 0～9 十个数码的应用电路。

项目引导

项 目 名 称		键控编码显示电路的设计与制作
项 目 说 明	教 学 目 的	1. 了解组合电路的概念及特点；熟悉组合电路的分析方法及设计方法 2. 了解编码器的概念及编码器的分类 3. 了解优先编码器 74LS148 的功能及特点 4. 了解译码器的概念及分类 5. 了解数字显示电路的组成及数字显示器件的分类；熟悉七段字符显示器的组成及特点，熟悉七段显示译码器 74LS48、CD4511 的逻辑功能及特点 6. 熟悉译码器 74LS138 的逻辑功能，掌握用 74LS138 实现逻辑函数的方法 7. 了解数据选择器的概念，熟悉 74LS151 的逻辑功能；会用 74LS151 实现逻辑函数 8. 熟练使用电路仿真软件 Multisim 14，正确连接仿真电路并进行功能检测 9. 能合理布局电路元器件并进行电路装配与调试 10. 能进行电路常见故障排查
	项 目 要 求	1. 工作任务：键控编码显示电路的设计与制作 2. 电路功能：当 0～9（或 0～7）对应的数字按键被按下时，数码管显示按键所对应的编号。首先，用 74LS148 芯片对信号进行编码，经过 74LS04 非门芯片还原成原码输出，然后用 CD4511 完成译码，显示到数码管上

项目说明	参考电路	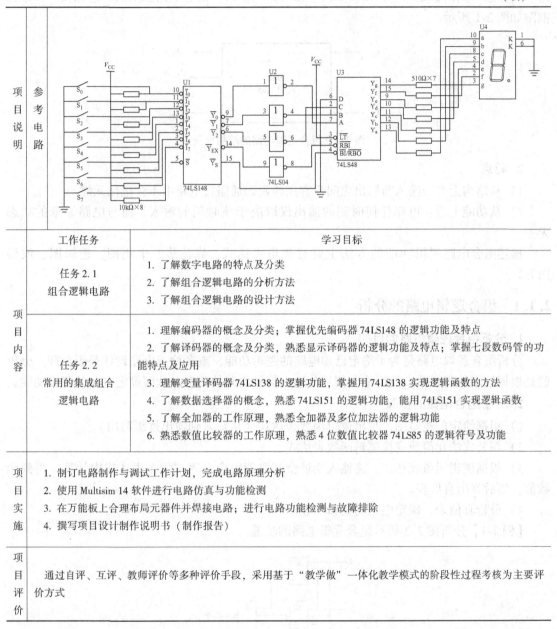		
	工作任务	**学习目标**		
项目内容	任务 2.1 组合逻辑电路	1. 了解数字电路的特点及分类 2. 了解组合逻辑电路的分析方法 3. 了解组合逻辑电路的设计方法		
	任务 2.2 常用的集成组合逻辑电路	1. 理解编码器的概念及分类；掌握优先编码器 74LS148 的逻辑功能及特点 2. 了解译码器的概念及分类，熟悉显示译码器的逻辑功能及特点；掌握七段数码管的功能特点及应用 3. 理解变量译码器 74LS138 的逻辑功能，掌握用 74LS138 实现逻辑函数的方法 4. 了解数据选择器的概念，熟悉 74LS151 的逻辑功能，能用 74LS151 实现逻辑函数 5. 了解全加器的工作原理，熟悉全加器及多位加法器的逻辑功能 6. 熟悉数值比较器的工作原理，熟悉 4 位数值比较器 74LS85 的逻辑符号及功能		
项目实施	1. 制订电路制作与调试工作计划，完成电路原理分析 2. 使用 Multisim 14 软件进行电路仿真与功能检测 3. 在万能板上合理布局元器件并焊接电路；进行电路功能检测与故障排除 4. 撰写项目设计制作说明书（制作报告）			
项目评价	通过自评、互评、教师评价等多种评价手段，采用基于"教学做"一体化教学模式的阶段性过程考核为主要评价方式			

任务 2.1　组合逻辑电路

在数字系统中，常用的各种逻辑电路，就其结构、工作原理和逻辑功能而言，可分为两大类，即组合逻辑电路（简称组合电路）和时序逻辑电路（简称时序电路）。本项目主要研究组合逻辑电路。

1. 定义

由若干个逻辑门组成的具有一组输入和一组输出的非记忆性逻辑电路，即为组合逻辑电路。其任意时刻的稳定输出，仅仅取决于该时刻的输入，而与电路原来的状态无关。其结构框图如图2-1所示。

图2-1 组合逻辑电路的结构框图

2. 特点

1）从结构上看：输入与输出之间没有反馈延迟通路且电路中不含记忆元件。

2）从功能上看：电路任何时刻的输出仅取决于该时刻的输入，而与电路原来的状态无关。

描述组合电路逻辑功能的方法主要有逻辑表达式、真值表、卡诺图、逻辑图、波形图等。

2.1.1 组合逻辑电路的分析

1. 分析组合逻辑电路的目的

分析组合逻辑电路是为了确定已知电路的逻辑功能，或者检查电路设计是否合理。分析就是根据给定的逻辑图，找出输出信号与输入信号之间的关系，从而确定电路的逻辑功能。

2. 分析组合电路的步骤

1）根据给定的逻辑图，写出逻辑函数表达式（从输入到输出逐级写出）。

2）用公式法化简或变换逻辑函数表达式。

3）根据逻辑函数表达式，将输入变量全部取值组合，逐一代入表达式中计算，得到函数值，然后列出真值表。

4）分析真值表，确定电路的逻辑功能。

【例2-1】分析图2-2所示组合逻辑电路的功能。

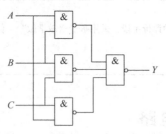

图2-2 例2-1的组合逻辑电路

解：1）写出逻辑函数表达式：$Y = \overline{\overline{AB} \cdot \overline{BC} \cdot \overline{AC}}$

2）化简，由反演律得 $Y = AB + BC + AC$

3）列真值表，见表2-1。

4）确定逻辑功能：两个或两个以上输入为1时，输出 Y 为1，故此电路在实际应用中为"多数表决电路"。

A	B	C	Y
0	0	0	0
0	0	1	0
0	1	0	0
0	1	1	1
1	0	0	0
1	0	1	1
1	1	0	1
1	1	1	1

【例 2-2】分析图 2-3 所示组合逻辑电路的功能。

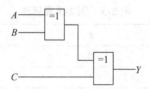

图 2-3　例 2-2 的组合逻辑电路

解： 1）写出逻辑函数表达式：$Y = A \oplus B \oplus C$

2）列真值表，见表 2-2。

表 2-2　例 2-2 真值表

A	B	C	Y
0	0	0	0
0	0	1	1
0	1	0	1
0	1	1	0
1	0	0	1
1	0	1	0
1	1	0	0
1	1	1	1

3）确定逻辑功能：输入奇数个 1 时，输出 Y 为 1，故此电路为"三变量判奇电路"。

2.1.2　组合逻辑电路的设计

1. 设计组合逻辑电路的目的

设计组合逻辑电路是为了得到满足功能要求的最佳电路。

所谓设计，就是根据给出的实际逻辑问题，求出能够实现这一逻辑功能（要求）的最简的逻辑电路，它是分析的逆过程。

2. 设计组合逻辑电路的步骤

1）分析设计要求。根据题意，确定输入、输出变量并进行逻辑赋值（即确定 0 和 1 代表的含义）。

2）根据功能要求列出真值表。

3）由真值表写出逻辑函数表达式并根据需要化简和变换。

4）根据最简表达式画逻辑图或根据最小项表达式画出用组合逻辑电路实现该逻辑功能的电路图。

【例 2-3】设计一个表决电路，有 A、B、C 三人进行表决，当有两人或两人以上同意时决议才算通过，但同意的人中必须有 A。

解：1）确定输入、输出变量并赋值。设输入变量为 A、B、C，1 表示同意，0 表示不同意；输出变量 Y 表示决议是否通过，1 表示通过，0 表示没有通过。

2）根据题目要求列真值表。真值表见表 2-3。

表 2-3　例 2-3 真值表

A	B	C	Y
0	0	0	0
0	0	1	0
0	1	0	0
0	1	1	0
1	0	0	0
1	0	1	1
1	1	0	1
1	1	1	1

3）由真值表写出逻辑函数表达式并化简得

$$Y = A\overline{B}C + AB\overline{C} + ABC = AC + AB$$

4）画出逻辑电路图。逻辑电路如图 2-4a 所示。

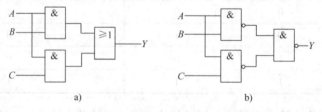

a)　　　　　　　　　　　　　b)

图 2-4　例 2-3 的逻辑电路

若要求用与非门实现，则需要将化简后的与或表达式转换为与非表达式，即 $Y =$ $\overline{\overline{AC + AB}} = \overline{\overline{AC} \cdot \overline{AB}}$，画出的逻辑电路图如图 2-4b 所示。

【例 2-4】设计一个组合逻辑电路，完成如下功能：

举重比赛设3名裁判（一名裁判长和两名助理裁判），裁判长认为杠铃已举起并符合标准时或者两名助理裁判都认为杠铃已举起并符合标准时，表示举重成功，否则，表示举重失败。要求用与非门实现。

解：1）确定输入、输出变量并赋值。设输入变量 A 表示裁判长，B、C 表示两位裁判：1 表示符合标准，0 表示不符合标准；输出 Y 代表举重结果：1 表示举重成功，0 表示举重失败。

2）根据题目要求列真值表。真值表见表2-4。

表2-4　例2-4真值表

A	B	C	Y
0	0	0	0
0	0	1	0
0	1	0	0
0	1	1	1
1	0	0	1
1	0	1	1
1	1	0	1
1	1	1	1

3）由真值表写出逻辑函数表达式：

$$Y = \overline{A}BC + A\,\overline{B}\,\overline{C} + A\,\overline{B}C + AB\,\overline{C} + ABC$$

化简并变换得

$$Y = A + BC = \overline{\overline{A + BC}} = \overline{\overline{A}\,\overline{BC}}$$

4）画出逻辑电路图。逻辑电路如图2-5所示。

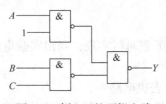

图2-5　例2-4的逻辑电路

技能训练　组合逻辑电路的设计与验证

1. 训练目标

1）掌握常用逻辑门电路的功能及使用方法。

2）会设计简单组合逻辑电路并正确接线，验证其逻辑功能。

3）能够排除电路中出现的故障。

2. 训练器材

1）数字电子技术技能训练开发板。

2）集成电路 74LS00、74LS20、杜邦线若干。

3. 训练内容

使用小规模集成电路构成组合逻辑电路的设计步骤：首先，根据任务的要求建立输入、输出变量，并列出真值表；然后化简求出简化的逻辑函数表达式；其次，按实际选用的逻辑门的类型修改逻辑函数表达式，根据表达式画出逻辑电路图；最后，搭接电路测试从而验证设计的正确性。

1）设计一个密码锁，如图 2-6 所示。其中，A、B、C、D 是四个二进制代码输入端，$\overline{E}$ 为密码输入确认端（当 $\overline{E}=0$ 时，表示确认）。每把锁有四位密码（设该锁的密码为 1011），若输入代码符合该锁密码且 $\overline{E}=0$ 确认时，送出一个开锁信号（$F_1=1$），用于开锁指示的发光二极管亮；若输入代码不符合该锁密码且 $\overline{E}=0$ 确认时，送出报警信号（$F_2=1$），用于报警指示的发光二极管亮；若 $\overline{E}=1$，不送出任何信号。

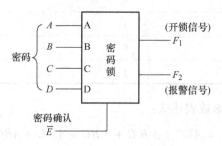

图 2-6 密码锁示意图

2）用与非门设计一个多数表决电路。当三个输入中有多数个（两个或三个）为"1"时，输出才为"1"。

4. 训练步骤

（1）设计一个密码锁电路

写出设计过程，要求用最少的逻辑门实现，画出实验电路图，搭接电路进行验证，并自拟表格记录实验结果。

（2）用与非门设计一个多数表决电路

按组合逻辑电路的设计步骤设计电路（写出最简与或表达式，然后变换为与非-与非形式并画出实验电路图），在开发板上用 74LS00 和 74LS20 搭接电路并验证功能。

5. 训练报告要求

1）列出组合逻辑电路的设计过程。

2）绘制设计的电路图。

3）记录实验结果并填入自拟的相应表格中，分析各电路逻辑功能的正确性。

任务 2.2 常用的集成组合逻辑电路

常用的集成组合逻辑电路有编码器、译码器、数据选择器、加法器和数值比较器等，本任务主要对它们的基本工作原理、逻辑功能和使用方法进行分析和讨论，并对其相应的中规模集成电路进行简要介绍，以期达到正确使用这些器件实现电路功能的目的。

2.2.1 编码器

1. 编码及编码器的概念

用文字、数码、符号等字符表示特定对象的过程，称为编码。换句话说，在数字系统中，用多位二进制数码 0 和 1 按某种规律排列，组成不同的码字，用以表示某一特定的含义，称为编码。如常见的电话号码、学生学号、邮政编码等均属编码，只不过它们都是利用十进制数码进行编码的。

能实现编码操作的数字电路（逻辑电路）称为编码器。编码器输入的是被编的信号，输出的是所使用的二进制代码，其结构框图如图 2-7 所示。

图 2-7 编码器结构框图

通常输入变量（信号）的个数 m 与输出变量的位数 n 之间应满足 $m \leqslant 2^n$。习惯上我们把有 m 个输入端、n 个输出端的编码器称为 m 线-n 线编码器。

2. 编码器的分类

根据被编信号的不同特点和要求，编码器可分为普通编码器和优先编码器；根据输出代码的位数与输入信号数之间的关系，编码器可分为二进制编码器和二-十进制编码器两类。其中，普通编码器的输入变量是互相排斥的，即每一时刻只能有一个输入端提出编码要求。或者说编码器任何时刻只能对其中一个输入信息（号）进行编码，否则输出端将发生混乱。

而优先编码器可以同时有几个输入端提出编码要求，但电路只对其中优先级别最高的信号进行编码，其他信号均不被编码。其输入信号的优先级别是设计人员根据需要预先确定的。在实际产品中均采用优先编码器。

（1）二进制编码器

1 位二进制数有 0、1 两个数码，可以表示 2 个信号。

2 位二进制数码有 4 种取值组合，可以表示 4 个信号。

3 位二进制数码有 8 种取值组合，可以表示 8 个信号。

…

n 位二进制代码有 2^n 种取值组合，可以表示 2^n 个信号。

用 n 位二进制代码对 2^n 个信号进行编码的电路称为二进制编码器。显然，二进制编码

器输入信号的个数 N 与输出变量的位数 n 之间满足 $N=2^n$ 的关系，其结构框图如图 2-8 所示。

图 2-8　二进制编码器结构框图

目前常用的都是优先编码器，如 74LS148 是 3 位二进制（8 线 - 3 线）集成优先编码器，图 2-9 是它的逻辑功能示意图（逻辑符号）。

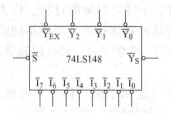

图 2-9　74LS148 逻辑功能示意图

1）$\overline{I_0} \sim \overline{I_7}$ 为信号输入端，低电平有效，$\overline{I_7}$ 为最高优先级，$\overline{I_0}$ 为最低优先级。即只要 $\overline{I_7}=0$，无论其他输入端是 0 还是 1，输出只对 $\overline{I_7}$ 编码，且对应的输出为反码有效，$\overline{Y_2}\,\overline{Y_1}\,\overline{Y_0}=000$。

2）$\overline{S}$ 为使能输入端，又叫控制端（选通输入端），低电平有效。

只有 $\overline{S}=0$ 时编码器才工作；$\overline{S}=1$ 时编码器不工作，此时，输出都是 1。

3）$\overline{Y_\mathrm{S}}$ 为使能输出端，又称选通输出端，低电平表示"无编码信号输入"。

当 $\overline{S}=0$ 允许工作时，如果 $\overline{I_0} \sim \overline{I_7}$ 端有信号输入，$\overline{Y_\mathrm{S}}=1$；若 $\overline{I_0} \sim \overline{I_7}$ 端无信号输入，$\overline{Y_\mathrm{S}}=0$。

4）$\overline{Y_\mathrm{EX}}$ 为扩展输出端，低电平表示"有编码信号输入"，即用于标记输入信号是否有效。

当 $\overline{S}=0$ 时，只要有编码信号，$\overline{Y_\mathrm{EX}}$ 就是低电平，即 $\overline{Y_\mathrm{EX}}=0$。

优先编码器 74LS148 的功能表见表 2-5。

表 2-5　优先编码器 74LS148 的功能表

使能端输入	输　　入								输　　出			扩展输出	使能输出
$\overline{S}$	$\overline{I_7}$	$\overline{I_6}$	$\overline{I_5}$	$\overline{I_4}$	$\overline{I_3}$	$\overline{I_2}$	$\overline{I_1}$	$\overline{I_0}$	$\overline{Y_2}$	$\overline{Y_1}$	$\overline{Y_0}$	$\overline{Y_\mathrm{EX}}$	$\overline{Y_\mathrm{S}}$
1	×	×	×	×	×	×	×	×	1	1	1	1	1
0	1	1	1	1	1	1	1	1	1	1	1	1	0
0	0	×	×	×	×	×	×	×	0	0	0	0	1
0	1	0	×	×	×	×	×	×	0	0	1	0	1
0	1	1	0	×	×	×	×	×	0	1	0	0	1

（续）

使能端输入	输入								输出			扩展输出	使能输出
$\overline{S}$	$\overline{I}_7$	$\overline{I}_6$	$\overline{I}_5$	$\overline{I}_4$	$\overline{I}_3$	$\overline{I}_2$	$\overline{I}_1$	$\overline{I}_0$	$\overline{Y}_2$	$\overline{Y}_1$	$\overline{Y}_0$	$\overline{Y}_{EX}$	$\overline{Y}_S$
0	1	1	1	0	×	×	×	×	0	1	1	0	1
0	1	1	1	1	0	×	×	×	1	0	0	0	1
0	1	1	1	1	1	0	×	×	1	0	1	0	1
0	1	1	1	1	1	1	0	×	1	1	0	0	1
0	1	1	1	1	1	1	1	0	1	1	1	0	1

（2）二-十进制编码器

将十进制数 $0 \sim 9$ 编成二进制代码的电路，即用 4 位二进制代码表示 1 位十进制数的编码电路，称为二-十进制编码器。

该编码器的输入是代表 $0 \sim 9$ 的 10 个信号（$N = 10$），输出是 4 位二进制代码，故称 10 线-4 线编码器。8421BCD 码编码器就是最常用的一种二-十进制编码器，其功能示意图如图 2-10 所示。

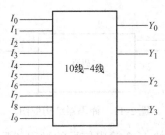

图 2-10　二-十进制编码器功能示意图

常用的二-十进制优先编码器有 74LS147，它把 $I_0 \sim I_9$ 的 10 个状态（数）分别编成 10 个 BCD 码。其中，I_9 的优先权最高，I_0 的优先权最低，其功能表见表 2-6（表中没有 I_0，是因为当 $I_1 \sim I_9$ 都为高电平 1 时，输出 $Y_3 Y_2 Y_1 Y_0 = 1111$，原码为 0000，相当于输入 I_0 请求编码）。

表 2-6　优先编码器 74LS147 的功能表

输入									输出			
I_1	I_2	I_3	I_4	I_5	I_6	I_7	I_8	I_9	Y_3	Y_2	Y_1	Y_0
1	1	1	1	1	1	1	1	1	1	1	1	1
×	×	×	×	×	×	×	×	0	0	1	1	0
×	×	×	×	×	×	×	0	1	0	1	1	1
×	×	×	×	×	×	0	1	1	1	0	0	0
×	×	×	×	×	0	1	1	1	1	0	0	1
×	×	×	×	0	1	1	1	1	1	0	1	0
×	×	×	0	1	1	1	1	1	1	0	1	1
×	×	0	1	1	1	1	1	1	1	1	0	0
×	0	1	1	1	1	1	1	1	1	1	0	1
0	1	1	1	1	1	1	1	1	1	1	1	0

优先编码器 74LS147 的输入端和输出端都是低电平有效，输入低电平 0 时，表示有编码请求，输入高电平 1 无效。I_9 的优先权最高，I_0 的优先权最低，即当 $I_9 = 0$ 时，其余输入编码信号无效，电路只对 I_9 进行编码，输出 $Y_3 Y_2 Y_1 Y_0 = 0110$，为反码，原码为 1001，其余类推。

2.2.2　译码器

1. 译码及译码器的概念

译码是编码的逆过程，是把二进制代码所表示的特定信息翻译出来的过程。如果将代码比作电话号码，那么译码就是按照电话号码找用户的过程。而能够实现译码功能（操作）的电路称为译码器，其功能与编码器正好相反。译码器的用处有很多，如用于数字仪表中的显示译码器，计算机中普遍使用的地址译码器、指令译码器，数字通信设备中广泛使用的多路分配器等。

2. 译码器的分类及框图

根据译码信号的特点可把译码器分为二进制译码器、二-十进制译码器、显示译码器。译码器输入的是二进制代码，输出的是与输入代码相对应的信息，其结构框图如图 2-11 所示。

图 2-11　译码器结构框图

将 n 个输入代码转换为对应的 m 个输出信号的过程就是译码。显然，输入代码的位数 n 与输出的信号数 m 应满足 $m \leq 2^n$ 的关系。

（1）二进制译码器

把二进制代码的所有组合状态都翻译出来的电路即为二进制译码器，其输入、输出端子数满足 $m = 2^n$。如 2 线-4 线译码器、3 线-8 线译码器、4 线-16 线译码器。图 2-12 所示为 3 线-8 线译码器的示意图。

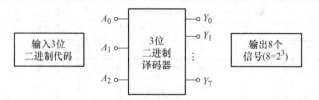

图 2-12　3 线-8 线译码器示意图

图中，A_2、A_1、A_0 为 3 位二进制代码输入端，$Y_7 \sim Y_0$ 是与代码状态相对应的 8 个信号输出端，其输出逻辑表达式为 $Y_0 = \overline{A_2}\ \overline{A_1}\ \overline{A_0}$、$Y_1 = \overline{A_2}\ \overline{A_1} A_0$、$Y_2 = \overline{A_2} A_1 \overline{A_0}$、$Y_3 = \overline{A_2} A_1 A_0$、$Y_4 = A_2 \overline{A_1}\ \overline{A_0}$、$Y_5 = A_2 \overline{A_1} A_0$、$Y_6 = A_2 A_1 \overline{A_0}$、$Y_7 = A_2 A_1 A_0$。

当改变输入 A_2、A_1、A_0 的状态时，可得出相应的结果，其功能表见表 2-7。

表 2-7　3 线-8 线译码器功能表

输入			输出							
A_2	A_1	A_0	Y_7	Y_6	Y_5	Y_4	Y_3	Y_2	Y_1	Y_0
0	0	0	0	0	0	0	0	0	0	1
0	0	1	0	0	0	0	0	0	1	0
0	1	0	0	0	0	0	0	1	0	0
0	1	1	0	0	0	0	1	0	0	0
1	0	0	0	0	0	1	0	0	0	0
1	0	1	0	0	1	0	0	0	0	0
1	1	0	0	1	0	0	0	0	0	0
1	1	1	1	0	0	0	0	0	0	0

显而易见，对于每一组输入代码，对应着一个确定的输出信号；反过来说，每一个输出都对应了输入变量的一个最小项。

实际中最常用的是集成 3 线-8 线译码器 74LS138，其逻辑功能示意图如图 2-13 所示。

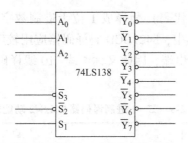

图 2-13　74LS138 逻辑功能示意图

图中，A_2、A_1、A_0 为二进制代码输入端，其输入为原码；$\overline{Y}_0 \sim \overline{Y}_7$ 为输出端，低电平有效；$\overline{S}_3$、$\overline{S}_2$、S_1 为使能端（选通端），其状态控制译码器的工作。当 $S_1 = 1$、$\overline{S}_2 = \overline{S}_3 = 0$ 时，译码器正常工作；当 $S_1 = 0$、$\overline{S}_2 = \overline{S}_3 = 1$ 时，译码器不工作，此时 8 个输出端均为高电平，即不译码。表 2-8 是该译码器功能表。

表 2-8　译码器 74LS138 功能表

使能		输入			输出							
S_1	$\overline{S}_2 + \overline{S}_3$	A_2	A_1	A_0	$\overline{Y}_7$	$\overline{Y}_6$	$\overline{Y}_5$	$\overline{Y}_4$	$\overline{Y}_3$	$\overline{Y}_2$	$\overline{Y}_1$	$\overline{Y}_0$
×	1	×	×	×	1	1	1	1	1	1	1	1
0	×	×	×	×	1	1	1	1	1	1	1	1
1	0	0	0	0	1	1	1	1	1	1	1	0
1	0	0	0	1	1	1	1	1	1	1	0	1
1	0	0	1	0	1	1	1	1	1	0	1	1
1	0	0	1	1	1	1	1	1	0	1	1	1
1	0	1	0	0	1	1	1	0	1	1	1	1
1	0	1	0	1	1	1	0	1	1	1	1	1
1	0	1	1	0	1	0	1	1	1	1	1	1
1	0	1	1	1	0	1	1	1	1	1	1	1

由表 2-8 可以看出，译码器的每一个输出对应了输入变量的一个最小项，即译码器的输出提供了输入变量的所有最小项。

用两片 74LS138 可以扩展组成一个 4 线－16 线译码器，电路如图 2-14 所示。

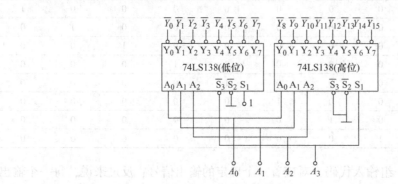

图 2-14 两片 74LS138 级联构成 4 线－16 线译码器电路图

（2）二－十进制译码器

将 4 位二进制代码（BCD 代码）翻译成 1 位十进制数字的电路，就是二－十进制译码器，又称为 BCD 码译码器。其中，8421BCD 码译码器应用较广泛。

它有 4 个输入端，10 个输出端，因此又称 4 线－10 线译码器。表 2-9 是二－十进制译码器 74LS42 功能表。

表 2-9 二－十进制译码器 74LS42 功能表

十进制数	输入				输出									
	A_3	A_2	A_1	A_0	$\overline{Y_9}$	$\overline{Y_8}$	$\overline{Y_7}$	$\overline{Y_6}$	$\overline{Y_5}$	$\overline{Y_4}$	$\overline{Y_3}$	$\overline{Y_2}$	$\overline{Y_1}$	$\overline{Y_0}$
0	0	0	0	0	1	1	1	1	1	1	1	1	1	0
1	0	0	0	1	1	1	1	1	1	1	1	1	0	1
2	0	0	1	0	1	1	1	1	1	1	1	0	1	1
3	0	0	1	1	1	1	1	1	1	1	0	1	1	1
4	0	1	0	0	1	1	1	1	1	0	1	1	1	1
5	0	1	0	1	1	1	1	1	0	1	1	1	1	1
6	0	1	1	0	1	1	1	0	1	1	1	1	1	1
7	0	1	1	1	1	1	0	1	1	1	1	1	1	1
8	1	0	0	0	1	0	1	1	1	1	1	1	1	1
9	1	0	0	1	0	1	1	1	1	1	1	1	1	1
无效状态	1	0	1	0	1	1	1	1	1	1	1	1	1	1
	1	0	1	1	1	1	1	1	1	1	1	1	1	1
	1	1	0	0	1	1	1	1	1	1	1	1	1	1
	1	1	0	1	1	1	1	1	1	1	1	1	1	1
	1	1	1	0	1	1	1	1	1	1	1	1	1	1
	1	1	1	1	1	1	1	1	1	1	1	1	1	1

由表 2-9 可见，该译码器有 4 个输入端 $A_0 \sim A_3$，输入为 8421BCD 码；有 10 个输出端 $\overline{Y}_9 \sim \overline{Y}_0$，分别与十进制数 0~9 相对应，低电平有效。

对于某个 8421BCD 码的输入，相应的输出端为低电平，其他输出端为高电平。

代码 1010~1111 没有使用，称作伪码，当输入伪码时，所有输出均为高电平——拒绝伪码。

（3）显示译码器

在数字测量仪表和其他数字系统中，常常需要将测量和运算的结果用数字、符号等直观地显示出来，供人们直接读取结果或监视数字系统的工作情况，为此需要用到显示电路。显示电路的组成框图如图 2-15 所示。

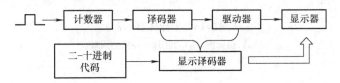

图 2-15　显示电路的组成框图

显示电路通常由译码器、驱动器和显示器三部分组成。其中，把译码器和驱动器集成在一块芯片上，构成显示译码器，它的输入一般为二-十进制代码（BCD 代码），输出的信号则用于驱动显示器件（数码显示器），显示出十进制数字来。

显示器按显示材料可以分为荧光、发光二极管、液晶等；还可以按显示内容分为文字、符号、数字等。

目前常用的显示器有发光二极管（LED）组成的七段数码显示器和液晶（LCD）七段数码显示器，它们一般都由 a、b、c、d、e、f、g 七段发光段组成，因此能驱动它们发光的显示译码器必然就有 7 个输出端，它们按需要输出相应的高低电平，就能让七段显示器的某些段发光，从而显示出相应的字形来。

1）七段数码显示器。显示器就是用来显示数码、文字或符号的器件。按显示方式可分为分段式、字形重叠式、点阵式。其中，七段显示器应用最普遍，常见的有辉光数码管、荧光数码管、液晶显示器、发光二极管数码管、等离子显示板等。

图 2-16a 所示的半导体发光二极管显示器是数字电路中使用最多的显示器，它有共阳极和共阴极两种接法。

共阴极接法（见图 2-16b）是各发光二极管阴极相接，$a \sim g$ 高电平驱动发光。图 2-16c 所示为发光二极管的共阳极接法，共阳极接法是各发光二极管的阳极相接，$a \sim g$ 接低电平时亮（低电平驱动发光）。因此，利用不同发光段组合能显示出 0~9 共 10 个数字。

为了使数码管能将数码所代表的数显示出来，必须将数码经显示译码器译出，然后，经驱动器点亮对应的段，其中，输出高电平有效的显示译码器可驱动共阴极接法的数码管；低电平有效的显示译码器可驱动共阳极接法的数码管。即对应于一组数码，显示译码器应有确定的几个输出端有信号输出（高电平或低电平）。图 2-17 所示为输出高电平有效的显示译码器驱动共阴极数码管，显示出数字"9"的示意图。

2）七段显示译码器。七段显示译码器 74LS48 是一种输出高电平有效、与共阴极七段数字显示器配合使用的集成译码器，它的功能是将输入的 4 位二进制代码转换成显示器所需

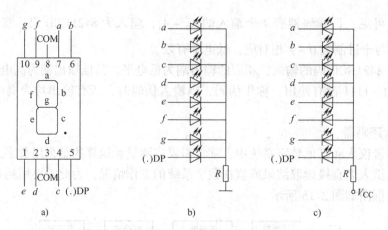

图 2-16 半导体显示器

a) 引脚图　b) 共阴极　c) 共阳极

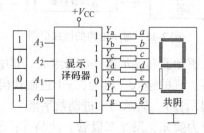

图 2-17　显示译码器驱动共阴极数码管电路图

要的 7 个段信号。

图 2-18 所示为 74LS48 的逻辑符号和引脚图，图中，A、B、C、D 为 8421BCD 代码输入，$Y_a \sim Y_g$ 为七段输出。74LS48 具有多个辅助控制端，以增强器件的功能，具体如下：

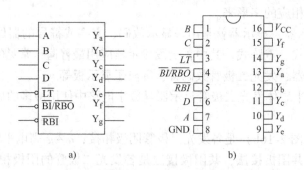

图 2-18　74LS48 的逻辑符号和引脚图

a) 逻辑符号　b) 引脚图

① 试灯功能。当试灯输入端 $\overline{LT}=0$、$\overline{BI/RBO}=1$ 时，此时无论其他输入端电平状态如何，输出 $Y_a \sim Y_g$ 均为 1，数码管七段全亮，显示 8，以测试数码管有无损坏。

② 灭灯（消隐）功能。只要灭灯输入端 $\overline{BI}=0$，此时无论其他输入端电平状态如何，$Y_a \sim Y_g$ 均为 0，数码管各段熄灭（此时 $\overline{BI/RBO}$ 为输入端）。

③ 动态灭零功能。设置灭零输入端 $\overline{RBI}$ 的目的是把不希望显示的零熄灭。在 $\overline{LT}=1$ 的前

提下，只要$\overline{RBI}=0$且输入$DCBA=0000$时，此时灭零输出端$\overline{RBO}=0$、$Y_a\sim Y_g$均为0，数码管可使本来应显示的0熄灭。因此灭零输出端$\overline{RBO}=0$表示译码器处于灭零状态，该端主要用于显示多位数时，多个译码器之间的连接。

④ 数码显示功能。当$LT=1$、$\overline{BI/RBO}=1$时，若输入8421BCD码，译码输出端$Y_a\sim Y_g$上产生相应驱动信号，使数码管显示$0\sim9$。显示译码器74LS48功能表见表2-10。

表2-10　显示译码器74LS48功能表

十进制数	输入							输出						
	$\overline{LT}$	$\overline{RBI}$	D	C	B	A	$\overline{BI/RBO}$	Y_a	Y_b	Y_c	Y_d	Y_e	Y_f	Y_g
0	1	1	0	0	0	0	1	1	1	1	1	1	1	0
1	1	×	0	0	0	1	1	0	1	1	0	0	0	0
2	1	×	0	0	1	0	1	1	1	0	1	1	0	1
3	1	×	0	0	1	1	1	1	1	1	1	0	0	1
4	1	×	0	1	0	0	1	0	1	1	0	0	1	1
5	1	×	0	1	0	1	1	1	0	1	1	0	1	1
6	1	×	0	1	1	0	1	0	0	1	1	1	1	1
7	1	×	0	1	1	1	1	1	1	1	0	0	0	0
8	1	×	1	0	0	0	1	1	1	1	1	1	1	1
9	1	×	1	0	0	1	1	1	1	1	0	0	1	1
灭灯	×	×	×	×	×	×	0	0	0	0	0	0	0	0
灭零	1	0	0	0	0	0	0	0	0	0	0	0	0	0
试灯	0	×	×	×	×	×	1	1	1	1	1	1	1	1

3. 译码器的应用

（1）用译码器实现组合逻辑函数

译码器的用途很广，除用于译码外，还可以用它实现任意逻辑函数。由于一个n变量的二进制译码器，共有2^n个输出，其每一个输出都对应了输入变量的一个最小项（或最小项之非），即2^n个输出均为n变量的最小项（或最小项之非），而任意逻辑函数总能写成若干个最小项之和的标准式，所以，用译码器再适当增加逻辑门（如与非门），就可以实现任何一个输入变量不大于n的组合逻辑函数。

当译码器输出低电平有效时，多选用译码器和与非门实现逻辑函数；当输出高电平有效时，多选用译码器和或门实现逻辑函数。

由于74LS138是输出低电平有效的3位二进制译码器，故在用它实现逻辑函数时应附加与非门。具体方法如下：

1）根据逻辑函数的变量数选择译码器。

2）写出所给逻辑函数Y的最小项表达式。

3）将逻辑函数Y与所选用的译码器的输出表达式进行比较，并将两者的输入变量进行代换，最后写出逻辑函数Y与译码器各输出端关系的函数表达式。

4）画出连线图。

由74LS138译码器功能表（表2-8）可得，74LS138的输入、输出关系为

$$\overline{Y_0} = \overline{A_2}\,\overline{A_1}\,\overline{A_0} \qquad \overline{Y_1} = \overline{A_2}\,\overline{A_1}A_0 \qquad \overline{Y_2} = \overline{A_2}A_1\overline{A_0} \qquad \overline{Y_3} = \overline{A_2}A_1A_0$$

$$\overline{Y_4} = A_2\,\overline{A_1}\,\overline{A_0} \qquad \overline{Y_5} = A_2\,\overline{A_1}A_0 \qquad \overline{Y_6} = A_2A_1\overline{A_0} \qquad \overline{Y_7} = A_2A_1A_0$$

故当 $S_1 = 1$、$\overline{S_2} + \overline{S_3} = 0$ 时，3 线 - 8 线译码器各输出端的函数式为

$$\overline{Y_0} = \overline{A_2}\,\overline{A_1}\,\overline{A_0} = \overline{m_0} \qquad \overline{Y_1} = \overline{A_2}\,\overline{A_1}A_0 = \overline{m_1} \qquad \overline{Y_2} = \overline{A_2}A_1\overline{A_0} = \overline{m_2}$$

$$\overline{Y_3} = \overline{A_2}A_1A_0 = \overline{m_3} \qquad \overline{Y_4} = A_2\,\overline{A_1}\,\overline{A_0} = \overline{m_4} \qquad \overline{Y_5} = A_2\,\overline{A_1}A_0 = \overline{m_5}$$

$$\overline{Y_6} = A_2A_1\overline{A_0} = \overline{m_6} \qquad \overline{Y_7} = A_2A_1A_0 = \overline{m_7}$$

显然，译码器的每一个输出端都与输入变量的一个最小项相对应。

【例 2-5】 用 74LS138 及门电路实现 $F(A,B,C) = \sum_m(1,3,5,6,7)$。

解： $\quad F(A,B,C) = \sum_m(1,3,5,6,7)$

$$= m_1 + m_3 + m_5 + m_6 + m_7$$

$$= \overline{\overline{m_1 + m_3 + m_5 + m_6 + m_7}}$$

$$= \overline{\overline{m_1} \cdot \overline{m_3} \cdot \overline{m_5} \cdot \overline{m_6} \cdot \overline{m_7}}$$

$$= \overline{\overline{Y_1} \cdot \overline{Y_3} \cdot \overline{Y_5} \cdot \overline{Y_6} \cdot \overline{Y_7}}$$

电路如图 2-19 所示。

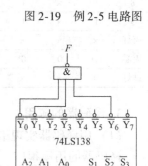

图 2-19　例 2-5 电路图

【例 2-6】 用 74LS138 及门电路实现 $F(A,B,C) = AB\overline{C} + \overline{A}\,\overline{B} + \overline{A}\,\overline{B}\,\overline{C}$。

解： $\quad F(A,B,C) = AB\overline{C} + \overline{A}\,\overline{B}C + \overline{A}\,\overline{B}\,\overline{C}$

$$= m_6 + m_1 + m_0$$

$$= \overline{\overline{m_6 + m_1 + m_0}}$$

$$= \overline{\overline{m_0} \cdot \overline{m_1} \cdot \overline{m_6}}$$

$$= \overline{\overline{Y_0} \cdot \overline{Y_1} \cdot \overline{Y_6}}$$

电路如图 2-20 所示。

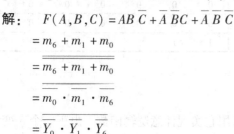

（2）译码器的功能扩展

图 2-20　例 2-6 电路图

如果将使能端作为变量输入端，还可以扩展译码器输入端的位数，扩大芯片的功能。例如，用两片 74LS138 组成 4 线 - 16 线译码器，如图 2-21 所示。

图中，74LS138（1）为低位片，74LS138（2）为高位片。此时，将高位片的 S_1 和低位片的 $\overline{S_2}$、$\overline{S_3}$ 相连作为 A_3。

2.2.3　数据选择器

在数字系统中，常常需要将多路信号有选择地分别传送到公共数据线上去，或者说按要求从多路输入信号中选择一路进行传输（输出），这就需要用到数据选择器。

1. 数据选择器的概念及示意图

根据地址码的要求，从多路输入信号中选择其中一路输出的电路，即为数据选择器。它是一种多输入、单输出的组合逻辑电路。

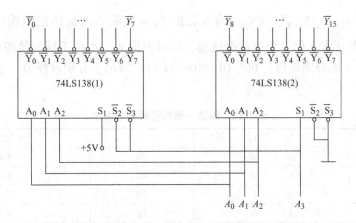

图 2-21　两片 74LS138 组成 4 线–16 线译码器电路

数据选择器能对多路信息进行选择，逐个传输，故又称多路选择器，其功能是在多个输入数据中选择其中所需要的一个数据输出，它是一种多输入单输出的组合逻辑电路，其作用相当于多路开关（单刀多掷开关）。其功能示意图如图 2-22 所示。

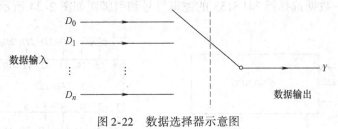

图 2-22　数据选择器示意图

2. 数据选择器的分类

常用的数据选择器根据输入端的个数分为四选一、八选一、十六选一等。

（1）四选一数据选择器

1）逻辑框图及逻辑符号。图 2-23 所示是四选一数据选择器的逻辑框图和逻辑符号。其中，A_1、A_0 为控制数据准确传送的地址输入信号；$D_0 \sim D_3$ 为供选择的四路数据输入端；$\overline{EN}$ 为使能端（选通端），低电平有效；Y 为输出端。

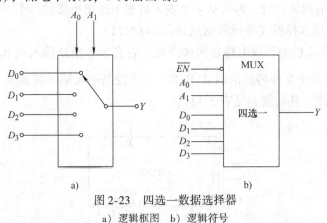

图 2-23　四选一数据选择器

a）逻辑框图　b）逻辑符号

2）逻辑功能及输出逻辑表达式。当使能端 $\overline{EN}=1$ 时，选择器不工作，禁止数据输入，

此时无论控制端 A_1、A_0 为何种状态，输入数据 $D_0 \sim D_3$ 都不能被传送到输出端，$Y=0$；当 $\overline{EN}=0$ 时，选择器正常工作，允许数据选通，此时根据 A_1、A_0 的不同取值即可选择相应的输入信号输出。当 A_1A_0 分别取值为 00、01、10、11 时，输出 Y 分别选择 D_0、D_1、D_2、D_3。其功能表见表 2-11。

表 2-11　四选一数据选择器功能表

$\overline{EN}$	A_1	A_0	Y	说　明
1	×	×	0	不输出
0	0	0	D_0	$Y=D_0$
0	0	1	D_1	$Y=D_1$
0	1	0	D_2	$Y=D_2$
0	1	1	D_3	$Y=D_3$

Y 的逻辑表达式为

$$Y = D_0 \overline{A_1}\,\overline{A_0} + D_1 \overline{A_1}A_0 + D_2 A_1 \overline{A_0} + D_3 A_1 A_0 = m_0 D_0 + m_1 D_1 + m_2 D_2 + m_3 D_3$$

集成双四选一数据选择器 74LS153 的逻辑符号和引脚图如图 2-24 所示。

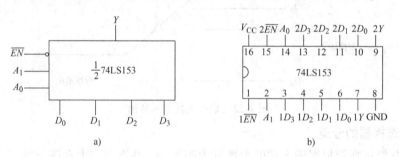

图 2-24　双四选一数据选择器 74LS153
a) 逻辑符号　b) 引脚图

双四选一数据选择器 74LS153 包含两个完全相同的四选一数据选择器，两个数据选择器有公共的地址输入端，而数据输入端和输出端是各自独立的。

通过给定不同的地址代码，即可从 4 个输入数据中选出所要的一个，并送至输出端 Y。

（2）八选一数据选择器（集成数据选择器 74LS151）

74LS151 是一种典型的集成电路数据选择器，它有 3 个地址输入端 A_2、A_1、A_0，8 个数据输入端 $D_0 \sim D_7$，两个互补的输出端 W 和 $\overline{W}$，一个控制输入端（使能端）$\overline{S}$，图 2-25 所示为其电路符号示意图，其功能表见表 2-12。

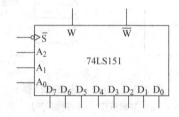

图 2-25　74LS151 电路符号示意图

表 2-12　八选一数据选择器功能表

$\bar{S}$	A_2	A_1	A_0	W	$\bar{W}$	说　明
1	×	×	×	0	1	不输出
0	0	0	0	D_0	$\bar{D}_0$	$W = D_0$
0	0	0	1	D_1	$\bar{D}_1$	$W = D_1$
0	0	1	0	D_2	$\bar{D}_2$	$W = D_2$
0	0	1	1	D_3	$\bar{D}_3$	$W = D_3$
0	1	0	0	D_4	$\bar{D}_4$	$W = D_4$
0	1	0	1	D_5	$\bar{D}_5$	$W = D_5$
0	1	1	0	D_6	$\bar{D}_6$	$W = D_6$
0	1	1	1	D_7	$\bar{D}_7$	$W = D_7$

输出 W 的逻辑表达式为

$$W = \bar{A}_2\,\bar{A}_1\,\bar{A}_0 D_0 + \bar{A}_2\,\bar{A}_1\,A_0 D_1 + \bar{A}_2\,A_1\,\bar{A}_0 D_2 + \bar{A}_2\,A_1\,A_0 D_3 + A_2\,\bar{A}_1\,\bar{A}_0 D_4 + A_2\,\bar{A}_1\,A_0 D_5 +$$

$$A_2 A_1\,\bar{A}_0 D_6 + A_2\,A_1\,A_0 D_7$$

3. 数据选择器的应用

数据选择器除了能够传送数据外，还能方便而有效地实现组合逻辑函数，是目前被广泛使用的中规模集成逻辑部件之一。

如前所述，一个具有 n 个选择输入端（地址码控制端）的数据选择器 MUX 能对 2^n 个输入数据进行选择。如当 $n = 3$ 时，可实现八选一；$n = 4$ 时可实现十六选一等。因此，选用八选一的 MUX 可以实现任意 3 输入变量的组合逻辑函数；选用十六选一的 MUX 可以实现任意 4 输入变量的组合逻辑函数等。具体方法如下：

1）写出欲实现的逻辑函数 Y 的最小项表达式。

2）写出数据选择器的输出 W 的表达式。

3）比较 Y 与 W 两式中最小项的对应关系，首先把选择器地址输入端的变量用逻辑函数 Y 中的变量取代，然后在 W 中找到 Y 中所包含的全部最小项。

4）W 式中包含 Y 式中的最小项时，其对应数据值取 1；没有包含 Y 式中的最小项时，对应数据取 0。画出逻辑图（连线图）。

【例 2-7】 用八选一数据选择器 74LS151 实现逻辑函数 $Y = AB\bar{C} + \bar{A}BC + \bar{A}\,\bar{B}$。

解：（1）把逻辑函数 Y 写成最小项表达式的形式：

$$Y = AB\bar{C} + \bar{A}BC + \bar{A}\,\bar{B} = AB\bar{C} + \bar{A}BC + \bar{A}\,\bar{B}C + \bar{A}\,\bar{B}\,\bar{C} = m_0 + m_1 + m_3 + m_6$$

（2）写出八选一数据选择器的输出逻辑函数表达式：

$$W = m_0 D_0 + m_1 D_1 + m_2 D_2 + m_3 D_3 + m_4 D_4 + m_5 D_5 + m_6 D_6 + m_7 D_7$$

（3）将 Y 式中 A_2、A_1、A_0 用 A、B、C 来代替，并且在逻辑函数 W 中找到逻辑函数 Y 中所包含的最小项 m_0、m_1、m_3、m_6。

（4）令与最小项 m_0、m_1、m_3、m_6 对应的数据 $D_0 = D_1 = D_3 = D_6 = 1$；与其他最小项对应的数据 $D_2 = D_4 = D_5 = D_7 = 0$，画出该逻辑函数的逻辑图，如图 2-26 所示。

【例 2-8】 用数据选择器实现逻辑函数 $F = \bar{A}\,\bar{B}\,\bar{C} + \bar{A}BC + A\bar{B}C + ABC$。

解：$F = \overline{A}\,\overline{B}\,\overline{C} + \overline{A}BC + A\,\overline{B}C + ABC = m_0 + m_3 + m_5 + m_7$

按【例2-7】同样的方法，则有 $D_0 = D_3 = D_5 = D_7 = 1$，$D_1 = D_2 = D_4 = D_6 = 0$。

画出逻辑图，如图2-27所示。

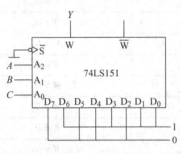

图2-26　例2-7的逻辑图

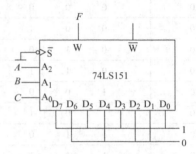

图2-27　例2-8的逻辑图

【例2-9】用数据选择器实现逻辑函数 $F_1(A,B,C) = AB\,\overline{C} + \overline{A}\,\overline{B}$。

解：$F_1(A,B,C) = AB\,\overline{C} + \overline{A}\,\overline{B} = m_6 + m_0 + m_1 = \sum m(0,1,6)$

按【例2-7】同样的方法，则有 $D_0 = D_1 = D_6 = 1$，$D_2 = D_3 = D_4 = D_5 = D_7 = 0$。

画出逻辑图，如图2-28所示。

【例2-10】用数据选择器实现三变量多数表决电路。

解：按组合逻辑电路的设计步骤进行电路设计，可得其输出逻辑表达式（最简与或表达式）为 $Y = AB + BC + AC = \overline{A}BC + A\,\overline{B}C + AB\,\overline{C} + ABC = m_3 + m_5 + m_6 + m_7$。

按【例2-7】同样的方法，则有 $D_0 = D_1 = D_2 = D_4 = 0$，$D_3 = D_5 = D_6 = D_7 = 1$。

画出逻辑图，如图2-29所示。

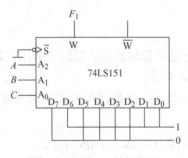

图2-28　例2-9的逻辑图

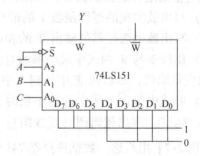

图2-29　例2-10的逻辑图

2.2.4　加法器

数字系统的基本任务之一是进行算术运算。在数字系统中，加、减、乘、除均可利用加法器来实现，所以加法器便成为数字系统中最基本的运算单元。

1. 半加器（Half Adder）

两个1位二进制数相加而不考虑来自低位进位的加法运算称为半加，实现半加运算的电路称为半加器，简称 HA。

如两个1位二进制数 A 与 B 相加，本位和为 S，进位输出用 C 表示，则其真值表见表2-13。

表 2-13 半加器的真值表

A	B	S	C
0	0	0	0
0	1	1	0
1	0	1	0
1	1	0	1

由表 2-13 可以写出半加器的输出逻辑表达式为

$$S = \overline{A}B + A\overline{B} = A \oplus B \quad C = AB$$

根据半加器的逻辑函数表达式，可画出其逻辑电路，如图 2-30a 所示，逻辑符号如图 2-30b 所示。

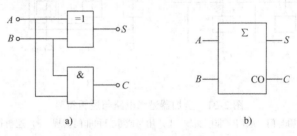

图 2-30　半加器逻辑电路与逻辑符号
a）逻辑电路　b）逻辑符号

2. 全加器

完成两个 1 位二进制数和相邻低位来的进位数相加的逻辑电路称为全加器。假设本位的加数和被加数分别为 A_i 和 B_i，低位的进位为 C_{i-1}，三者相加，本位和为 S_i，向高位的进位为 C_i，其真值表见表 2-14。

表 2-14　全加器的真值表

A_i	B_i	C_{i-1}	S_i	C_i
0	0	0	0	0
0	0	1	1	0
0	1	0	1	0
0	1	1	0	1
1	0	0	1	0
1	0	1	0	1
1	1	0	0	1
1	1	1	1	1

由表 2-14 可求出全加器的逻辑函数表达式为

$$S_i = \overline{A}_i\,\overline{B}_i C_{i-1} + \overline{A}_i B_i\,\overline{C}_{i-1} + A_i\,\overline{B}_i\,\overline{C}_{i-1} + A_i B_i C_{i-1}$$

$$= (A_i \oplus B_i)\,\overline{C_{i-1}} + \overline{A_i \oplus B_i}\,C_{i-1}$$

$$= A_i \oplus B_i \oplus C_{i-1}$$

$$C_i = \overline{A_i}B_iC_{i-1} + A_i\overline{B_i}C_{i-1} + A_iB_i\overline{C_{i-1}} + A_iB_iC_{i-1}$$

$$= (A_i \oplus B_i)C_{i-1} + A_iB_i$$

根据全加器的逻辑函数表达式，可画出其逻辑电路，如图 2-31a、b 所示，逻辑符号如图 2-31c 所示。

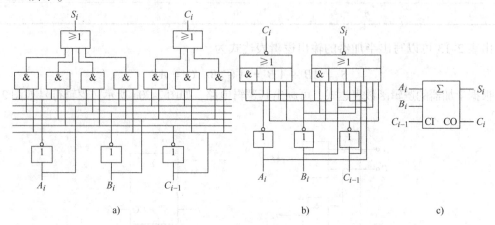

图 2-31　全加器逻辑电路与逻辑符号

a）用与门、或门、非门实现　b）用与或非门和非门实现　c）逻辑符号

3. 多位加法器

能够实现多位二进制数相加运算的电路称为多位加法器。多位二进制数相加时，可以用一个全加器将各位加数串行输入，逐位相加；也可以用多个全加器构成并行输入、串行（逐位）进位加法器。

图 2-32 所示为由 4 个全加器组成的 4 位串行进位加法器。

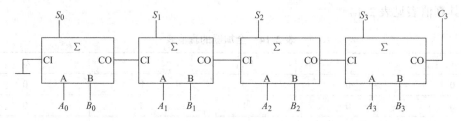

图 2-32　4 位串行进位加法器

以上每一位的加法运算必须在低一位的运算完成之后才能进行，称为串行进位。这种加法器的逻辑电路比较简单，但运算速度较慢。而超前进位的加法器，使每位的进位只由加数和被加数决定，利用快速进位电路把各位的进位同时算出来，从而提高了运算速度。

集成四位加法器 74LS283 是 4 位超前进位加法器，可实现两个 4 位二进制数的相加运算。其逻辑功能示意图和引脚图如图 2-33 所示。

图中，$A_3 \sim A_0$ 和 $B_3 \sim B_0$ 是两个 4 位二进制数加数输入端，$S_3 \sim S_0$ 是 4 位二进制数相加的和数输出端，CI 是低位来的进位输入端，CO 是向高位的进位输出端。

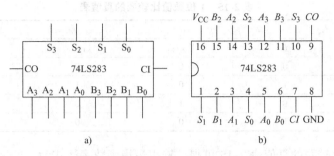

图 2-33　4 位超前进位加法器 74LS283

a) 逻辑符号　b) 引脚图

4. 加法器的灵活应用

加法器除了能够进行二进制数的算术运算外，还可以用来设计代码转换电路等。

【例 2-11】设计一个代码转换电路，将 8421BCD 码转换为余 3 码。

解：输入为 8421BCD 码，用 D、C、B、A 表示，输出为余 3 码，用 Y_3、Y_2、Y_1、Y_0 表示。对应于同一十进制数，余 3 码总比 8421BCD 码多 3（0011），故有

$$Y_3Y_2Y_1Y_0 = DCBA + 0011$$

根据上式，用一片 4 位加法器 74LS283 即可实现代码转换。只要令 74LS283 的一组加数输入端 $A_3A_2A_1A_0 = DCBA$（即输入 8421BCD 码），另一组加数输入端 $B_3B_2B_1B_0 = 0011$，进位输入端 CI 置 0，则输出端 $S_3S_2S_1S_0 = Y_3Y_2Y_1Y_0$，即可得到余 3 码，代码转换电路如图 2-34 所示。

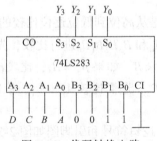

图 2-34　代码转换电路

2.2.5　数值比较器

在数字系统中，特别是在计算机中，经常需要比较两个数值的大小。

用于比较两个二进制数大小的组合逻辑电路称为数值比较器，简称比较器。它广泛用于计算机、仪器仪表和自动控制等设备中。

对于两个位数相同的二进制数 A 和 B，比较结果有 $A > B$、$A < B$ 和 $A = B$ 三种。

1. 1 位数值比较器

两个 1 位二进制数 A 和 B 进行比较，比较结果有 3 种情况：$A > B$、$A < B$ 和 $A = B$，分别用 $Y_{(A>B)}$、$Y_{(A<B)}$ 和 $Y_{(A=B)}$ 表示。设 $A > B$ 时，$Y_{(A>B)} = 1$；$A < B$ 时，$Y_{(A<B)} = 1$；$A = B$ 时，$Y_{(A=B)} = 1$。则可列出 1 位数值比较器的真值表，见表 2-15。

表 2-15　1 位数值比较器的真值表

输　入		输　出		
A	B	$Y_{(A>B)}$	$Y_{(A<B)}$	$Y_{(A=B)}$
0	0	0	0	1
0	1	0	1	0
1	0	1	0	0
1	1	0	0	1

由 1 位数值比较器的真值表 2-15 可得，输出逻辑函数表达式为

$$Y_{(A>B)} = A\,\overline{B} \quad Y_{(A<B)} = \overline{A}B \quad Y_{(A=B)} = \overline{A}\,\overline{B} + AB = \overline{\overline{A}B + A\,\overline{B}}$$

根据输出逻辑表达式，可画出 1 位数值比较器的逻辑图，如图 2-35 所示。

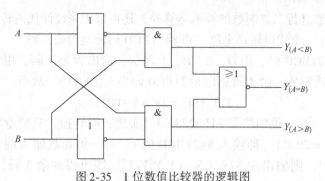

图 2-35　1 位数值比较器的逻辑图

2. 4 位数值比较器

多位数值比较器的比较规则是从高位到低位逐位比较的。

设两个 4 位二进制数 $A_3A_2A_1A_0$ 和 $B_3B_2B_1B_0$ 进行比较，先比较最高位 A_3 和 B_3，如果 $A_3 > B_3$，则 $A > B$；如果 $A_3 < B_3$，则 $A < B$。如果 $A_3 = B_3$，比较次高位 A_2 和 B_2，$A_2 > B_2$，则 $A > B$；$A_2 < B_2$，则 $A < B$。如果 $A_2 = B_2$，还需比较 A_1 和 B_1，依次类推。

（1）集成 4 位数值比较器

集成 4 位数值比较器 74LS85 逻辑符号和引脚图如图 2-36 所示。

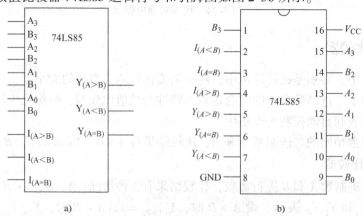

图 2-36　集成 4 位数值比较器 74LS85

a）逻辑符号　b）引脚图

图中，$A_3 \sim A_0$ 和 $B_3 \sim B_0$ 为两个 4 位二进制数输入端；$Y_{(A>B)}$、$Y_{(A<B)}$、$Y_{(A=B)}$ 为 3 个比较结果输出端，高电平有效；$I_{(A>B)}$、$I_{(A<B)}$、$I_{(A=B)}$ 为 3 个级联输入端。74LS85 功能表见表 2-16。

表 2-16　集成 4 位数值比较器 74LS85 功能表

比较输入				级联输入			比较输出		
$A_3 B_3$	$A_2 B_2$	$A_1 B_1$	$A_0 B_0$	$I_{(A<B)}$	$I_{(A=B)}$	$I_{(A>B)}$	$Y_{(A<B)}$	$Y_{(A=B)}$	$Y_{(A>B)}$
$A_3 > B_3$	×	×	×	×	×	×	0	0	1
$A_3 = B_3$	$A_2 > B_2$	×	×	×	×	×	0	0	1
$A_3 = B_3$	$A_2 = B_2$	$A_1 > B_1$	×	×	×	×	0	0	1
$A_3 = B_3$	$A_2 = B_2$	$A_1 = B_1$	$A_0 > B_0$	×	×	×	0	0	1
$A_3 = B_3$	$A_2 = B_2$	$A_1 = B_1$	$A_0 = B_0$	0	0	1	0	0	1
$A_3 = B_3$	$A_2 = B_2$	$A_1 = B_1$	$A_0 = B_0$	0	1	0	0	1	0
$A_3 = B_3$	$A_2 = B_2$	$A_1 = B_1$	$A_0 = B_0$	1	0	0	1	0	0
$A_3 < B_3$	×	×	×	×	×	×	1	0	0
$A_3 = B_3$	$A_2 < B_2$	×	×	×	×	×	1	0	0
$A_3 = B_3$	$A_2 = B_2$	$A_1 < B_1$	×	×	×	×	1	0	0
$A_3 = B_3$	$A_2 = B_2$	$A_1 = B_1$	$A_0 < B_0$	×	×	×	1	0	0

从 4 位数值比较器 74LS85 的功能表 2-16 可知，当两个 4 位二进制数不相等时，比较结果取决于两数本身，与级联输入端无关，当两个 4 位二进制数相等时，比较结果取决于级联输入端的状态。

（2）数值比较器的应用

4 位数值比较器 74LS85 应用时应注意两点：一是比较两个 4 位二进制数时，可以使级联输入端 $I_{(A>B)} = I_{(A<B)} = 0$，$I_{(A=B)} = 1$；二是两个 4 位以上 8 位（含 8 位）以下的二进制数可采用分段比较方法，即先比较两个高 4 位数，当高位数相等时，再比较低 4 位数。

利用 4 位数值比较器 74LS85 的级联输入端，可以扩展数值比较器的位数。

【例 2-12】试用两片 74LS85 组成一个 8 位数值比较器。

解：两个 8 位二进制数 $A_7 A_6 A_5 A_4 A_3 A_2 A_1 A_0$ 和 $B_7 B_6 B_5 B_4 B_3 B_2 B_1 B_0$ 比较，先比较高 4 位（$A_7 \sim A_4$、$B_7 \sim B_4$），高 4 位不相等时，最终比较结果取决于高 4 位的比较结果；高 4 位相等时，再比较低 4 位（$A_3 \sim A_0$、$B_3 \sim B_0$），因此低 4 位比较结果应作为高 4 位比较条件，即低 4 位比较器的输出 $Y_{(A>B)}$、$Y_{(A<B)}$、$Y_{(A=B)}$ 应分别与高 4 位比较器的级联输入端 $I_{(A>B)}$、$I_{(A<B)}$、$I_{(A=B)}$ 相连，同时低 4 位比较器的级联输入端 $I_{(A>B)} = I_{(A<B)} = 0$，$I_{(A=B)} = 1$。两片 74LS85 组成 8 位数值比较器的电路如图 2-37 所示。

图中，高 4 位 $A_7 A_6 A_5 A_4$ 和 $B_7 B_6 B_5 B_4$ 分别接到高位片 74LS85（2）的数据输入端 $A_3 \sim A_0$ 和 $B_3 \sim B_0$ 上，低 4 位 $A_3 A_2 A_1 A_0$ 和 $B_3 B_2 B_1 B_0$ 分别接到低位片 74LS85（1）的数据输入端 $A_3 \sim A_0$ 和 $B_3 \sim B_0$ 上，高位片 74LS85（2）的输出 $Y_{(A>B)}$、$Y_{(A<B)}$、$Y_{(A=B)}$ 作为 8 位数值比较器的比较结果输出端。

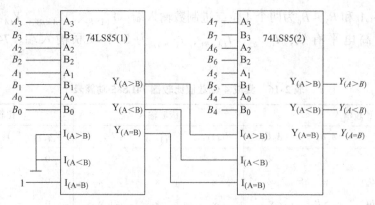

图 2-37　两片 74LS85 组成 8 位数值比较器的电路

技能训练1　用译码器实现逻辑函数

1. 训练目标

1）熟悉 74LS138 的逻辑功能，理解使能端的作用。

2）能熟练完成 3 变量多数表决电路搭接与电路功能检测。

2. 训练器材

1）数字电子技术技能训练开发板。

2）集成电路 74LS20、74LS138、杜邦线若干。

3. 训练电路原理分析

变量译码器用以表示输入变量的状态，若有 n 个输入变量，则有 2^n 个不同的组合状态，就有 2^n 个输出端供其使用，而每一个输出所代表的函数对应于 n 个输入变量的最小项。以 3 线-8 线译码器 74LS138 为例进行分析。

其中，A_0、A_1、A_2 为地址输入端，$\overline{Y}_0 \sim \overline{Y}_7$ 为译码器输出端，S_1、$\overline{S}_2$、$\overline{S}_3$ 为使能端。74LS138 功能见表 2-17。

表 2-17　74LS138 功能表

使	能	输		入		输			出			
S_1	$\overline{S}_2 + \overline{S}_3$	A_2	A_1	A_0	$\overline{Y}_0$	$\overline{Y}_1$	$\overline{Y}_2$	$\overline{Y}_3$	$\overline{Y}_4$	$\overline{Y}_5$	$\overline{Y}_6$	$\overline{Y}_7$
1	0	0	0	0	0	1	1	1	1	1	1	1
1	0	0	0	1	1	0	1	1	1	1	1	1
1	0	0	1	0	1	1	0	1	1	1	1	1
1	0	0	1	1	1	1	1	0	1	1	1	1
1	0	1	0	0	1	1	1	1	0	1	1	1
1	0	1	0	1	1	1	1	1	1	0	1	1
1	0	1	1	0	1	1	1	1	1	1	0	1
1	0	1	1	1	1	1	1	1	1	1	1	0
0	×	×	×	×	1	1	1	1	1	1	1	1
×	1	×	×	×	1	1	1	1	1	1	1	1

二进制译码器能方便地实现逻辑函数，如图 2-38 所示。利用使能端能方便地将两个 3 线-8 线译码器组合成一个 4 线-16 线译码器，如图 2-39 所示。

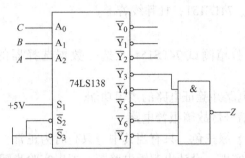

图 2-38　二进制译码器实现逻辑函数

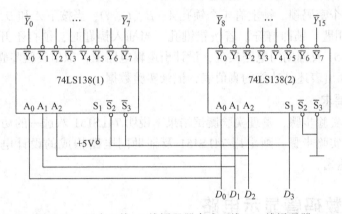

图 2-39　两个 3 线-8 线译码器合成 4 线-16 线译码器

4. 训练内容和步骤

1）利用开发板测试 74LS138 译码器的逻辑功能，并记录实验数据。

2）设计 3 人表决器电路并验证电路的逻辑功能。

3）用 74LS138 及与非门设计一个四变量多数表决电路，其中 D_0 必须同意，决议才通过，要求画出逻辑电路图，正确接线并测试电路的逻辑功能，列出表述其功能的真值表，记录实验数据。

5. 训练报告要求

1）列出具体实验步骤。

2）整理实验测试结果，说明 74LS138 译码器的功能。

3）画出用 74LS138 及与非门构成的多数表决电路的逻辑电路图，列出真值表。

技能训练 2　用数据选择器实现逻辑函数

1. 训练目标

1）熟悉 74LS151 的引脚排列并验证其功能。

2）用 74LS20 和 74LS151 按要求完成电路设计并进行功能测试。

2. 训练器材

1) 数字电子技术技能训练开发板。

2) 集成电路 74LS00、74LS151，杜邦线若干。

3. 训练内容与步骤

1) 利用数字逻辑实验箱测试 74LS151 八选一数据选择器的逻辑功能，并记录实验数据。

2) 设计三人表决器电路并验证电路的逻辑功能。

3) 试设计一个交通信号灯故障报警电路。

交通信号灯有红、黄、绿三色。只有当其中一只亮时为正常，其余状态均为故障。要求用 74LS151 及辅助门电路实现，设计出逻辑电路图，拟出实验步骤，接线并检查电路的逻辑功能，列出表述其功能的真值表，记录实验数据。

4) 试设计一个密码锁。锁上有 4 个锁孔 A、B、C、D，当按下 A 和 D，或 A 和 C，或 B 和 D 时，再插入钥匙，锁即打开。若按错键孔，当插入钥匙时，锁打不开，并发出报警信号。要求用 74LS151 及辅助门电路实现，设计出逻辑电路图，拟出实验步骤，接线并检查电路的逻辑功能，列出表述其功能的真值表，记录实验数据。

4. 训练报告要求

1) 列出具体实验步骤，整理实验测试结果，说明 74LS151 八选一的功能。

2) 列出具体实验步骤，画出用 74LS151 及辅助门电路构成的设计电路图，列出真值表，求出逻辑表达式。

知识拓展　数码管显示电路

1. 数码管

七段字符显示器又称七段数码管，这种字符显示器由七段可发光的字段组合而成。利用字段的不同组合方式分别显示 "0~9" 十个数字，如图 2-40 所示。

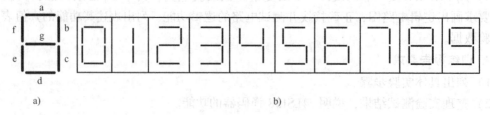

图 2-40　七段字符显示器发光段组合图

a) 分段　b) 段组合图

常见的七段字符显示器有 LED 数码管显示器和液晶显示器（LCD）。

（1）LED 数码管显示器

LED 数码管显示器是将要显示的字形分为七段，每段为一个发光二极管（LED），利用不同发光段组合显示不同的字形。该显示器有共阴极和共阳极两类，其引脚图如图 2-41a 所示。图中的发光二极管 a~g 用于显示 10 个数字 0~9，DP 用于显示小数点。

由图 2-41b、c 可知，共阴极 LED 的各发光二极管的阴极相连，使用时，通常将阴极接地。阳极输入（$a \sim DP$）为高电平点亮，由输出为高电平有效的译码器（如 CD4511 或 74LS48）来驱动；共阳极 LED 的各发光二极管的阳极相连，使用时，通常将阳极接电源。阴极输入（$a \sim DP$）为低电平点亮，由输出为低电平有效的译码器（如 74LS47）来驱动。工作时一般应注意串联合适限流电阻。

LED 数码管的主要优点是工作电压低（$1.5 \sim 3V$）、体积小、寿命长（大于 1000h）、响应速度快（$1 \sim 100ns$）、工作可靠；主要缺点是工作电流大（$10 \sim 40mA$）。

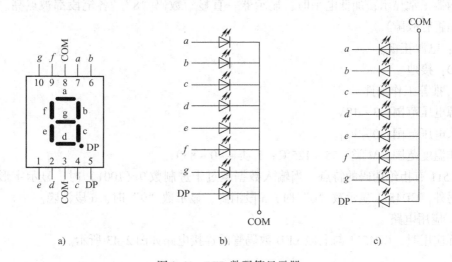

图 2-41　LED 数码管显示器

a）引脚图　b）共阴极 LED 的内部接线图　c）共阳极 LED 的内部接线图

（2）液晶显示器（LCD）

这种显示器在没有外电场时，液晶分子按一定方向排列整齐，入射的光线大部分被反射回来，液晶为透明状态，显示器呈白色，不显数字。当相应字段的电极加上电压时，液晶因电离而产生正离子，在电场作用下运动并碰撞液晶分子，从而破坏了液晶分子的整齐排列，使入射光产生散射，液晶呈现混浊状态，显示器呈现暗灰色，从而显示出相应的数字。

液晶显示器的主要优点是工作电压低、功耗极小；主要缺点是亮度较差，响应速度慢。

2. 显示译码器 CD4511

CD4511 是一个用于驱动共阴极 LED 数码管显示器的 BCD 码七段显示译码器，是具有 BCD 转换、消隐和锁存控制、七段译码及驱动功能的 CMOS 电路，能提供较大的拉电流，可直接驱动共阴极 LED 数码管。

CD4511 引脚图如图 2-42 所示。

（1）引脚功能

$A_0 \sim A_3$：8421BCD 码输入端。

$a \sim g$：译码输出端，输出为高电平 1 有效（$a \sim g$ 是七段输出，可驱动共阴极 LED 数码管）。

$\overline{BI}$：消隐输入控制端。当 $\overline{BI} = 0$ 时，无论其他输入端状

图 2-42　CD4511 引脚图

态如何，七段数码管都会处于消隐（也就是不显示）的状态。正常显示时，$\overline{BI}$端应加高电平。

LE：锁存控制端，高电平时锁存，低电平时传输数据。即当$LE=0$时，允许译码输出；当$LE=1$时，译码器是锁定保持状态，译码器输出被保持在$LE=0$时的数值。

$\overline{LT}$：试灯信号输入端。当$\overline{BI}=1$、$\overline{LT}=0$时，译码输出全为1，无论输入$DCBA$状态如何，七段均发亮全部显示。它主要用来检测七段数码管是否有物理损坏（试灯端加高电平时，显示器正常显示；加低电平时，显示器一直显示数码"8"，各笔段都被点亮。以检查显示器是否有故障）。

V_{DD}：电源正极。

GND：接地。

（2）推荐工作条件

电源电压范围：$3\sim18V$。

输入电压范围：$0\sim V_{DD}$。

工作温度范围：M 类 $-55\sim125℃$；E 类 $-40\sim85℃$。

CD4511 有拒绝伪码的特点，当输入数据越过十进制数 9（1001）时，显示字形也自行消隐。另外，CD4511 显示数"6"时，a 段消隐；显示数"9"时，d 段消隐。

（3）应用电路

实际应用时，CD4511 与七段 LED 数码管的连接电路如图 2-43 所示。

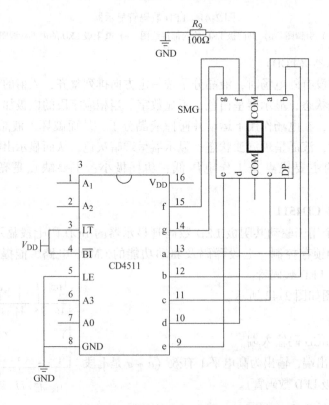

图 2-43　CD4511 与七段 LED 数码管的连接电路

项目实施 键控编码显示电路的设计与制作

1. 设计任务要求

设计并制作一个具有对按键状态实现编码、并完成译码显示功能的电路。

2. 电路设计

（1）电路设计

编译码显示电路一般由按键输入电路、编码电路、译码显示电路组成，设计电路如项目2开篇的项目引导表单参考电路所示。

（2）利用 Multisim 14 仿真软件完成电路仿真与调试

1）电路绘制时，按图 2-44 所示电路查找元器件并拖至绘图区域，然后按要求更改标签和显示设置，连接仿真电路，并进行调试。

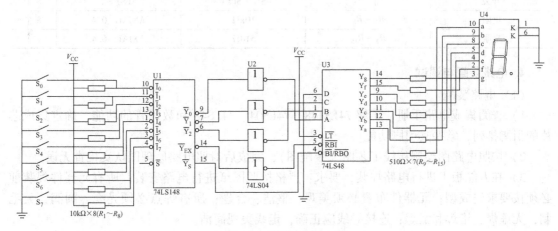

图 2-44 编译码显示电路

2）电路性能测试。运行仿真，开关未按下时，数码管不显示。当按下开关时，数码管应显示对应的编码（0~7），电路则正常工作，并将仿真结果计入表 2-18 中；当数码管显示失常时，应检查电路连接是否正确。

表 2-18 仿真结果记录表

输入（高电平为 1，低电平为 0）								输 出
S_0	S_1	S_2	S_3	S_4	S_5	S_6	S_7	数码管显示值

（3）电路原理分析

该电路可用于实现八路抢答器的数码显示，$S_0 \sim S_7$ 分别表示八路抢答输入信号，当有一个开关被按下时，即输入一个低电平，用 74LS148 芯片对按键信号进行编码，由于 74LS148 输出的代码为反码，故需要将 74LS148 输出的代码经过 74LS04 非门芯片还原成原码。将该原码接入显示译码器 74LS48 完成译码操作，译码后将相应数字显示到七段数码管上。

3. 元器件清单（见表 2-19）

表 2-19 键控编码显示电路元器件清单

元器件名称	元器件序号	元器件注释	封装形式	数量
8 线~3 线优先编码器	U1	74LS148	DIP－16	1 个
六反相器	U2	74LS04	DIP－14	1 个
七段显示译码器	U3	74LS48	DIP－16	1 个
共阴极数码管	U4	CC	DIP	1 个
开关	$S_0 \sim S_7$	SW－SPST	SPST－2	8 个
电阻	$R_1 \sim R_8$	10kΩ	AXIAL－0.4	8 个
电阻	$R_9 \sim R_{15}$	510Ω	AXIAL－0.4	7 个

4. 电路装配与调试

（1）电路装配

1）查阅集成电路手册，了解 74LS148、74LS04、74LS48 和数码管的功能，确定集成芯片的引脚排列，掌握其引脚功能。

2）按照电路图绘制接线工艺图（装配图），完成后对照电路原理图认真检查无误。

3）在万能板上进行电路焊装，要求：严格按照图纸进行电路安装；所有元器件焊装前必须按要求先成型；元器件布置必须美观、整洁、合理；所有焊点必须光亮，圆润，无毛刺，无虚焊、错焊和漏焊；连接导线应正确，走线美观简洁。

（2）电路调试

1）电路完成装配后要仔细检查，确认无误后接入 +5V 直流电源。

2）电路逻辑关系检测：当 8 个输入信号分别为低电平时，测试 74LS148 的 3 个输出端 $Y_0 \sim Y_2$ 的电平，测试 74LS48 的 7 个输出端 $Y_a \sim Y_g$ 的电平，同时读取数码管显示值并将所有数据记录于表 2-20 中。

表 2-20 调试结果记录表

S_0	S_1	S_2	S_3	S_4	S_5	S_6	S_7	$Y_2\ Y_1\ Y_0$	$Y_a\ Y_b\ Y_c\ Y_d\ Y_e\ Y_f\ Y_g$	数码管显示值
0	1	1	1	1	1	1	1			
1	0	1	1	1	1	1	1			
1	1	0	1	1	1	1	1			
1	1	1	0	1	1	1	1			
1	1	1	1	0	1	1	1			
1	1	1	1	1	0	1	1			
1	1	1	1	1	1	0	1			
1	1	1	1	1	1	1	0			

项目考核

项目任务考核表见表2-21。

表 2-21　项目考核表

项目2　键控编码显示电路的设计与制作

班级		姓名		学号		组别	
项目	配分	考核要求		评分标准		扣分	得分
电路原理分析	20	能正确分析电路的工作原理		分析错误，扣5分/处			
元件清点	10	10min内完成所有元器件的清点、检测及调换		1. 超出规定时间更换元器件，扣2分/个 2. 检测数据不正确，扣2分/处			
组装焊接	20	1. 工具使用正确，焊点规范 2. 元器件的位置、连线正确 3. 布线符合工艺要求		1. 整形、安装或焊点不规范，扣1分/处 2. 损坏元器件，扣2分/个 3. 错装、漏装元器件，扣2分/个 4. 布线不规范，扣1分/处			
通电测试	20	电路功能能够完全实现		1. 数码管显示错误，扣5分/个 2. 电路性能检测步骤错误，扣5分/步			
故障分析检修	20	1. 能正确观察出故障现象 2. 能正确分析故障原因，判断故障范围 3. 检修思路清晰、方法得当 4. 检修结果正确		1. 故障现象观察错误，扣2分/次 2. 故障原因分析错误或故障范围判断过大，扣2分/次 3. 检修思路不清、方法不当，扣2分/次；仪表使用错误，扣2分/次 4. 检修结果错误，扣2分/次			
安全、文明工作	10	1. 安全用电，无人为损坏仪器、元器件和设备 2. 操作习惯良好，能保持环境整洁，小组团结协作 3. 不迟到、早退、旷课		1. 发生安全事故或人为损坏设备、元器件，扣10分 2. 现场不整洁、工作不文明，团队不协作，扣5分 3. 不遵守考勤制度，每次扣2~5分			
合计							

项 目 习 题

2.1　填空题

1. 在数字系统中，根据电路逻辑功能的不同，数字电路可分为_____和_____两类。

2. 在组合逻辑电路中，和编码器逻辑功能相反的电路是_____。

3. LED数码管的内部接法有两种形式：共_____接法和共_____接法。

4. 译码是_____的逆过程，即将每一组输入_____"翻译"成为一个特定的输出信号。

5. 组合电路由_____构成，它的输出只取决于_____而与原状态无关。

6. 一个四选一的数据选择器，应具有_____个地址输入端_____个数据输入端。

2.2 选择题

1. 组合逻辑电路和时序逻辑电路的区别是（ ）。

A. 组合逻辑电路有记忆功能，时序逻辑电路无记忆功能

B. 组合逻辑电路无记忆功能，时序逻辑电路有记忆功能

C. 组合逻辑电路和时序逻辑电路均无记忆功能

D. 组合逻辑电路和时序逻辑电路均有记忆功能

2. 若在编码器中有 50 个编码对象，则要求输出二进制代码位数为（ ）位。

A. 5   B. 6   C. 10   D. 50

3. 一个八选一数据选择器的数据输入端有（ ）个。

A. 2   B. 3   C. 4   D. 8

4. 在下列逻辑电路中，（ ）不是组合逻辑电路。

A. 译码器   B. 编码器   C. 寄存器   D. 加法器

5. 一个八选一的数据选择器，其地址输入端（选择控制输入）有（ ）。

A. 1 个   B. 2 个   C. 3 个   D. 4 个

6. 在下列逻辑电路中，（ ）不是组合逻辑电路。

A. 译码器   B. 寄存器   C. 全加器

7. 优先集成编码器 74LS148 的输入使能端S接（ ）时芯片正常工作。

A. 低电平   B. 高电平   C. 任意

8. 16 位输入的二进制编码器，其输出端有（ ）位。

A. 256   B. 128   C. 4   D. 3

9. 一个十六选一的数据选择器，其地址输入端（选择控制输入）有（ ）个。

A. 1   B. 2   C. 4   D. 16

10. 组合逻辑电路在任一时刻的输出（ ）。

A. 仅取决于该时刻的输入

B. 不仅取决于该时刻的输入，还与电路原来的状态有关

C. 只取决于原来的状态

D. 以上都不对

2.3 判断题

（ ）1. 二进制译码器相当于是一个最小项发生器，便于实现组合逻辑电路。

（ ）2. 用数据选择器可实现时序逻辑电路。

（ ）3. 组合逻辑电路中，既有逻辑门又有触发器。

（ ）4. 优先编码器的编码信号是相互排斥的，不允许多个编码信号同时有效。

（ ）5. 共阴极接法发光二极管数码显示器需选用输出为高电平有效的七段显示译码器来驱动。

（ ）6. 编码与译码是互逆的过程。

2.4　作图题

1. 正确连线，用3线-8线译码器74LS138（见图2-45）实现逻辑函数 $F(A,B,C) = \sum m(2,3,4,7)$。

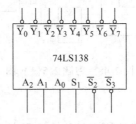

图2-45　习题2.4(1) 图

2. 试用74LS138（见图2-46）实现逻辑函数 $Y = \overline{A}BC + A\overline{B}C + AB\overline{C}$（提示：$\overline{Y}_i = \overline{m}_i$）。

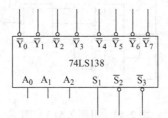

图2-46　习题2.4(2) 图

3. 用74LS151数据选择器实现如下函数，在图2-47所示芯片上直接画出电路图。

$$Y(A,B,C) = \sum m(1,3,5,7)$$

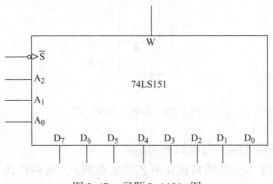

图2-47　习题2.4(3) 图

2.5　分析与设计题

1. 分析图2-48的逻辑功能（按组合电路的分析方法进行）。

2. 设计一个三人表决电路，当表决某一提案时，多数人同意，提案通过（要求：用与

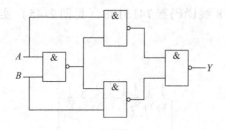

图 2-48 习题 2.5(1) 图

非门实现)。

3. 分析图 2-49 所示电路的逻辑功能（按组合电路的分析方法进行）。

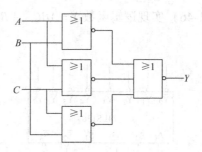

图 2-49 习题 2.5(3) 图

4. 分析图 2-50 所示逻辑电路图，求出 Y_1、Y_2 的逻辑表达式，列出真值表，指出逻辑功能。

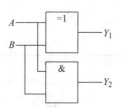

图 2-50 习题 2.5(4) 图

5. 设计一个组合逻辑电路，完成如下功能：

举重比赛设 3 名裁判（一名裁判长和两名助理裁判），裁判长认为杠铃已举起并符合标准时或者两名助理裁判都认为杠铃已举起并符合标准时，按下按键使灯亮（或铃响）则表示举重成功，否则，就表示举重失败（要求写出具体设计步骤）。

6. 用 3 线-8 线译码器 74LS138（见图 2-51）和门电路实现下面的逻辑函数。

$$Y = \overline{A}\,\overline{B}\,\overline{C} + \overline{A}B\,\overline{C} + A\,\overline{B}\,\overline{C} + AB\,\overline{C} + ABC$$

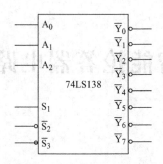

图 2-51 习题 2.5(6) 图

7. 如图 2-52 所示，写出 Y_1、Y_2、Y_3、SI、CO 的表达式。

$Y_1 =$

$Y_2 =$

$Y_3 =$

$SI =$

$CO =$

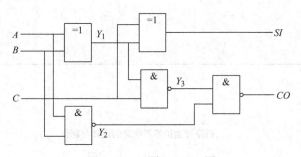

图 2-52 习题 2.5(7) 图

项目 3　四路智能抢答器电路的设计与制作

项目概述

在各种复杂的数字电路中，不但需要对二值信号进行数值运算和逻辑运算，还经常需要将运算结果保存下来。为此，需要使用具有记忆功能的逻辑电路。本项目中介绍的触发器（FF）就是一种能够存储数字信息、具有记忆功能的基本逻辑单元，它能够存储 1 位二进制信息，是组成时序逻辑电路的基础。

触发器的应用较广泛，既可以构成实用的单脉冲去抖电路，也可以构成简单的智能抢答器，还可以构成电子密码锁等。本项目通过一个四路智能抢答器电路的设计与制作，使读者对触发器的功能、作用和在实际电路中的应用有一定认知。

项目引导

项目名称		四路智能抢答器电路的设计与制作
项目说明	教学目的	1. 熟悉并理解触发器的有关概念 2. 掌握基本 RS 触发器的逻辑功能，了解其简单应用 3. 熟悉同步 RS 触发器的电路组成及逻辑功能 4. 理解同步 JK、同步 D 触发器的逻辑功能 5. 了解同步触发器存在的空翻及振荡现象 6. 理解主从 RS 触发器的电路结构及工作特点 7. 熟悉边沿触发器的逻辑符号及功能特点 8. 熟悉集成 D 和集成 JK 触发器的逻辑功能 9. 理解并掌握集成触发器及其应用
	项目要求	1. 工作任务：完成四路智能抢答器电路的设计、制作与调试 2. 电路功能：当四组选手按下抢答按键时，哪一组选手抢答成功，则其对应指示灯（LED）发光，且数码管显示选手编号，同时报警器发声。此时，状态被锁存，其他选手将无法抢答，直至主持人复位后开始新一轮抢答

项目说明	参考电路	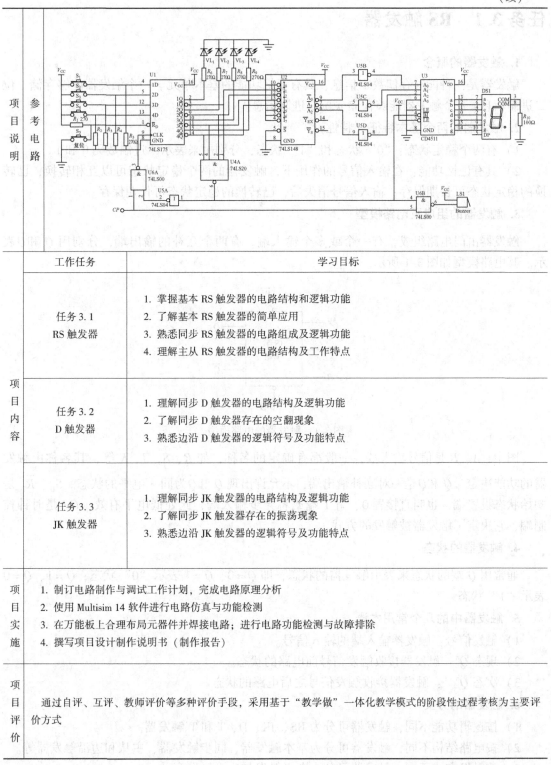	

	工作任务	学习目标
项目内容	任务 3.1 RS 触发器	1. 掌握基本 RS 触发器的电路结构和逻辑功能 2. 了解基本 RS 触发器的简单应用 3. 熟悉同步 RS 触发器的电路组成及逻辑功能 4. 理解主从 RS 触发器的电路结构及工作特点
	任务 3.2 D 触发器	1. 理解同步 D 触发器的电路结构及逻辑功能 2. 了解同步 D 触发器存在的空翻现象 3. 熟悉边沿 D 触发器的逻辑符号及功能特点
	任务 3.3 JK 触发器	1. 理解同步 JK 触发器的电路结构及逻辑功能 2. 了解同步 JK 触发器存在的振荡现象 3. 熟悉边沿 JK 触发器的逻辑符号及功能特点

项目实施	1. 制订电路制作与调试工作计划，完成电路原理分析 2. 使用 Multisim 14 软件进行电路仿真与功能检测 3. 在万能板上合理布局元器件并焊接电路；进行电路功能检测与故障排除 4. 撰写项目设计制作说明书（制作报告）

项目评价	通过自评、互评、教师评价等多种评价手段，采用基于"教学做"一体化教学模式的阶段性过程考核为主要评价方式

任务 3.1 RS 触发器

1. 触发器的概念

触发器是一种能够存储数字信息、具有记忆功能的基本单元。一个触发器能够存储 1 位二进制信息，n 个触发器能够存储 n 位二进制信息。

2. 触发器的两个基本特征（特性）

1）有两个稳定状态："0" 状态和 "1" 状态，分别用来表示二进制数码 0 和 1。

2）具有记忆功能：在输入信号的作用下，触发器的两个稳定状态可以互相转换，已转换的稳定状态可长期保存；输入信号消失后，已转换的稳定状态可长期保存。

3. 触发器的组成及电路模型

触发器由门电路组成，有一个或多个输入端，有两个互补的输出端，分别用 Q 和 $\bar{Q}$ 表示。其电路模型如图 3-1 所示。

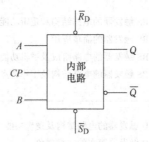

图 3-1　触发器的电路模型

图中，A、B 是信号输入端，一般都有确定的名称，如 R、S，J、K 等，其名称由触发器的功能决定。Q 和 $\bar{Q}$ 是一对互补输出端，不允许出现 Q 和 $\bar{Q}$ 为同一电平的状态。$\bar{S}_{\mathrm{D}}$、$\bar{R}_{\mathrm{D}}$ 是初始状态设置端，也叫直接置 0、置 1 端或者异步输入端，此处低电平有效。CP 是时钟控制端，它决定了触发器被触发的方式。

4. 触发器的状态

通常用 Q 端的状态来表示触发器的状态，即 $Q=0$、$\bar{Q}=1$ 表示 "0" 状态；$Q=1$、$\bar{Q}=0$ 表示 "1" 状态。

5. 触发器中的几个常用术语

1）触发信号：触发器输入端的输入信号。

2）现态 Q^n：触发器接收触发信号前电路的状态。

3）次态 Q^{n+1}：触发器接收触发信号之后电路的状态。

6. 触发器的分类

1）按逻辑功能不同，触发器可分为 RS、JK、D、T 和 T′触发器。

2）按电路结构不同，触发器可分为基本触发器、同步触发器、主从和边沿触发器等。

3）按触发方式不同，触发器可分为电平触发与边沿触发两种。

3.1.1 基本 RS 触发器

输入触发信号为 R、S 的触发器一般都称为 RS 触发器。

基本 RS 触发器是一种电路结构最简单的触发器，是构成各种触发器的基础（基本单元）。有"与非型"和"或非型"两种形式。

1. 电路组成（与非型）及逻辑符号

图 3-2 所示为"与非型"基本 RS 触发器的电路及其逻辑符号。

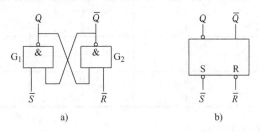

图 3-2 "与非型"基本 RS 触发器
a）电路图　b）逻辑符号

2. 工作原理

1）当 $\bar{R}=0$、$\bar{S}=1$ 时，触发器置 0，即 $Q=0$、$\bar{Q}=1$。因为 $\bar{R}=0$，使 G_2 门输出 $\bar{Q}=1$，$\bar{Q}$ 又反馈到 G_1 的输入端，它与 $\bar{S}$ 都是高电平，结果使输出 $Q=0$。显然，此时无论 Q^n 为何种状态，$Q^{n+1}=0$，触发器被置成 0 态，故把使触发器处于 0 状态的输入端 $\bar{R}$（低电平有效）称为置 0 端，也叫复位端。

2）当 $\bar{R}=1$、$\bar{S}=0$ 时，触发器置 1，即 $Q=1$、$\bar{Q}=0$。因为 $\bar{S}=0$，使 G_1 输出 $Q=1$，Q 又反馈到 G_2 的输入端，它与 $\bar{R}$ 都是高电平，结果使输出 $\bar{Q}=0$。显然，此时无论 Q^n 为何种状态，$Q^{n+1}=1$，触发器被置成 1 态，故把使触发器处于 1 状态的输入端 $\bar{S}$（低电平有效）称为置 1 端，也叫置位端。

3）当 $\bar{R}=1$、$\bar{S}=1$ 时，触发器保持原状态不变，即 $Q^{n+1}=Q^n$。假设触发器的现态为 0 态，则 $Q=0$ 反馈到 G_2 的输入端，G_2 因输入有 0，输出 $\bar{Q}=1$；$\bar{Q}=1$ 又反馈到 G_1 的输入端，G_1 输入都为高电平 1，使输出 $Q=0$，电路保持 0 状态不变。若触发器现态为 1 态，则电路同样保持 1 状态不变。此时触发器原来的状态被存储起来，体现了它的记忆作用。

4）当 $\bar{R}=\bar{S}=0$ 时，触发器状态不定。此时触发器两个与非门的输出均变为高电平，即 $Q=\bar{Q}=1$，这破坏了 Q 与 $\bar{Q}$ 间的互补关系（逻辑关系），触发器处于不定状态（既不是 1 态，也不是 0 态）。这种情况是不允许出现的，称为非法状态或不定状态。

3. 逻辑功能描述

描述触发器的逻辑功能，就是要找出触发器的次态、现态及触发信号三者之间的关系。通常可用以下几种方法描述：状态表、特征方程（特性方程）、逻辑符号（后文介绍）、状态转换图（状态图）、时序图（波形图）。

（1）状态表

状态表（状态转换真值表）又称特性表，它是表示触发器的次态 Q^{n+1} 与其现态 Q^n 及触发信号三者关系的真值表。基本 RS 触发器的状态表见表 3-1。

表 3-1　基本 RS 触发器的状态表

$\bar{R}$	$\bar{S}$	Q^n	Q^{n+1}	功能说明
0	0	0	1^*	触发器状态不定
0	0	1	1^*	
0	1	0	0	触发器置 0
0	1	1	0	
1	0	0	1	触发器置 1
1	0	1	1	
1	1	0	0	触发器保持
1	1	1	1	原状态不变

（2）特征方程（特性方程）

触发器的逻辑功能还可以用逻辑函数表达式来描述，描述触发器逻辑功能的次态函数表达式称为特征方程。

根据表 3-1 画出 Q^{n+1} 的卡诺图，如图 3-3 所示。

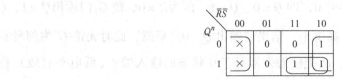

图 3-3　基本 RS 触发器 Q^{n+1} 的卡诺图

经卡诺图化简后可得基本 RS 触发器的特征方程为

$$\begin{cases} Q^{n+1} = S + \bar{R}Q^n \\ \bar{R} + \bar{S} = 1 \text{ 或 } RS = 0 \text{ （约束条件）} \end{cases}$$

由特征方程可见，Q^{n+1} 不仅与当前的输入状态 $\bar{R}$、$\bar{S}$ 有关，而且还与 Q^n 有关，这再一次体现了触发器的记忆功能。

（3）状态转换图

描述触发器状态转换规律的图形称为状态转换图。基本 RS 触发器的状态转换图如图 3-4 所示。图中，两个圆圈分别代表触发器的两个稳定状态，箭头表示在输入信号作用下状态转移的方向，箭头旁边的标注表示状态转换时的条件。

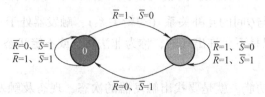

图 3-4　基本 RS 触发器状态转换图

（4）时序图

反映触发器输入信号取值和状态之间对应关系的图形称为时序图。基本 RS 触发器的时序图如图 3-5 所示。

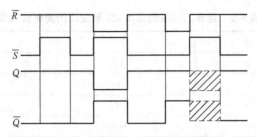

图 3-5　基本 RS 触发器的时序图

4. 基本 RS 触发器的应用

利用基本 RS 触发器的记忆功能可消除机械开关振动引起的干扰脉冲。

在机械开关扳动或按动过程中，一般都存在簧片接触抖动而使电压或电流波形产生"毛刺"的现象，如图 3-6a、b 所示，这些"毛刺"持续时间为几十毫秒，因此人眼不易察觉。但这种现象在数字系统中会造成电路误动作，是绝对不允许的。

为了克服上述现象，可在电源和输出端之间接入一个基本 RS 触发器，构成单脉冲去抖电路，如图 3-6c 所示。假设开关 S 的初始位置在 B 点，则 Q 端输出 0；在开关 S 由 B 扳向 A 的过程中，基本 RS 触发器保持状态不变，Q 端仍为 0；当开关 S 扳到 A 位置时，A 点的电位由于抖动而产生"毛刺"。但此时由于 B 点已为高电平，A 点一旦出现低电平，Q 端便翻转为 1。即使 A 点再出现高电平，也不会改变触发器的状态，所以 Q 端的波形不会出现"毛刺"，如图 3-6d 所示。这种无抖动开关又称为逻辑开关。

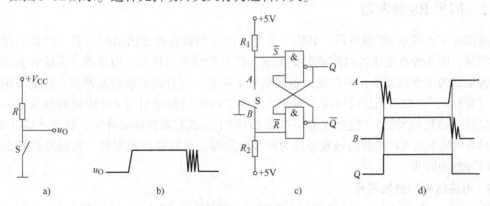

图 3-6　普通机械开关与无抖动开关的对比

a）机械开关电路　b）输出电压波形　c）防抖动开关电路　d）去抖电压波形

5. 基本 RS 触发器的主要特点

1）具有两个稳定状态，分别为 1 态和 0 态，称双稳态触发器。如果没有外加触发信号的作用，它将保持原有状态不变，即触发器具有记忆作用。

2）在外加触发信号作用下，触发器输出状态可能发生变化，输出状态直接受输入信号的控制，故称其为直接复位、置位触发器。

3）当 $\overline{R}$、$\overline{S}$ 端输入均为低电平时，输出状态不定，即 $\overline{R} = \overline{S} = 0$ 时，$Q = \overline{Q} = 1$，这违反了互补关系，状态不定。

4）与非门构成的基本 RS 触发器的简化状态表见表 3-2。

表 3-2　与非门构成的基本 RS 触发器的简化状态表

$\overline{R}$	$\overline{S}$	Q^{n+1}	功　能
0	0	1^*	不定
0	1	0	置 0
1	0	1	置 1
1	1	Q^n	保持

由表 3-2 可知，"与非型"基本 RS 触发器的输入信号是低电平有效的，即当置 0 端（$\overline{R}$ 端）加有效的低电平 0 时，触发器置 0；当置 1 端（$\overline{S}$ 端）加有效的低电平 0 时，触发器置 1；当两端都不加有效的低电平时，状态保持不变；当两端均加有效的低电平时，则状态不定。低电平有效在逻辑符号中用输入端加小圆圈表示。

5）主要优点：与非门构成的 RS 触发器是触发器的基本形式，它的突出优点是结构简单，只要把两个与非门交叉连接起来即可。它也是构成各种不同功能集成触发器的基本单元。

6）主要缺点：基本 RS 触发器是电平直接控制方式，即输出状态直接（一直）受输入信号控制，当输入信号出现扰动时，输出状态将发生变化，因此抗干扰能力差；另外它还存在不确定状态，即输入信号 $\overline{R}$、$\overline{S}$ 间有约束。

3.1.2　同步 RS 触发器

前面介绍的基本 RS 触发器，其输入信号直接控制触发器输出端的状态，因此不能实现实时控制，即不能在要求的时间或时刻由输入信号控制输出状态。而在数字系统和实际工作中，触发器的工作状态往往不仅要由触发信号来决定，而且还要求触发器按一定的节拍同步动作（翻转），以取得系统的协调。为此，产生了由时钟脉冲信号 CP 控制的触发器——同步触发器（钟控触发器）。使触发器只有在 CP 端上出现有效时钟脉冲时，状态才能改变。

具有时钟脉冲 CP 控制的触发器称为同步触发器，又称钟控触发器。该触发器状态的改变与时钟脉冲同步。

1. 电路结构与逻辑符号

图 3-7a 所示为同步 RS 触发器的电路图，由图可知，同步 RS 触发器是在基本 RS 触发器的基础上增加了两个由时钟脉冲 CP 控制的门 G_3 和 G_4 组成。图 3-7b 所示为同步 RS 触发器的逻辑符号，图中 CP 为时钟脉冲输入端，简称钟控端或 CP 端。

2. 工作原理分析

1）当 $CP = 0$ 时，G_3、G_4 门被封锁，其输出 $\overline{R} = \overline{S} = 1$，此时无论 R、S 的信号如何变化，触发器的状态都保持不变，即 $Q^{n+1} = Q^n$。

2）当 $CP = 1$ 时，G_3、G_4 门解除封锁（被打开），触发器的次态输出取决于 R、S 的输

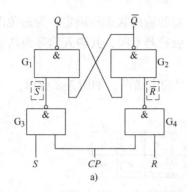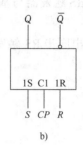

图 3-7　同步 RS 触发器

a) 电路图　b) 逻辑符号

入信号及电路的现态：

① $R=S=0$ 时，触发器的状态保持不变。

② $R=0$、$S=1$ 时，触发器被置 1。

③ $R=1$、$S=0$ 时，即触发器被置 0。

④ $R=S=1$ 时，触发器输出 $Q=\overline{Q}=1$，触发器状态不定（不允许）。

3. 逻辑功能描述

（1）状态表

由工作原理分析可得，同步 RS 触发器的真值表见表 3-3，表 3-4 为简化状态表。

表 3-3　同步 RS 触发器的真值表

R	S	Q^n	Q^{n+1}	说　明
0	0	0	0	触发器保持
0	0	1	1	原状态不变
0	1	0	1	触发器置 1
0	1	1	1	
1	0	0	0	触发器置 0
1	0	1	0	
1	1	0	1^*	触发器状态不定
1	1	1	1^*	

表 3-4　同步 RS 触发器的简化状态表

R	S	Q^{n+1}	功　能
0	0	Q^n	保持
0	1	1	置 1
1	0	0	置 0
1	1	1^*	不定

由表 3-3 可知，在 $R=S=1$ 时，触发器的输出状态不确定，为避免出现这种情况，应使 $RS=0$。显然，同步 RS 触发器与基本 RS 触发器不同，其输入信号为高电平有效。

（2）特征方程

根据表 3-3 可画出同步 RS 触发器 Q^{n+1} 的卡诺图，如图 3-8 所示。

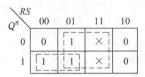

图 3-8　同步 RS 触发器 Q^{n+1} 的卡诺图

由此得到同步 RS 触发器的特征方程为

$$\begin{cases} Q^{n+1}=S+\overline{R}Q^n \\ RS=0 \qquad （约束条件） \end{cases}$$

为了获得确定的 Q^{n+1}，必须满足约束条件，即 RS 不能同时为有效的高电平 1。所谓 $CP=1$ 期间有效，是指当 CP 端为高电平（$CP=1$）时，触发器按照特征方程改变状态；CP 端为低电平（$CP=0$）时，触发器保持原状态不变。这说明在 $CP=1$ 的整个期间，R、S 信号均可被接收。这种触发方式称为电平触发方式。

（3）状态转换图

由特性表可画出同步 RS 触发器的状态转换图，如图 3-9 所示。

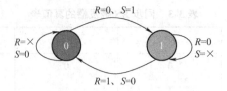

图 3-9　同步 RS 触发器的状态转换图

（4）时序图

已知时钟脉冲 CP 和输入信号 R、S 的波形，则输出 Q 和 $\overline{Q}$ 的波形如图 3-10 所示。

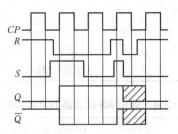

图 3-10　同步 RS 触发器的时序图

4. 同步 RS 触发器与基本 RS 触发器的比较

1）基本 RS 触发器的输入信号 $\overline{R}$、$\overline{S}$ 为低电平有效；而同步 RS 触发器的 CP、R、S 均为高电平有效。

2）基本 RS 触发器是电平直接控制方式，即输入信号一直会影响输出状态；而同步 RS 触发器由于增加了时钟控制端，只有在 $CP=1$ 时，才接收输入信号，触发器状态才能改变。

3）反映基本 RS 触发器和同步 RS 触发器逻辑功能的特征方程的形式是相同的，但要特别注意同步 RS 触发器中特征方程有效的时钟条件。

4）同步 RS 触发器虽然增加了时钟控制端，但仍然存在不定状态，这将直接影响触发器的工作质量。

5. 同步 RS 触发器的触发方式和空翻现象

同步 RS 触发器为电平触发方式，这类触发器在 $CP=1$ 的整个期间都接收输入信号，若输入信号变化多次，则触发器的状态将随输入信号变化而翻转多次。通常将这种同一个 CP 脉冲有效电平期间，触发器状态发生多次翻转的现象称为空翻。

空翻现象会破坏整个电路系统中各触发器的工作节拍，使触发器的工作受到限制或造成工作混乱。为了克服空翻现象，引入了主从 RS 触发器。

3.1.3 主从 RS 触发器

主从 RS 触发器由于采用了具有存储记忆作用的触发器导引电路，因而可避免空翻，提高了触发器工作的可靠性。

1. 电路组成

主从 RS 触发器由两级同步 RS 触发器构成，其中，一级触发器接输入信号，其状态直接由输入信号决定，称为主触发器；另一级触发器的输入与主触发器的输出相连接，其状态由主触发器的输出状态决定，称为从触发器，从触发器的状态就是整个主从 RS 触发器的状态。

为了简便起见，这里仅仅画出用同步 RS 触发器的逻辑符号构成的电路示意图，如图3-11a所示。反相器 G 的作用是使主触发器和从触发器受互补时钟脉冲的控制，CP 控制主触发器，$\overline{CP}$控制从触发器。逻辑符号如图 3-11b 所示，CP 处的小圆圈表明，这种主从触发器的状态变化发生在 CP 脉冲的下降沿到来时刻，因此属于 CP 下降沿（负边沿）触发。框内 "⌐" 为延迟输出符号，它表示触发器的输出（从触发器输出）状态的变化滞后于主触发器接收 R、S 信号的时刻。

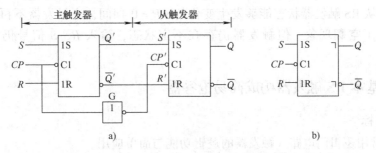

图 3-11 主从 RS 触发器的逻辑功能示意图

a）电路图 b）逻辑符号

2. 工作原理分析

1）当 $CP=1$、$\overline{CP}=0$ 时，主触发器接收 R、S 信号，其状态跟随 R、S 变化而变化。主

触发器的输出 Q'、$\overline{Q}'$ 的状态与输入 R、S 的关系跟同步 RS 触发器的状态表 3-3 相同。此时由于从触发器的时钟脉冲 $CP' = 0$（$\overline{CP} = 0$），所以从触发器不受主触发器状态的影响，即不接收 R、S 输入信号，从触发器保持原状态不变。

2）当 CP 由 1 变 0 下跳时，因为 $CP = 0$，故主触发器不再接收 R、S 信号，维持前一阶段（CP 下降沿到来前一瞬间）已置成的状态不变。而此时的 $\overline{CP} = 1$，即从触发器的时钟脉冲信号 $CP' = 1$，从触发器接收输入 R'、S' 信号（即主触发器的输出端 Q'、$\overline{Q}'$ 的信号），所以，从触发器实际上接收的是 CP 下降沿前主触发器的状态。

① 假设前一步 $CP = 1$ 时，主触发器接收 R、S 已置成 1 状态，则 $Q' = 1$、$\overline{Q}' = 0$。当 CP 由 1 下跳到 0 时，从触发器接收此刻的 1 状态（使 $R' = \overline{Q}' = 0$、$S' = Q' = 1$），结果从触发器的输出也置成了 1 状态，这也是整个主从 RS 触发器的状态。

② 假设前一步 $CP = 1$ 时，主触发器接收 R、S 已置成 0 状态，则 $Q' = 0$、$\overline{Q}' = 1$，当 CP 由 1 下跳到 0 时，从触发器就接收主触发器的这个 0 状态，使整个主从 RS 触发器变成 0 状态。

3. 主从 RS 触发器与同步 RS 触发器的比较

由以上逻辑功能分析显见，主从 RS 触发器的 Q、$\overline{Q}$ 与输入 R、S 间的关系仍然与同步 RS 触发器相同，其特性表、特征方程、状态转换图都一样。但主从 RS 触发器和同步 RS 触发器的工作过程、触发方式有区别。

主从触发器工作分两步进行：

1）当 CP 由 0 上升至 1 且 $CP = 1$ 期间，主触发器接收输入信号，状态发生变化，但因 $\overline{CP} = 0$ 使从触发器被封锁，因此从触发器状态保持不变，这一步可称为准备阶段。

2）当 CP 由 1 下跳至 0 且 $CP = 0$ 期间，主触发器被封锁，状态保持不变，而从触发器在 CP 由 1 下跳变至 0 时，接收这一时刻主触发器的状态，即主从 RS 触发器状态的转换发生在 CP 时钟的下降沿时刻。或者说，当 CP 脉冲下降沿到来时，从触发器按照主触发器所锁存的内容更新状态，这种触发方式称为边沿触发，而且是下降沿触发。

因为在主从 RS 触发器状态能够发生变化的 $CP = 0$ 期间，主触发器不再接收输入的变化，从而克服了空翻现象。但触发器仍存在不定状态，输入 R、S 信号仍需满足约束条件 $RS = 0$。

技能训练　基本 RS 触发器构成简易抢答器

1. 训练目标
1）掌握常用逻辑门电路、触发器的逻辑功能与简单应用。
2）用基本 RS 触发器设计一个具有记忆功能的 3 人抢答器电路并完成电路搭接与逻辑功能测试。

2. 训练器材
1）数字电子技术技能训练开发板。
2）集成电路 74LS00、74LS20、LED 3 只、510Ω 电阻 3 只、1kΩ 电阻 4 只、按键开关 4

个、杜邦线若干。

3. 训练电路功能分析

三人抢答器电路如图 3-12 所示，S 为手动清零控制开关，$S_1 \sim S_3$ 为抢答开关。

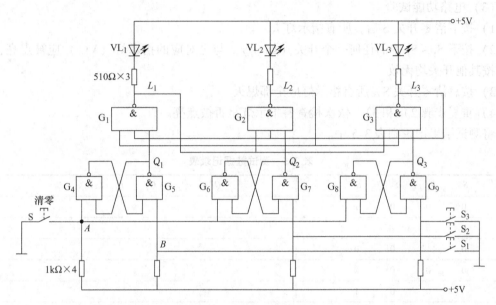

图 3-12 三人抢答器电路

如图 3-12 所示，电路可作为抢答信号的接收、保持和输出的基本电路。S 为手动清零控制开关，$S_1 \sim S_3$ 为抢答按钮开关。

该电路具有如下功能：

1) 开关 S 为总清零及允许抢答控制开关（可由主持人控制）。当开关被按下时，抢答电路清零，松开后则允许抢答。由抢答按钮开关实现抢答信号的输入。

2) 若有抢答信号输入（开关 $S_1 \sim S_3$ 中的任何一个开关被按下）时，与之对应的指示灯被点亮。此时再按其他任何一个抢答开关均无效，指示灯仍"保持"第一个开关按下时所对应的状态。

4. 训练内容与步骤

（1）电路连接

检测所用的元器件，按图 3-12 连接电路，先在电路板上插接好 IC 器件。在插接器件时，要注意 IC 芯片的豁口方向（都朝左侧），同时要保证 IC 引脚与插座接触良好，引脚不能弯曲或折断，指示灯的正、负极不能接反。在通电前先用万用表检查各 IC 的电源接线是否正确。

（2）电路调试

首先根据抢答器功能进行操作，若电路满足要求，则说明电路没有故障；若某些功能不能实现，就要设法查找并排除故障。排除故障可按信号流程的正向（输入到输出）查找，也可按信号流程的逆向（输出到输入）查找。

例如，当有抢答信号输入时，观察对应指示灯是否点亮，若不亮，可用万用表（逻辑测试笔）分别测量相关与非门输入、输出端电平状态是否正确，由此检查线路的连接及芯片的好坏。

若抢答开关按下时指示灯亮，松开时又灭掉，则说明电路不能保持，此时应检查与非门相互间的连接是否正确，直至排除全部故障为止。

（3）电路功能试验

1）按下清零开关 S 后，所有指示灯灭。

2）按下 $S_1 \sim S_3$ 中的任何一个开关（如 S_1），与之对应的指示灯（VL_1）应被点亮，此时再按其他开关均无效。

3）按总清零开关 S，所有指示灯应全部熄灭。

4）重复步骤 2）和 3），依次检查各指示灯是否被点亮。

将测试结果记录到表 3-5 中。

表 3-5　测试数据记录表

S	S_3	S_2	S_1		Q_3	Q_2	Q_1	L_3	L_2	L_1
0	0	0	1							
0	0	1	0							
0	1	0	0							
0	0	0	0							
1	0	0	1							
1	0	1	0							
1	1	0	0							
1	0	0	0							

任务 3.2　D 触发器

前面介绍了 RS 触发器，但在实际应用中，还有一类具有接收和存储数据功能的 D 触发器。D 触发器是一种应用比较广泛的触发器，其又称 D 锁存器，是专门用来存放数据的。

3.2.1　同步 D 触发器

1. 电路结构和逻辑符号

为避免同步 RS 触发器同时出现 R 和 S 都为 1 的情况，可在 R 和 S 之间接入非门 G_5，如图 3-13a 所示，此时将加到 S 端的输入信号经非门取反后再加到 R 输入端，即 R 端不再由外部信号控制，这样构成的单输入的触发器即为 D 触发器。图 3-13b 所示为其逻辑符号。

2. 工作原理分析

1）当 $CP = 0$ 时，G_3 和 G_4 门被封锁，输出均为 1，触发器输出保持原状态不变。

2）当 $CP = 1$ 时，G_3 和 G_4 打开，可接收 D 输入信号，此时有：

① 若 $D = 0$，则触发器输入端 $S = 0$、$R = 1$，根据同步 RS 触发器的特性可知，触发器被置 0，即状态 $Q^{n+1} = 0$。

② 若 $D = 1$，则 $S = 1$、$R = 0$，触发器被置 1，即 $Q^{n+1} = 1$。

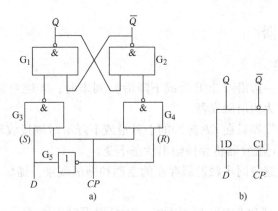

图 3-13　D 触发器

a）电路图　b）逻辑符号

3. 逻辑功能描述

（1）状态表

D 触发器的状态表见表 3-6。

表 3-6　D 触发器的状态表

D	Q^n	Q^{n+1}	功能说明
0	0	0	触发器置 0
0	1	0	
1	0	1	触发器置 1
1	1	1	

（2）特征（特性）方程

根据表 3-6 可得，同步 D 触发器的特征方程为

$$Q^{n+1} = D \qquad (CP = 1)$$

（3）状态转换图（状态图）

根据表 3-6 可画出同步 D 触发器的状态转换图，如图 3-14 所示。

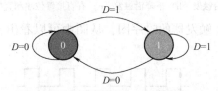

图 3-14　同步 D 触发器状态转换图

（4）时序图

同步 D 触发器的时序图如图 3-15 所示。

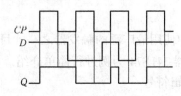

图 3-15　同步 D 触发器的时序图

3.2.2 边沿 D 触发器

1. 边沿触发器概述

只有时钟信号的某一边沿（上升沿或下降沿）到来时，才能对输入信号做出响应并引起状态翻转的触发器称为边沿触发器。

换句话说，边沿触发器只在 CP 脉冲的上升沿或下降沿时刻接收输入信号而改变输出状态，在 CP 脉冲其他时刻触发器将保持输出状态不变。

边沿触发器可有效避免同步触发器存在的空翻和振荡现象，提高了触发器工作的可靠性和抗干扰能力。

边沿触发器有 TTL 型和 CMOS 型两大类，还可根据触发方式分为上升沿（正边沿）和下降沿（负边沿）等。

2. 边沿 D 触发器的逻辑符号及时序图

前面介绍的同步 D 触发器状态更新发生在 $CP=1$ 期间，而边沿 D 触发器状态变化发生在 CP 脉冲的上升沿或下降沿到来时刻。图 3-16 分别给出了上升沿或下降沿有效的边沿 D 触发器的逻辑符号，图中，CP 信号端"△"表示边沿触发器，画圈表示下降沿触发，不画圈表示上升沿触发；$\overline{S}_D$、$\overline{R}_D$ 为异步输入端，或称直接置 1 端（置位端）和直接置 0 端（复位端）。

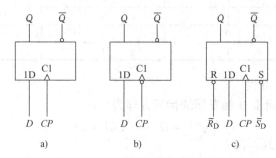

图 3-16　边沿 D 触发器逻辑符号

a）上升沿触发　b）下降沿触发　c）有直接置位端和直接复位端

图 3-17 所示为上升沿 D 触发器的时序图，从图中可以看出，触发器的输出状态取决于 CP 脉冲上升沿时 D 的值。

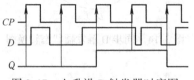

图 3-17　上升沿 D 触发器时序图

3. 集成 D 触发器

D 触发器是数字逻辑电路中使用最广泛的触发器之一。目前市场上出售的集成触发器产品有很多，这里以集成 D 触发器 74LS74 为例进行简单介绍。

（1）74LS74 的引脚图和逻辑符号

74LS74 是上升沿触发的 TTL 型双 D 触发器，其引脚图和逻辑符号如图 3-18 所示。图中可见，其内含两个 D 触发器，具有异步置 0 端 $\overline{R}_D$ 和置 1 端 $\overline{S}_D$。

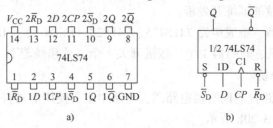

图 3-18　集成 D 触发器 74LS74

a) 引脚图　b) 逻辑符号

（2）逻辑功能

74LS74 的逻辑功能表见表 3-7。

表 3-7　74LS74 逻辑功能表

D	$\overline{R}_D$	$\overline{S}_D$	CP	Q^{n+1}	$\overline{Q}^{n+1}$	功能说明
0	1	1	↑	0	1	置 0
1	1	1	↑	1	0	置 1
×	0	1	×	0	1	异步置 0
×	1	0	×	1	0	异步置 1
×	0	0	×	1^*	1^*	不定状态

当 $\overline{R}_D = \overline{S}_D = 1$ 时，$Q^{n+1} = D$，实现 D 触发器逻辑功能。

当 $\overline{R}_D = 0$、$\overline{S}_D = 1$ 时，触发器置 0；当 $\overline{R}_D = 1$、$\overline{S}_D = 0$ 时，触发器置 1。

当 $\overline{R}_D = \overline{S}_D = 0$ 时，触发器将出现不定状态。

（3）时序图

74LS74 的时序图如图 3-19 所示。

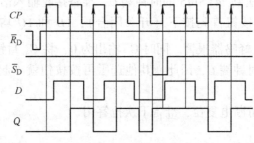

图 3-19　74LS74 时序图

技能训练　D 触发器构成简易抢答器

1. 训练目标

1）掌握常用逻辑门电路、触发器的逻辑功能与应用。

2）用 D 触发器设计一个四路智能抢答器电路，并完成电路搭接与逻辑功能测试。

2. 训练器材

1）数字电子技术技能训练开发板。

2）函数信号发生器、集成电路 74LS175、74LS20、LED4 只、300Ω 电阻 4 只、1MΩ 电阻 4 只、10kΩ 电阻 1 只、蜂鸣器 1 个、按键开关 4 个、杜邦线若干。

3. 训练电路功能分析

图 3-20a 所示为四路智能抢答器电路图，电路中主要使用的器件是 74LS175 四上升沿 D 触发器，其引脚图如图 3-20b 所示。

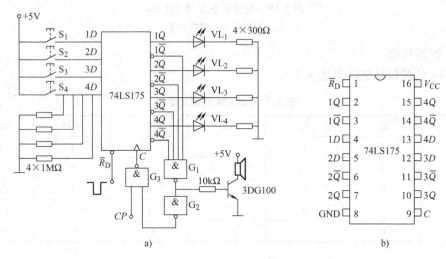

图 3-20　四路智能抢答器电路

a）电路图　b）74LS175 引脚图

电路工作原理如下：

1）抢答前清 0：只要 $\overline{R}_D = 0$，则 $1Q \sim 4Q$ 均为 0，相应的发光二极管 $LED_1 \sim LED_4$ 都不亮；$1\overline{Q} \sim 4\overline{Q}$ 均为 1，经 G_1 与非后输出为 0，蜂鸣器不报警。同时，G_2 输出为 1，将 G_3 打开，接收时钟脉冲 CP 并送到 74LS175 的时钟端 C，准备接收输入信号 $1D \sim 4D$。

2）抢答开始：若 S_1 按钮首先按下（开关闭合），$1D$ 和 $1Q$ 均变为 1，此时 LED_1 亮；$1\overline{Q}$ 变为 0，G_1 输出为 1，蜂鸣器报警。同时 G_2 输出为 0，将 G_3 封锁，时钟脉冲 CP 便不能经过 G_3 送到 74LS175 的时钟端 C，因此，其他选手再按按钮就不起作用了，触发器的状态不会改变。

3）抢答判决完毕，可断电复位，准备下次抢答用。

4. 训练内容与步骤

（1）电路连接

检测所用的元器件，按图 3-20 连接电路，先在电路板上插接好 IC 器件。在插接器件时，要注意 IC 芯片的豁口方向（都朝左侧），同时要保证 IC 引脚与插座接触良好，引脚不能弯曲或折断，指示灯的正、负极不能接反。在通电前先用万用表检查各 IC 的电源接线是否正确。

（2）电路调试

首先根据抢答器功能进行操作，若电路满足要求，则说明电路没有故障；若某些功能不能实现，就要设法查找并排除故障。排除故障可按信号流程的正向（输入到输出）查找，也可按信号流程的逆向（输出到输入）查找。

例如，当有抢答信号输入时，观察对应指示灯是否点亮（同时蜂鸣器是否发声），若不亮（蜂鸣器不发声），可用万用表（逻辑测试笔）依次测量各输入、输出端电平状态是否正确，由此检查线路的连接及芯片的好坏。

（3）电路功能试验

1）按下 $S_1 \sim S_3$ 中的任何一个开关（如 S_1），与之对应的指示灯（VL_1）应被点亮，同时蜂鸣器报警，此时再按其他开关均无效。

2）重复上述步骤，依次检查各路抢答功能能否实现。

任务 3.3　JK 触发器

在实际应用中，还有一类具有置 0、置 1、保持和翻转功能的 JK 触发器。比起前述的 RS 触发器和 D 触发器，它的应用潜力更大，通用性更强。它克服了 RS 触发器存在不定状态的问题，即输入信号 J、K 间不再有约束。JK 触发器跟 D 触发器一样，是一种应用非常广泛的触发器。

3.3.1　同步 JK 触发器

1. 电路结构和逻辑符号

克服同步 RS 触发器在 $R = S = 1$ 时出现不确定状态的一种方法是将触发器的输出端 Q 和 $\overline{Q}$ 反馈到输入端，并将 S、R 端分别换成 J 端和 K 端，这样就得到同步 JK 触发器，其电路如图 3-21a 所示。这样无论输入信号 J、K 如何变化，G_3 和 G_4 的输出不会同时出现 0，从而避免了不确定状态的出现。图 3-21b 所示为同步 JK 触发器的逻辑符号。

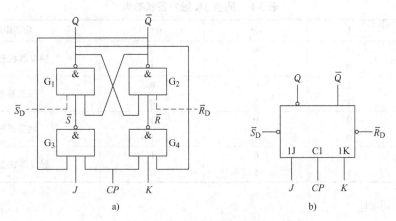

图 3-21　同步 JK 触发器

a）电路图　b）逻辑符号

图中，$\overline{R}_D$、$\overline{S}_D$ 为异步输入端，或称直接置 0、置 1 端，因为它们的作用不受时钟信号 CP 的控制，低电平有效。即当 $\overline{R}_D = \overline{S}_D = 1$ 时，它们不影响触发器接收输入信号 J、K。

2. 工作原理分析

1）当 $CP=0$ 时，G_3、G_4 门被封锁，其输出 $\overline{R}=\overline{S}=1$，此时无论 J、K 的值如何变化，触发器的状态保持不变，即 $Q^{n+1}=Q^n$。

2）当 $CP=1$ 时，G_3、G_4 门解除封锁（被打开），触发器的次态输出取决于 J、K 的输入信号及电路的现态：

① 当 $J=K=0$ 时，G_3 和 G_4 门输出为 1，触发器的状态保持不变。

② 当 $J=0$、$K=1$ 时，G_3 门输出为 1，此时，若 $Q^n=0$，则 G_4 门输出为 1，触发器保持 0 状态不变，即次态 $Q^{n+1}=0$；若 $Q^n=1$，则 G_4 门输出为 0，触发器被置 0，即 $Q^{n+1}=0$。

显然，无论 Q^n 为何种状态，只要 $J=0$、$K=1$，触发器次态均为 "0"，称为置 0。

③ 当 $J=1$、$K=0$ 时，G_4 门输出为 1，此时，若 $Q^n=0$，$\overline{Q}^n=1$，则 G_3 门输出为 0，触发器被置 1，即次态 $Q^{n+1}=1$；若 $Q^n=1$，$\overline{Q}^n=0$，则 G_3 门输出为 1，触发器保持 "1" 状态不变，即次态 $Q^{n+1}=1$。

显然，无论 Q^n 为何种状态，只要 $J=1$、$K=0$，触发器次态均为 "1"，称为置 1。

④ 当 $J=K=1$ 时，若 $Q^n=0$，$\overline{Q}^n=1$，则 G_3 门输出为 0，G_4 门输出为 1，触发器被置 1，即 $Q^{n+1}=1$；若 $Q^n=1$，$\overline{Q}^n=0$，则 G_3 门输出为 1，G_4 门输出为 0，触发器被置 0，即 $Q^{n+1}=0$。

显然，$J=K=1$ 时，若 $Q^n=0$，则 $Q^{n+1}=1$；若 $Q^n=1$，则 $Q^{n+1}=0$。将此种情况称为 "翻转"。

3. 逻辑功能描述

（1）状态表

根据以上工作原理分析，得到同步 JK 触发器的状态表，见表 3-8。

表 3-8　同步 JK 触发器状态表

J	K	Q^n	Q^{n+1}	功能说明
0	0	0	0	触发器状态不变
0	0	1	1	
0	1	0	0	触发器置 0
0	1	1	0	
1	0	0	1	触发器置 1
1	0	1	1	
1	1	0	1	触发器状态翻转
1	1	1	0	

从表 3-8 可知：

当 $J=0$、$K=0$ 时，$Q^{n+1}=Q^n$，触发器保持原状态不变。

当 $J=0$、$K=1$ 时，$Q^{n+1}=0$，触发器置 0。

当 $J=1$、$K=0$ 时，$Q^{n+1}=1$，触发器置 1。

当 $J=1$、$K=1$ 时，$Q^{n+1}=\overline{Q}^n$，触发器翻转（计数）。

由此可得到同步 JK 触发器的简化状态表，见表 3-9。

表 3-9   同步 JK 触发器的简化状态表

J	K	Q^{n+1}	功能说明
0	0	Q^n	保持
0	1	0	置 0
1	0	1	置 1
1	1	$\overline{Q^n}$	翻转（计数）

显然，同步 JK 触发器具有置 0、置 1、保持和翻转（计数）4 种功能，其逻辑功能齐全，因此称它为全功能触发器。

（2）特征方程（特性方程）

由表 3-8 可画出同步 JK 触发器 Q^{n+1} 的卡诺图，如图 3-22 所示。

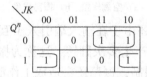

图 3-22   同步 JK 触发器 Q^{n+1} 的卡诺图

并由此写出其特征方程为

$$Q^{n+1} = J\,\overline{Q^n} + \overline{K}Q^n$$

（3）状态转换图

由特性表可画出同步 JK 触发器的状态转换图，如图 3-23 所示。

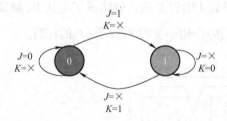

图 3-23   同步 JK 触发器的状态转换图

（4）时序图

同步 JK 触发器的时序图如图 3-24 所示。从图中可以看出，同步 JK 触发器的状态变化只发生在 $CP = 1$ 期间，在 $CP = 0$ 时其状态保持不变。

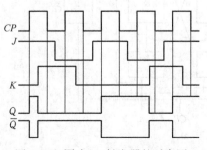

图 3-24   同步 JK 触发器的时序图

4. 存在的问题

同步 JK 触发器跟同步 RS 触发器一样，由于在 $CP=1$ 期间都接收输入信号，若 CP 有效时间过长，则会出现空翻现象，如图 3-25a 所示。

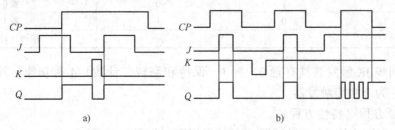

a)   b)

图 3-25   同步 JK 触发器的空翻和振荡现象

a) 空翻现象   b) 振荡现象

另外，在同步 JK 触发器中，还由于在输入端引入了互补输出，所以即使输入信号不发生变化，只要 CP 脉冲过宽，也会产生多次翻转，这称为振荡现象，如图 3-25b 所示。

空翻使触发器的应用受到了限制，振荡还会造成工作混乱。为此我们要引入后面的主从 JK 触发器和边沿 JK 触发器。

3.3.2 主从 JK 触发器

1. 电路构成及工作原理

将主从 RS 触发器的输出端（从触发器的输出端）Q 和 $\overline{Q}$ 反馈到输入端（主触发器的输入端），并将 S、R 端分别换成 J 端和 K 端，就构成了主从 JK 触发器，如图 3-26 所示。图中 $\overline{R}_D$、$\overline{S}_D$ 为异步输入端，它们的作用不受时钟信号 CP 的控制。

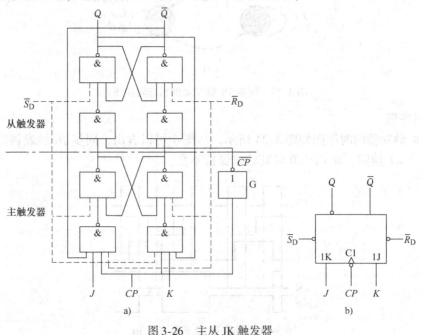

a)   b)

图 3-26   主从 JK 触发器

a) 电路图   b) 逻辑符号

和主从 RS 触发器一样，主从 JK 触发器的工作仍分两步进行：

1）当 $CP=1$ 时，主触发器接收输入的 J、K 信号，而从触发器状态不变；

2）CP 下降沿到来时，从触发器接收主触发器输出端的信号，按照主触发器所锁存的内容更新状态。

所以，主从 JK 触发器的触发方式也是下降沿触发，逻辑符号（见图 3-26b）中的"△"形和小圆圈即表示下降沿时刻有效。也就是说，主从 JK 触发器的状态变化发生在 CP 脉冲的下降沿到来时刻，但其逻辑功能（特性表、特征方程、状态图）与同步 JK 触发器完全相同。另外，和主从 RS 触发器不同的是，输入信号 J、K 间不再有约束，使用起来灵活方便。

2. 主从 JK 触发器的一次翻转现象

主从 JK 触发器跟同步 JK 触发器一样，其逻辑功能较强，具有置 0、置 1、保持和翻转几种功能，并且输入信号 J、K 间不存在约束关系，因此用途十分广泛。但它也有缺点，由于在 $CP=1$ 期间，主触发器始终能接收输入信号而改变状态，这就要求在 $CP=1$ 期间，J、K 信号保持不变，否则有可能因接收干扰信号而产生错误响应，使触发器的正常逻辑功能受到破坏。因此对于主从 JK 触发器，在 $CP=1$ 作用期间，主触发器的状态最多只能翻转一次，并在 CP 下降沿到来时传给从触发器，这种现象称为触发器的一次翻转现象。一次翻转现象使主从 JK 触发器的抗干扰能力较差，其应用受到一定的限制。

3.3.3 边沿 JK 触发器

1. 边沿 JK 触发器概述

前面讨论的同步 JK 触发器存在空翻现象，主从 JK 触发器虽无空翻现象但存在一次翻转现象，故使其抗干扰能力差。只有边沿触发器能较好地解决上述两个问题。

边沿 JK 触发器只在时钟信号 CP 的上升沿（正边沿）或下降沿（负边沿）到来时刻接收输入信号而改变输出状态，在 CP 脉冲的其他时刻触发器将保持输出状态不变。从而提高了触发器工作的可靠性和抗干扰能力。

2. 边沿 JK 触发器的逻辑符号及时序图

边沿 JK 触发器的逻辑功能、状态表（特性表）、特征方程等都与同步 JK 触发器相同，不同的是边沿 JK 触发器的状态更新时刻是在 CP 脉冲的上升沿或下降沿。图 3-27 给出了边沿 JK 触发器的逻辑符号。图中，CP 信号端的"△"表示边沿触发器，画圈表示下降沿触发，不画圈表示上升沿触发；$\overline{S}_D$、$\overline{R}_D$ 为异步输入端，或称直接置 1、置 0 端。

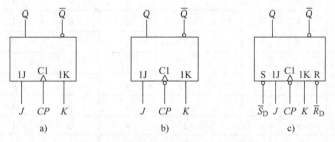

图 3-27 边沿 JK 触发器的逻辑符号

a）上升沿触发 b）下降沿触发 c）有直接置位端和复位端

图 3-28 所示为上升沿 JK 触发器的时序图，从图中可以看出，触发器的输出状态取决于 CP 脉冲上升沿时刻 J、K 的值。

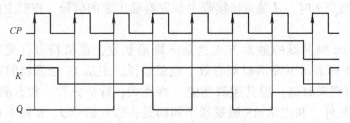

图 3-28　上升沿 JK 触发器时序图

3. 集成 JK 触发器

JK 触发器和 D 触发器一样，是数字逻辑电路使用最广泛的两种触发器之一。目前市场上出售的集成 JK 触发器产品很多，这里仅对集成 JK 触发器 74LS112 做简要介绍。

（1）74LS112 的引脚图和逻辑符号

74LS112 是下降沿触发的 TTL 型双 JK 触发器，其引脚图和逻辑符号如图 3-29 所示。

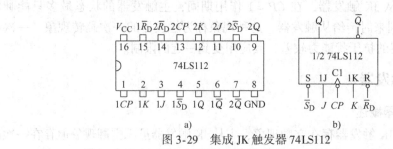

图 3-29　集成 JK 触发器 74LS112
a) 引脚图　b) 逻辑符号

由图 3-29 可知，其内含两个 JK 触发器，具有异步置 0 端 $\overline{R}_D$ 和置 1 端 $\overline{S}_D$。

（2）逻辑功能

74LS112 的逻辑功能表见表 3-10。

表 3-10　74LS112 的逻辑功能表

J	K	Q^n	$\overline{R}_D$	$\overline{S}_D$	CP	Q^{n+1}	$\overline{Q}^{n+1}$	功能说明
0	0	0	1	1	↓	0	1	保持
0	0	1	1	1	↓	1	0	
0	1	0	1	1	↓	0	1	置0
0	1	1	1	1	↓	0	1	
1	0	0	1	1	↓	1	0	置1
1	0	1	1	1	↓	1	0	
1	1	0	1	1	↓	1	0	翻转
1	1	1	1	1	↓	0	1	
×	×	×	0	1	×	0	1	异步置0
×	×	×	1	0	×	1	0	异步置1
×	×	×	0	0	×	1*	1*	不定状态

1）当 $\overline{R}_{\mathrm{D}} = \overline{S}_{\mathrm{D}} = 1$ 时，电路实现 JK 触发器的 4 种逻辑功能。

2）当 $\overline{R}_{\mathrm{D}} = 0$、$\overline{S}_{\mathrm{D}} = 1$ 时，无论 J、K、Q^n 和 CP 的状态如何，触发器都将被置 0，故称 $\overline{R}_{\mathrm{D}}$ 端为异步置 0 端，又称直接置 0 端。

3）当 $\overline{R}_{\mathrm{D}} = 1$、$\overline{S}_{\mathrm{D}} = 0$ 时，无论 J、K、Q^n 和 CP 的状态如何，触发器都将被置 1，故称 $\overline{S}_{\mathrm{D}}$ 端为异步置 1 端，又称直接置 1 端。

4）当 $\overline{R}_{\mathrm{D}} = \overline{S}_{\mathrm{D}} = 0$ 时，触发器出现 $Q^{n+1} = \overline{Q}^{n+1} = 1$ 的不定状态。通常这种情况是不允许出现的。

（3）时序图

74LS112 的时序图如图 3-30 所示。

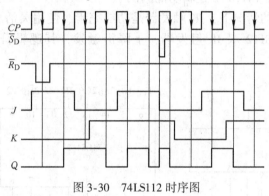

图 3-30　74LS112 时序图

技能训练　触发器的逻辑功能测试

1. 训练目标

1）正确识别 74LS112、74LS74 引脚，并熟悉基本功能。

2）掌握基本 RS 触发器、JK 触发器、D 触发器逻辑功能及使用方法。

2. 训练器材

1）数字电子技术技能训练开发板。

2）集成电路 74LS00、74LS112、74LS74，杜邦线若干。

3. 训练内容和步骤

（1）基本 RS 触发器逻辑功能测试

图 3-31 所示为由两个与非门构成的基本 RS 触发器，它是无时钟控制的低电平直接触发的触发器。

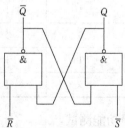

图 3-31　两个与非门构成的基本 RS 触发器

按图 3-31 完成电路搭接，完成基本 RS 触发器逻辑功能的测试，将测试结果记录在表 3-11中。

表 3-11　基本 RS 触发器测试记录表

$\overline{R}$	$\overline{S}$	Q	$\overline{Q}$	功能说明
0	0			
0	1			
1	0			
1	1			

（2）集成 JK 触发器 74LS112 逻辑功能测试

在输入信号为双端的情况下，JK 触发器是功能完善、使用灵活和通用性较强的一种触发器；本训练采用 74LS112 双 JK 触发器，下降沿触发，其逻辑符号和引脚图如图 3-32 所示。

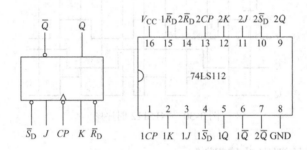

图 3-32　74LS112 逻辑符号与引脚图

74 系列产品抗干扰能力很差，不用的输入控制端不可悬空，要接固定高电平，也可利用开发板上的逻辑电平开关。按表 3-12 测试 JK 触发器的逻辑功能并记录数据。

表 3-12　JK 触发器的逻辑功能测试记录表

$\overline{R}$	$\overline{S}$	J	K	CP	Q^{n+1}	
					$Q^n = 0$	$Q^n = 1$
0	1	×	×	×		
1	0	×	×	×		
0	0	×	×	×		
1	1	0	0	↓		
1	1	0	1	↓		
1	1	1	0	↓		
1	1	1	1	↓		
1	1	×	×	↑		

（3）集成 D 触发器 74LS74 逻辑功能测试

在各种触发器中，D 触发器是一种应用比较广泛的触发器，其逻辑符号如图 3-33 所示。

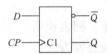

图 3-33　D 触发器逻辑符号

按表 3-13 测试 D 触发器的逻辑功能并记录数据。

表 3-13　D 触发器的逻辑功能测试记录表

$\overline{R}$	$\overline{S}$	D	CP	Q^{n+1}	
				$Q^n = 0$	$Q^n = 1$
0	1	×	×		
1	0	×	×		
0	0	×	×		
1	1	0	↑		
1	1	1	↑		
1	1	×	↓		

（4）触发器的转换

1）JK 触发器转换为 D 触发器，逻辑电路如图 3-34 所示。

2）JK 触发器转换为 T 触发器，逻辑电路如图 3-35 所示。

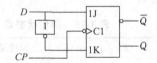

图 3-34　JK 触发器转换为 D 触发器

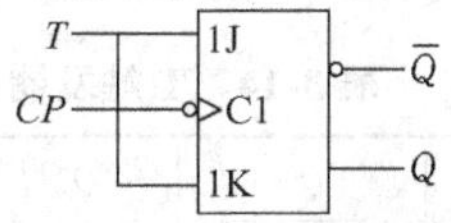

图 3-35　JK 触发器转换为 T 触发器

参考电路连线，自拟表格进行验证。

（5）触发器的应用：触发器构成移位寄存器

移位寄存器可将寄存器有效的二进制数进行左移或右移。

由触发器构成的移位寄存器电路如图 3-36 所示，它将各触发器的输入与输出之间串行连接。各触发器的时钟控制端连在一起，即采用了同步控制。设所有触发器的初始状态都处于 0 状态（$Q=0$、$\overline{Q}=1$）。在控制时钟的连续作用下，被存储的二进制数（0101）$_B$ 一位接一位地从左向右移动。在时钟端每来一个 CP 脉冲都会引起所有触发器状态向右移动一位，若来 4 个脉冲，移位寄存器就存储了 4 位二进制信息。

按图 3-36 所示接线，将 D 触发器构成移位寄存器，自拟表格进行验证。

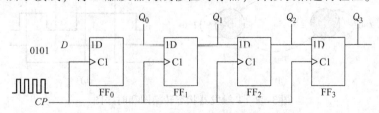

图 3-36　由触发器构成的移位寄存器

4. 训练报告要求

1）画出测试电路，整理测试结果，列表说明。

2）比较各种触发器的逻辑功能及触发方式。

知识拓展　T 和 T′触发器的逻辑转换

1. T 触发器

在时钟脉冲 CP 作用下，具有保持和翻转功能的触发器，称为 T 触发器。

（1）电路结构和逻辑符号

将 JK 触发器的输入端 J 和 K 相连，引入一个新的输入端并用 T 表示，就构成了 T 触发器。图 3-37 所示为下降沿 JK 触发器接成 T 触发器。

（2）工作原理

1）当 $T = 0$ 时，相当于 JK 触发器的 $J = K = 0$，由 JK 触发器的功能可知，触发器保持原状态不变，即 $Q^{n+1} = Q^n$。

2）当 $T = 1$ 时，相当于 JK 触发器的 $J = K = 1$，这时每输入一个时钟脉冲 CP，触发器状态便翻转一次，即 $Q^{n+1} = \overline{Q^n}$。

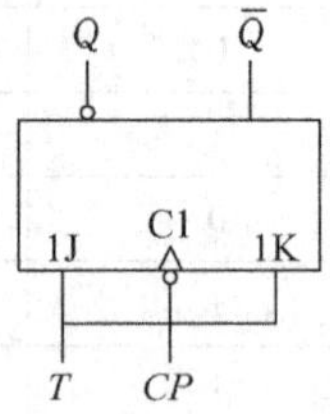

图 3-37　JK 触发器接成 T 触发器

（3）逻辑功能描述

1）状态表。在 CP 脉冲的作用下，根据输入信号 T 的取值，T 触发器具有保持和计数（翻转）功能。其状态表见表 3-14，表 3-15 为其简化状态表。

表 3-14　T 触发器的状态表

T	Q^n	Q^{n+1}	功能说明
0	0	0	状态保持不变
0	1	1	
1	0	1	状态翻转
1	1	0	

表 3-15　简化状态表

T	Q^{n+1}	功能说明
0	Q^n	保持
1	$\overline{Q^n}$	翻转

2）特性方程。将 T（$J = K = T$）带入 JK 触发器的特征方程，便得到 T 触发器的特征方程为

$$Q^{n+1} = J\,\overline{Q^n} + \overline{K}Q^n = T\,\overline{Q^n} + \overline{T}Q^n = T \oplus Q^n$$

3）状态转换图及波形图。根据 T 触发器的逻辑功能，可画出其状态转换图和时序图如图 3-38 所示。

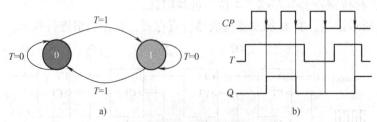

图 3-38　T 触发器状态转换图和时序图

a）状态转换图　b）时序图

2. T′触发器

在时钟脉冲 CP 作用下，只具有翻转（计数）功能的触发器称为 T′触发器。显然，只要将以上介绍的 T 触发器的 T 端接高电平 1，即可构成 T′触发器。图 3-39 所示为 T′触发器的逻辑符号。

不难理解，对于 T′触发器，其时钟有效沿每到来一次，触发器的状态就会翻转一次。其时序图如图 3-40 所示。由图可见，触发器的翻转次数与时钟脉冲个数相同，所以 T′触发器又称计数型触发器。

图 3-39　T′触发器逻辑符号

图 3-40　T′触发器时序图

将 $T=1$ 代入 T 触发器的特性方程中，即可得到 T′触发器的特性方程为 $Q^{n+1}=\overline{Q^n}$。也可根据 T′触发器的逻辑功能直接写出特性方程。

（1）JK 触发器构成 T′触发器

将 JK 触发器的 J、K 端接在一起，然后接高电平"1"，即可构成 T′触发器。电路如图 3-41 所示。

（2）D 触发器构成 T′触发器

将 D 触发器的 D 端与 $\overline{Q}$ 相连，即可构成 T′触发器，电路如图 3-42 所示。

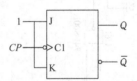

图 3-41　JK 触发器构成 T′触发器

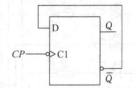

图 3-42　D 触发器构成 T′触发器

项目实施　四路智能抢答器电路的设计与制作

1. 设计任务要求

本项目制作的智力竞赛抢答器，当 4 位选手按下抢答按键时，哪一组选手抢答成功，则其对应的指示灯（LED）发光，且数码管显示选手编号，同时蜂鸣器发声。此时，状态被锁存，其他选手将无法抢答，直至主持人复位后开始新一轮抢答。

2. 电路设计

（1）电路设计

该抢答器电路主要由门控电路、抢答编码电路、译码电路、优先锁存电路、数显电路、声响报警电路等模块组成，设计电路如本项目开篇的项目引导表单参考电路所示。

（2）利用 Multisim 14 仿真软件绘制出四路智能抢答器仿真电路。

1）电路仿真时，按图 3-43 所示连接仿真电路，完成参数设置，并进行调试。

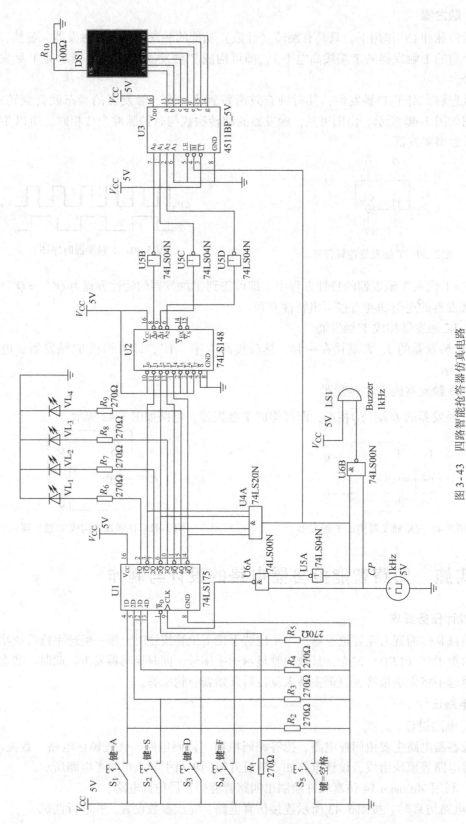

图 3 - 43　四路智能抢答器仿真电路

2）电路性能测试。运行仿真，所有按键都没有按下时，LED 与数码管均处于熄灭状态。按 S_1、S_2、S_3、S_4 中任一按键（如 S_3），VL_3 被点亮、数码管显示 3，同时蜂鸣器发出报警声音（可接示波器观察信号波形），此时再有其他按键按下时，LED 与数码管仍保持上一状态，说明锁存、编码、译码、显示，报警电路均正常工作。当主持人按下复位键（S_5）时，VL_3 与数码管熄灭、蜂鸣器停止报警。按此步骤依次对四路智能抢答器电路进行功能测试。

（3）电路原理分析

该电路共有 5 个按键，$S_1 \sim S_4$ 为四路智能抢答按键，S_5 为复位键（主持人操作），S_1、S_2、S_3、S_4、S_5 均未按下时，74LS175 引脚 $\overline{R}_D$ 为高电平，此时 $1Q$、$2Q$、$3Q$、$4Q$ 输出均为低电平，VL_1、VL_2、VL_3、VL_4 不发光；此时四输入与非门 U4A 输入端均为高电平，输出为低电平，则非门 U5A 输出为高电平，与 CP 信号输入 U6A，从而为 74LS175 引脚 9 提供脉冲触发信号；同时，U4A 输出低电平接在 CD4511 的 $\overline{BI}$ 端，数码管不显示，即电路处于准备状态。

此时如果有选手抢答（S_2 被按下），74LS175 的输入信号（$1D \sim 4D$ 依次对应 $D_1 \sim D_4$）为 $D_4 D_3 D_2 D_1 = 0010$，则输出信号（$1Q \sim 4Q$ 依次对应 $Q_1 \sim Q_4$）为 $Q_4 Q_3 Q_2 Q_1 = 0010$，VL_2 被点亮，而 $\overline{Q_4 Q_3 Q_2 Q_1} = 1101$，经 U4A、U5A 后输出为低电平，由于 U6A 为与非门，输出端始终为 1，使得 74LS175 的 CLK 端无法输入脉冲信号，此时该部分电路锁存选手的编号，同时封锁其他选手的编号，实现锁存功能。

锁存电路对选手编号锁存后，优先编码器 74LS148 芯片立即分辨出抢答者的编号，然后将输入端编码译成 8421BCD 码，经反相器送到由 CD4511 与共阴极数码管组成的显示译码电路，由于 CD4511 的 $\overline{BI}$ 端得到来至 U4A 输出的高电平。此时，数码管显示对应抢答者的编号。同时，U4A 输出的高电平与 CP 信号共同送到与非门 U6B，驱动蜂鸣器报警。

当主持人按下 S_5 时，由于选手按键均未按下，引脚 $\overline{R}_D$ 得到低电平，74LS175 输出 $Q_4 Q_3 Q_2 Q_1 = 0000$，LED 均不发光；因 $\overline{Q_4}\,\overline{Q_3}\,\overline{Q_2}\,\overline{Q_1} = 1111$，数码管熄灭，蜂鸣器不再报警。$S_5$ 弹起后，进入下一轮抢答环节。

3. 元器件清单（见表 3-16）

表 3-16　四路智能抢答器电路元器件清单

名　称	序　号	注　释	数　量
发光二极管	VL_1，VL_2，VL_3，VL_4	LED	4 个
数码管	DS1	七段共阴极数码管	1 个
蜂鸣器	LS1	Buzzer	1 个
电阻	R_1，R_2，R_3，R_4，R_5，R_6，R_7，R_8，R_9	270Ω	9 个
	R_{10}	100Ω	1 个
按键开关	S_1，S_2，S_3，S_4，S_5	BUTTON	4 个
四 D 触发器	U1	74LS175	1 个
8 线-3 线优先编码器	U2	74LS148	1 个

名　称	序　号	注　释	数　量
七段译码器	U3	4511BP_5V	1个
双四输入与非门	U4	74LS20N	1个
六反相器	U5	74LS04N	1个
四二输入与非门	U6	74LS00N	1个

4. 电路装配与调试

（1）电路装配

接线工艺图绘制完成后，对照电路原理图认真检查无误后，再在电路板上进行电路焊装，要求如下：

1）严格按照电路图进行电路安装。

2）所有元器件焊装前必须按要求先成型。

3）元器件布置必须美观、整洁、合理。

4）所有焊点必须光亮，圆润，无毛刺，无虚焊、错焊和漏焊。

5）连接导线应正确、无交叉，走线美观简洁。

（2）电路调试

电路上电调试前要仔细检查，确认无误后接入 +5V 电源与脉冲信号源，所有按键都没有按下时，LED 与数码管均处于熄灭状态。按 S_1、S_2、S_3、S_4 中任一按键（如 S_3），VL_3 被点亮，数码管显示 3，同时蜂鸣器发出报警声音，此时再有其他按键按下时，LED 与数码管仍保持上一状态。当主持人按下复位键（S_5）时，VL_3 与数码管熄灭，蜂鸣器停止报警。按此步骤依次对四路智能抢答器电路进行功能测试即可，若出现其他情况，则应再次检查电路连接是否正确，完成故障排除后再次进行测试。

项目考核

项目考核表见表3-17。

表 3-17　项目考核表

项目 3　四路智能抢答器电路的设计与制作						
班级		姓名		学号		组别	
项目	配分	考核要求	评分标准	扣分	得分
电路分析	20	能正确分析电路的工作原理	分析错误，扣 5 分/处		
元器件清点	10	10min 内完成所有元器件的清点、检测及调换	1. 超出规定时间更换元器件，扣 2 分/个 2. 检测结果记录不正确，扣 2 分/处		
组装焊接	20	1. 工具使用正确，焊点规范 2. 元器件的位置、连线正确 3. 布线符合工艺要求	1. 整形、安装或焊点不规范，扣 1 分/处 2. 损坏元器件，扣 2 分/个 3. 错装、漏装元器件，扣 2 分/个 4. 布线不规范，扣 1 分/处		

项目	配分	考核要求	评分标准	扣分	得分
通电测试	20	电路功能能够完全实现	1. 抢答功能未能实现，扣20分 2. LED 不发光，扣5分/个 3. 数码管不能正确显示，扣10分 4. 电路无法复位，扣10分 5. 电路性能检测步骤错误，扣5分/步		
故障分析检修	20	1. 能正确观察故障现象 2. 能正确分析故障原因，判断故障范围 3. 检修思路清晰、方法得当 4. 检修结果正确	1. 故障现象观察错误，扣2分/次 2. 故障原因分析错误或故障范围判断过大，扣2分/次 3. 检修思路不清，方法不当，扣2分/次；仪表使用错误，扣2分/次 4. 检修结果错误，扣2分/次		
安全、文明工作	10	1. 安全用电，无人为损坏仪器、元器件和设备 2. 操作习惯良好，能保持环境整洁，小组团结协作 3. 不迟到、早退、旷课	1. 发生安全事故或人为损坏设备、元器件，扣10分 2. 现场不整洁、工作不文明，团队不协作，扣5分 3. 不遵守考勤制度，每次扣2~5分		
		合计			

项 目 习 题

3.1 填空题

1. 根据逻辑功能的不同，触发器可分为_____触发器、_____触发器、_____触发器和 T 触发器。一个触发器可以存储_____位二进制代码。

2. 对于 T 触发器，欲使 $Q^{n+1} = \overline{Q^n}$，则输入 $T = $ _____。

3. 触发器有_____个稳态，存储 4 位二进制信息要_____个触发器。

4. 触发器是具有记忆功能的基本逻辑单元，它有_____个稳定状态。1 个触发器能存储_____位二进制代码，n 个触发器可以存储_____位二进制代码。

5. RS、JK 和 D 三种触发器中，唯有_____触发器存在输入信号的约束条件。

6. 对于 JK 触发器，若初态 $Q^n = 1$，当 $J = K = 1$ 时，在 CP 脉冲作用下 $Q^{n+1} = $ _____。

7. 触发器有_____个稳态，存储 8 位二进制信息要_____个触发器。

8. 对于 JK 触发器，若初态 $Q^n = 0$，当 $J = K = 1$ 时，$Q^{n+1} = $ _____。

9. 触发器有两个互补的输出端 Q 和 $\overline{Q}$，定义触发器的 1 状态为 $Q = $ _____、$\overline{Q} = $ _____；0 状态为 $Q = $ _____、$\overline{Q} = $ _____，可见触发器的状态指的是_____端的状态。

3.2 选择题

1. T′触发器能对 CP 脉冲计数，其逻辑功能只有（　　　）。

A. 保持　　　　　　　B. 置 0　　　　　　　C. 置 1　　　　　　　D. 翻转

2. JK 触发器的特性方程是（　　　）。

A. $Q^{n+1} = J\bar{Q}^n + \bar{K}Q^n$　　　　　　　　　　B. $Q^{n+1} = \bar{J}\,\bar{Q}^n + KQ^n$

C. $Q^{n+1} = J\bar{Q}^n + \bar{K}\,\bar{Q}^n$　　　　　　　　　D. $Q^{n+1} = JQ^n + \bar{K}\,\bar{Q}^n$

3. 与非型基本 RS 触发器，当 $\bar{S} = 0$、$\bar{R} = 1$ 时，其输出状态是（　　　）。

A. 置 1　　　　　　　B. 置 0　　　　　　　C. 不定　　　　　　　D. 保持

4. 下列触发器中，具有约束条件的是（　　　）。

A. 同步 RS 触发器　　　B. JK 触发器　　　C. D 触发器　　　D. T 触发器

5. 一个 D 触发器，当输入端 $D = 1$，在 CP 有效时刻到来时，该 D 触发器的输出 $Q^{n+1} = $（　　　）。

A. 1　　　　　　　B. 0　　　　　　　C. Q^n　　　　　　　D. Q

6. 在下列触发器中，有约束条件的是（　　　）。

A. 主从 JK 触发器　　　B. 边沿 D 触发器　　　C. 同步 RS 触发器

7. 对于 JK 触发器，若 $J = K$，则可完成（　　　）触发器的逻辑功能。

A. RS　　　　　　　B. D　　　　　　　C. T

8. 触发器与组合逻辑门电路比较（　　　）。

A. 两者都有记忆能力　　　　　　　　　B. 只有组合电路有记忆能力

C. 只有触发器有记忆能力　　　　　　　D. 两者都没有记忆能力

9. 一个 T 触发器，在 $T = 1$ 时，加上时钟脉冲，则触发器（　　　）。

A. 保持原态　　　　B. 置 0　　　　C. 置 1　　　　D. 翻转

10. JK 触发器的 $J = K = 0$ 时，JK 触发器的逻辑功能是（　　　）。

A. 置 1　　　　　　　B. 置 0　　　　　　　C. 翻转　　　　　　　D. 保持

3.3 判断题

（　　　）1. D 触发器的特性方程为 $Q^{n+1} = D$，与 Q^n 无关，所以它没有记忆功能。

（　　　）2. D 触发器的特征方程为 $Q^{n+1} = D$，而与 Q^n 无关，所以，D 触发器不是时序逻辑电路。

（　　　）3. T 和 T′触发器都具有翻转功能。

（　　　）4. 主从 JK 触发器、边沿 JK 触发器和同步 JK 触发器的逻辑功能完全相同。

（　　　）5. RS 触发器的约束条件 $RS = 0$ 表示不允许出现 $R = S = 1$ 的输入。

（　　　）6. 同步触发器存在空翻现象，而边沿触发器和主从触发器克服了空翻。

3.4 作图题

1. 写出如图 3-44 所示触发器的状态方程，并画出输出端 Q 的波形（设触发器初态为 0）。

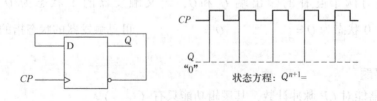

图 3-44　习题 3.4(1) 图

2. 写出如图 3-45 所示触发器的状态方程，并画出输出端 Q 的波形（设 Q 的初态为 0 ）。

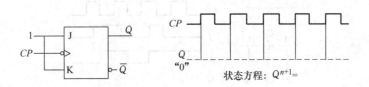

状态方程：$Q^{n+1}=$

图 3-45　习题 3.4(2) 图

3. 写出如图 3-46 所示电路名称，并画出波形。

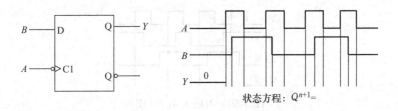

状态方程：$Q^{n+1}=$

图 3-46　习题 3.4(3) 图

4. 根据如图 3-47 所示的逻辑符号，按要求完成相关内容。
特征方程：_____。

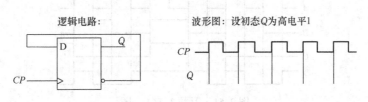

逻辑电路：　　　　　　　　波形图：设初态 Q 为高电平 1

图 3-47　习题 3.4(4) 图

5. 如图 3-48 所示边沿触发器的初始状态为 0 态，试对应输入的 CP 波形，画出 Q 端的输出波形。

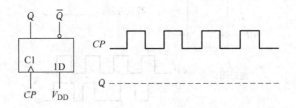

图 3-48　习题 3.4(5) 图

6. 根据如图 3-49 所示已知条件，画出输出波形。

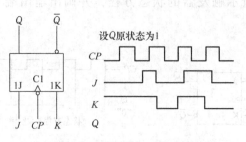

图 3-49　习题 3.4(6) 图

7. 设下降沿触发的 JK 触发器初态为 0，CP、J、K 的波形如图 3-50 所示，画出触发器输出端 Q 的波形。

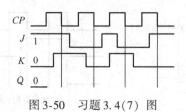

图 3-50　习题 3.4(7) 图

3.5　分析与设计题

1. 已知某组合逻辑电路的输入 A、B、C 与输出 Y 的波形如图 3-51 所示，请写出输出逻辑表达式，并画出逻辑电路图。

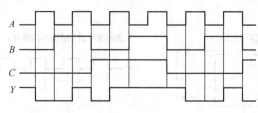

图 3-51　习题 3.5(1) 图

2. 根据如图 3-52 给出的逻辑符号，写出触发器的名称和特征方程，并画出输出 Q 的波形图（设触发器的初态为 0）。

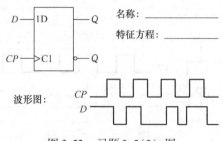

图 3-52　习题 3.5(2) 图

项目 4　30s 倒计时电路的设计与制作

项目概述

在数字逻辑电路中，任一时刻产生的稳定输出信号，不仅取决于该时刻电路的输入信号，而且还取决于电路原来的状态，这样的数字电路称为时序逻辑电路，简称时序电路。

时序逻辑电路是数字电路的一个重要组成部分。本项目通过 3 个工作任务学习时序逻辑电路的结构、基本特点、分析方法和常见的时序逻辑电路（寄存器与计数器）的基本原理，掌握相关中规模集成电路的逻辑功能、使用方法和主要应用。

项目引导

项目名称		30s 倒计时电路的设计与制作
项目说明	教学目的	1. 时序逻辑电路的结构、基本特点、分析方法和步骤 2. 同步、异步计数器和集成计数器电路的结构、特点及工作原理 3. 同步、异步计数器和集成计数器构成任意进制计数器的方法 4. 数码寄存器和移位寄存器电路的结构、特点及工作原理 5. 电路仿真软件 Multisim 14 的熟练使用，仿真电路的连接与调试 6. 电路的装配与调试，仪器仪表的使用方法 7. 电路常见故障排查
	项目要求	1. 工作任务：30s 倒计时电路的设计、制作与调试 2. 电路功能：计时器为 30s 递减计时，其计时间隔为 1s；计时器递减计时到零时，数码显示器不灭灯，同时 LED 发出报警信号

项目说明	参考电路	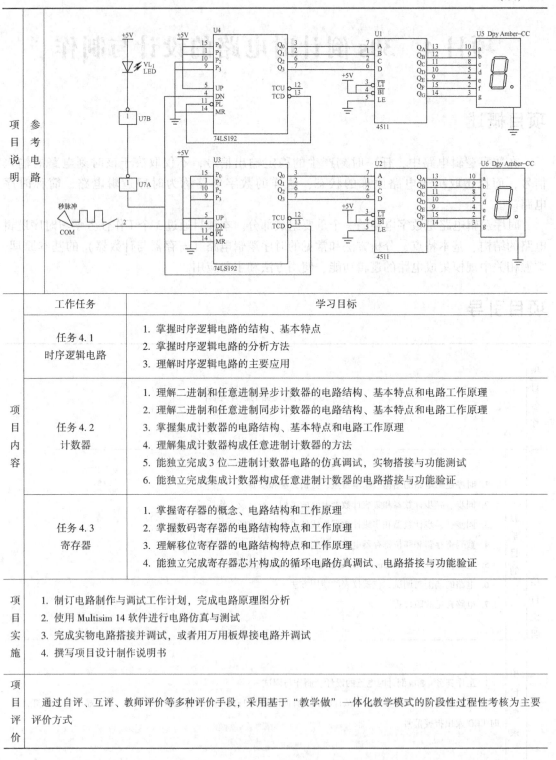

项目内容	工作任务	学习目标
	任务 4.1 时序逻辑电路	1. 掌握时序逻辑电路的结构、基本特点 2. 掌握时序逻辑电路的分析方法 3. 理解时序逻辑电路的主要应用
	任务 4.2 计数器	1. 理解二进制和任意进制异步计数器的电路结构、基本特点和电路工作原理 2. 理解二进制和任意进制同步计数器的电路结构、基本特点和电路工作原理 3. 掌握集成计数器的电路结构、基本特点和电路工作原理 4. 理解集成计数器构成任意进制计数器的方法 5. 能独立完成 3 位二进制计数器电路的仿真调试，实物搭接与功能测试 6. 能独立完成集成计数器构成任意进制计数器的电路搭接与功能验证
	任务 4.3 寄存器	1. 掌握寄存器的概念、电路结构和工作原理 2. 掌握数码寄存器的电路结构特点和工作原理 3. 理解移位寄存器的电路结构特点和工作原理 4. 能独立完成寄存器芯片构成的循环电路仿真调试、电路搭接与功能验证

项目实施	1. 制订电路制作与调试工作计划，完成电路原理图分析 2. 使用 Multisim 14 软件进行电路仿真与测试 3. 完成实物电路搭接并调试，或者用万用板焊接电路并调试 4. 撰写项目设计制作说明书

项目评价	通过自评、互评、教师评价等多种评价手段，采用基于"教学做"一体化教学模式的阶段性过程性考核为主要评价方式

任务 4.1 时序逻辑电路

在数字系统中，根据逻辑功能的不同特点，数字逻辑电路分为两大类，一类是组合逻辑电路，另一类是时序逻辑电路。在一个逻辑电路中，任一时刻产生的稳定输出信号，不仅取决于该时刻电路的输入信号，而且还取决于电路原来的状态，这样的数字电路称为时序逻辑电路。时序逻辑电路的分类有多种方式，主要的分类方式是根据其存储电路中各触发器是否有统一的时钟控制，可划分为同步时序逻辑电路和异步时序逻辑电路。

4.1.1 时序逻辑电路的结构

1. 时序逻辑电路的一般结构

通常，时序逻辑电路由组合逻辑电路和存储电路两部分构成。图 4-1 所示时序逻辑电路的结构框图。其中，组合逻辑电路部分是由门电路构成，其输入包括外部输入和内部输入，外部输入（$x_1 \cdots x_i$）是整个时序逻辑电路的输入信号，内部输入（$q_1 \cdots q_l$）是存储电路部分的输出，它反映了时序逻辑电路过去时刻的状态；组合逻辑电路部分的输出也包括外部输出和内部输出，外部输出（$y_1 \cdots y_j$）是整个时序逻辑电路的输出信号，内部输出（$w_1 \cdots w_k$）是存储电路部分的输入。图中的存储电路由触发器或延迟元件构成，用来将某一时刻之前电路的状态保存下来。

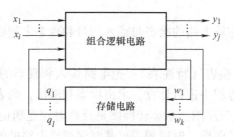

图 4-1　时序逻辑电路的结构框图

在时序逻辑电路中，存储电路的输出称为时序逻辑电路的状态，即 $q_1 \cdots q_l$ 表示的 0、1 序列。$w_1 \cdots w_k$ 是存储电路部分的输入信号，也称为存储电路的驱动信号（或激励信号）。

$$输出方程：Y = F_1(X, Q^n)$$
$$驱动方程：W = F_2(X, Q^n)$$
$$状态方程：Q^{n+1} = F_3(W, Q^n)$$

2. 时序逻辑电路的特点

1）它包含组合逻辑电路和存储电路两部分，在某些时序逻辑电路中可以没有组合逻辑电路，但存储电路则必不可少。

2）组合逻辑电路至少有一个输出反馈到存储电路的输入端，存储电路的输出至少有一个作为组合逻辑电路的输入，与其他输入信号共同决定时序逻辑电路的输出。

从以上特点可以得出，时序逻辑电路具有记忆功能。

3. 时序逻辑电路的分类

按照其存储电路中各触发器是否有统一的时钟控制，时序逻辑电路可进行如下划分：

1）同步时序逻辑电路，是指组成时序逻辑电路的各级触发器共用一个外部时钟。

2）异步时序逻辑电路，是指组成时序逻辑电路的各级触发器没有统一的外部时钟，各级触发器的状态变化是在不同时刻分别进行的。

4.1.2 时序逻辑电路的分析

1. 时序逻辑电路的分析步骤

时序逻辑电路的分析就是根据给定逻辑电路的结构，找出该时序逻辑电路在输入信号及时钟信号作用下存储电路状态的变化规律及电路的输出，从而了解该时序电路所完成的逻辑功能。

其分析过程一般按下列步骤进行：

1）分析电路，确定电路的输入和输出。

2）列写方程式。根据给定的时序逻辑电路写出时钟方程、驱动方程和输出方程：

① 时钟方程即各触发器的时钟信号表达式。

② 驱动方程即各触发器输入端变量与时序逻辑电路的输入信号和电路状态之间的关系。

③ 输出方程即时序逻辑电路的输出端变量与输入信号和电路状态之间的逻辑关系。

3）求状态方程。将各个触发器的驱动方程分别代入相应触发器的特性方程即可求出电路的状态方程。

状态方程是反映时序逻辑电路的次态与输入信号和现态之间逻辑关系的表达式，又称为次态方程。

4）列出电路的状态转换表（特性表）。把电路输入和现态的各种可能取值组合分别代入相应的状态方程和输出方程中进行计算，求出次态和输出，列表即可。

5）画出状态转换图及时序图。状态转换图是反映时序逻辑电路输入、输出取值情况以及由现态转换到次态规律的图形。时序图是反映时序逻辑电路的输入信号、输出信号及电路状态等的取值在时间上的对应关系，即工作波形图。

6）逻辑功能描述。根据状态转换表及状态转移图所反映的电路状态转换关系，用文字描述电路的逻辑功能。

2. 时序逻辑电路的分析举例

【例4-1】分析如图4-2所示时序逻辑电路的逻辑功能。

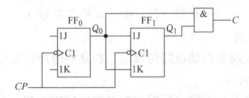

图4-2 例4-1时序逻辑电路

解： 1）分析电路。该电路由两个JK触发器构成存储电路，组合逻辑电路是一个与门，无外加输入信号，输出信号为 C，该电路是一个同步时序逻辑电路。

2）写方程式。

驱动方程
$$\begin{cases} J_0 = 1, \ K_0 = 1 \\ J_1 = Q_0^n, \ K_1 = Q_0^n \end{cases}$$

输出方程
$$C = Q_1^n Q_0^n$$

3）求状态方程。将以上驱动方程代入 JK 触发器的特性方程 $Q^{n+1} = J\overline{Q}^n + \overline{K}Q^n$ 中，进行化简变换可得状态方程为

$$Q_0^{n+1} = J_0\overline{Q}_0^n + \overline{K}_0 Q_0^n = \overline{Q}_0^n$$

$$Q_1^{n+1} = J_1\overline{Q}_1^n + \overline{K}_1 Q_1^n = Q_0^n\overline{Q}_1^n + \overline{Q}_0^n Q_1^n = Q_0^n \oplus Q_1^n$$

4）列状态转换表。将现态的各种取值组合代入状态方程中得到次态，代入输出方程得到输出，列出状态转换表见表4-1。

表 4-1 例 4-1 的状态转换表

CP	Q_1^n	Q_0^n	Q_1^{n+1}	Q_0^{n+1}	C
1	0	0	0	1	0
2	0	1	1	0	0
3	1	0	1	1	0
4	1	1	0	0	1

5）画状态转换图和时序图。根据表4-1可画出该电路的状态转换图和时序图，如图4-3所示。

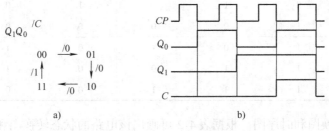

图 4-3　例 4-1 的状态转换图和时序图

a）状态转换图　b）时序图

6）逻辑功能描述。由表4-1可知，该电路在输入第4个计数脉冲 CP 后，返回初始状态，同时输出端 C 输出一个进位脉冲。因此，该电路为同步四进制加法计数器。

【例4-2】分析如图4-4所示时序逻辑电路图。

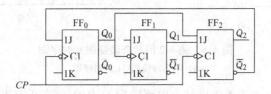

图 4-4　例 4-2 时序逻辑电路图

解： 1）分析电路。该电路由 3 个 JK 触发器组成，无组合逻辑电路部分，无输入与输

出信号，是异步时序逻辑电路。

2）写方程式。

时钟方程 $$CP_0 = CP_2 = CP, \quad CP_1 = Q_0$$

驱动方程
$$\begin{cases} J_0 = \overline{Q_2^n}, \quad K_0 = 1 \\ J_1 = 1, \quad K_1 = 1 \\ J_2 = Q_1^n Q_0^n, \quad K_2 = 1 \end{cases}$$

3）求状态方程。将以上驱动方程代入 JK 触发器的特性方程 $Q^{n+1} = J\overline{Q^n} + \overline{K}Q^n$ 中，进行化简变换可得状态方程为

$$Q_0^{n+1} = J_0\overline{Q_0^n} + \overline{K_0}Q_0^n = \overline{Q_2^n}\,\overline{Q_0^n} \quad (CP\downarrow 有效)$$

$$Q_1^{n+1} = J_1\overline{Q_1^n} + \overline{K_1}Q_1^n = \overline{Q_1^n} \quad (Q_0\downarrow 有效)$$

$$Q_2^{n+1} = J_2\overline{Q_2^n} + \overline{K_2}Q_2^n = \overline{Q_2^n}Q_1^n Q_0^n \quad (CP\downarrow 有效)$$

4）列状态转换表。列出触发器现态的所有取值组合，代入以上相应的状态方程中进行计算，求得次态，列状态转换表见表 4-2。

表 4-2 例 4-2 的状态转换表

CP	Q_2^n	Q_1^n	Q_0^n	Q_2^{n+1}	Q_1^{n+1}	Q_0^{n+1}
1	0	0	0	0	0	1
2	0	0	1	0	1	0
3	0	1	0	0	1	1
4	0	1	1	1	0	0
5	1	0	0	0	0	0
无效状态	1	0	1	0	1	0
	1	1	0	0	1	0
	1	1	1	0	0	0

5）画状态转换图和时序图。根据表 4-2 可画出该电路的状态转换图和时序图，如图 4-5 所示。

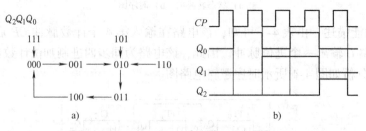

图 4-5　例 4-2 的状态转换图和时序图
a）状态转换图　b）时序图

6）逻辑功能描述。由表 4-2 可知，电路输出 $Q_2 Q_1 Q_0$ 应有 8 个工作状态，但电路只用了 000～100 共 5 个状态（有效状态），还有 101、110、111 三个状态，由于它们在循环之外，所以称为无效状态。当电路由于某种原因进入无效状态时，在 CP 脉冲的作用下，电路能自

动返回到有效状态，称这种情况为"电路能够自启动"。

综合以上分析，该电路是能够自启动的异步五进制加法计数器。有关计数器的知识，将在任务4.2中详细介绍。

任务4.2　计数器

计数器用来累计输入脉冲的个数。计数器不仅可以用来计数，而且也常用作数字系统中的定时、分频、产生序列信号和执行数字运算等。

按计数器中触发器动作的时序，计数器可分为同步计数器和异步计数器；按计数过程中计数的增减，计数器可分为加法、减法和可逆计数器；按计数进制，计数器可分为二进制、十进制和任意进制计数器。

通常将计数器累计输入脉冲的最大个数称为计数器的"模"，常用 M 表示。例如，n 位二进制计数器的模为 2^n，十进制计数器的模为 10。

4.2.1　异步计数器

1. 异步二进制计数器

图4-6所示为由 JK 触发器组成的3位二进制加法计数器电路图。

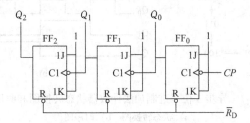

图4-6　异步3位二进制加法计数器电路图

1）分析电路。JK 触发器都接成计数型触发器，各触发器的时钟均不相同。因此，该计数器为异步计数器。

2）写方程式。

时钟方程　　　　　　　　$CP_0 = CP$，$CP_1 = Q_0$，$CP_2 = Q_1$

驱动方程　　　　　　$\begin{cases} J_0 = K_0 = 1 \\ J_1 = K_1 = 1 \\ J_2 = K_2 = 1 \end{cases}$

3）求状态方程。将各触发器驱动方程代入 JK 触发器的特性方程 $Q^{n+1} = J\overline{Q}^n + \overline{K}Q^n$ 中，得到各触发器的状态方程为

$$Q_0^{n+1} = \overline{Q}_0^n \ (CP\downarrow)$$

$$Q_1^{n+1} = \overline{Q}_1^n \ (Q_0\downarrow)$$

$$Q_2^{n+1} = \overline{Q}_2^n \ (Q_1\downarrow)$$

4）列状态转换表。根据触发器的状态方程列出状态转换表，见表4-3。

注意：只有当时钟条件有效时，才能由状态方程求出次态；否则，各触发器的次态等于现态。

表4-3　异步3位二进制加法计数器状态转换表

CP	Q_2^n	Q_1^n	Q_0^n	Q_2^{n+1}	Q_1^{n+1}	Q_0^{n+1}
1	0	0	0	0	0	1
2	0	0	1	0	1	0
3	0	1	0	0	1	1
4	0	1	1	1	0	0
5	1	0	0	1	0	1
6	1	0	1	1	1	0
7	1	1	0	1	1	1
8	1	1	1	0	0	0

5）画出状态转换图和时序图。由表4-3可画出该计数器的状态转换图和时序图，如图4-7所示。从时序图可以看出，若 Q_0 端输出波形的周期是 CP 周期的2倍，则频率是 CP 频率的1/2，即 Q_0 端可以实现二分频输出。同理，Q_1 端可以实现四分频输出，Q_2 端可以实现八分频输出。

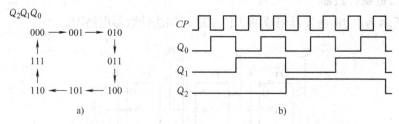

图4-7　异步3位二进制加法计数器状态转换图和时序图
a）状态转换图　b）时序图

6）逻辑功能描述。由表4-3可知，随着 CP 脉冲的输入，触发器输出 $Q_2Q_1Q_0$ 按二进制数规律递增，经过8个 CP 脉冲后电路回到初始状态。因此，该电路实现的是异步3位二进制加法计数，即模八进制计数器。

图4-8所示为由3个JK触发器构成的异步二进制减法计数器电路。与图4-6比较可知，只要将加法计数器中 FF$_1$、FF$_2$ 的时钟由低位触发器的 Q 端改接为 $\overline{Q}$ 端，则加法计数器便成为减法计数器。此时，触发器 FF$_1$ 状态的变化便发生在 $\overline{Q}_0\downarrow$（即 $Q_0\uparrow$）时刻，FF$_2$ 状态的变化发生在 $\overline{Q}_1\downarrow$（即 $Q_1\uparrow$）时刻。

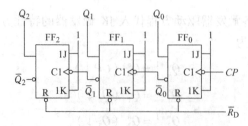

图4-8　异步3位二进制减法计数器电路图

按照与加法计数器相同的分析方法即可得到状态转换表（见表4-4），时序图如图4-9所示。

表4-4　异步3位二进制减法计数器状态转换表

CP	Q_2^n	Q_1^n	Q_0^n	Q_2^{n+1}	Q_1^{n+1}	Q_0^{n+1}
1	0	0	0	1	1	1
2	1	1	1	1	1	0
3	1	1	0	1	0	1
4	1	0	1	1	0	0
5	1	0	0	0	1	1
6	0	1	1	0	1	0
7	0	1	0	0	0	1
8	0	0	1	0	0	0

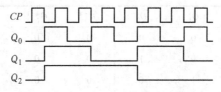

图4-9　异步3位二进制减法计数器时序图

2. 异步非二进制计数器

在非二进制计数器中，最常用的是十进制计数器，其他进制的计数器习惯上被称为任意进制计数器。非二进制计数器也有同步和异步，加、减和可逆计数器等各种类型，这里不再一一介绍，仅以8421码十进制异步计数器为例进行说明。

十进制计数器就是逢十进位的计数器。十进制计数器的编码方式（BCD码）有多种，最常用的是使用自然二进制码的前10个状态0000～1001来表示十进制数的0～9十个数码的8421BCD码。

通过反馈线和门电路来控制二进制计数器中某些触发器的输入端，以消去多余状态来构成十进制计数器。

图4-10所示电路是一个阻塞反馈异步十进制加法计数器电路，该电路具有向高位计数器进位功能。

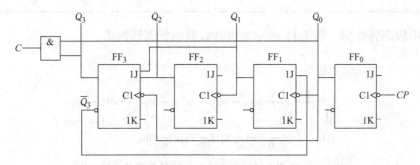

图4-10　阻塞反馈异步十进制加法计数器电路图

1）分析电路。从图4-10中可以看出，在触发器$FF_0 \sim FF_3$中，对FF_1的1J端（J_1）和FF_3的1J端（J_3）进行了控制，其中$J_1 = \overline{Q_3}$、$J_3 = Q_2 Q_1$，Q_0作为FF_3的CP输入信号，进位信号$C = Q_3 Q_0$。

2）求状态方程。根据各触发器的驱动方程，求出各触发器的状态方程为

$$
\begin{aligned}
Q_0^{n+1} &= \overline{Q_0^n}\ (CP\downarrow)\\
Q_1^{n+1} &= \overline{Q_3^n}\ \overline{Q_1^n}\ (Q_0\downarrow)\\
Q_2^{n+1} &= \overline{Q_2^n}\ (Q_1\downarrow)\\
Q_3^{n+1} &= Q_2^n Q_1^n\ \overline{Q_3^n}\ (Q_0\downarrow)
\end{aligned}
$$

3）列状态转换表。根据触发器的状态方程和计数器的输出方程，列出该计数器的状态转换表（见表4-5）。

表4-5　阻塞反馈异步十进制加法计数器状态转换表

CP	Q_3^n	Q_2^n	Q_1^n	Q_0^n	Q_3^{n+1}	Q_2^{n+1}	Q_1^{n+1}	Q_0^{n+1}	C
1	0	0	0	0	0	0	0	1	0
2	0	0	0	1	0	0	1	0	0
3	0	0	1	0	0	0	1	1	0
4	0	0	1	1	0	1	0	0	0
5	0	1	0	0	0	1	0	1	0
6	0	1	0	1	0	1	1	0	0
7	0	1	1	0	0	1	1	1	0
8	0	1	1	1	1	0	0	0	0
9	1	0	0	0	1	0	0	1	0
10	1	0	0	1	0	0	0	0	1
无效状态	1	0	1	0	1	0	1	1	0
	1	0	1	1	0	1	0	0	1
	1	1	0	0	1	1	0	1	0
	1	1	0	1	0	1	0	0	1
	1	1	1	0	1	1	1	1	0
	1	1	1	1	0	0	0	0	1

4）画出状态转换图。图4-11所示为该计数器的状态转换图。

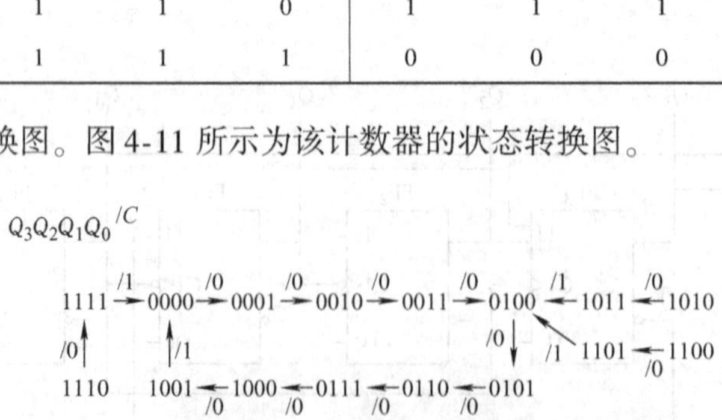

图4-11　阻塞反馈异步十进制加法计数器状态转换图

5）逻辑功能描述。从表4-5可以看出，该十进制计数器的有效状态为0000～1001，其他1010～1111六种状态为无效状态。不难分析，所有的无效状态均可以在CP脉冲作用下，自动返回到有效计数状态，该电路具有自启动功能。所谓自启动，是指若计数器由于某种原因进入无效状态后，在连续CP脉冲作用下，能自动从无效状态进入到有效计数状态。

4.2.2 同步计数器

1. 同步二进制计数器

由JK触发器组成的同步二进制计数器电路如图4-12所示。

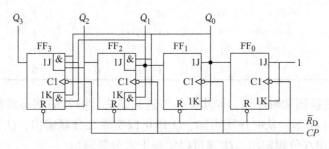

图4-12　同步二进制计数器电路图

分析过程如下：

1）写方程式。

驱动方程
$$\begin{cases} J_0 = K_0 = 1 \\ J_1 = K_1 = Q_0^n \\ J_2 = K_2 = Q_1^n Q_0^n \\ J_3 = K_3 = Q_2^n Q_1^n Q_0^n \end{cases}$$

2）求状态方程。将各触发器驱动方程代入JK触发器的特性方程 $Q^{n+1} = J\overline{Q}^n + \overline{K}Q^n$ 中，得到各触发器的状态方程为

$$Q_0^{n+1} = \overline{Q}_0^n$$

$$Q_1^{n+1} = \overline{Q}_1^n Q_0^n + Q_1^n \overline{Q}_0^n$$

$$Q_2^{n+1} = \overline{Q}_2^n Q_1^n Q_0^n + Q_2^n \overline{Q_1^n Q_0^n}$$

$$Q_3^{n+1} = \overline{Q}_3^n Q_2^n Q_1^n Q_0^n + Q_3^n \overline{Q_2^n Q_1^n Q_0^n}$$

3）列状态转换表。根据各触发器的状态方程列出状态转换表，见表4-6。

表4-6　同步4位二进制加法计数器状态转换表

CP	Q_3^n	Q_2^n	Q_1^n	Q_0^n	Q_3^{n+1}	Q_2^{n+1}	Q_1^{n+1}	Q_0^{n+1}
1	0	0	0	0	0	0	0	1
2	0	0	0	1	0	0	1	0
3	0	0	1	0	0	0	1	1
4	0	0	1	1	0	1	0	0
5	0	1	0	0	0	1	0	1

CP	Q_3^n	Q_2^n	Q_1^n	Q_0^n	Q_3^{n+1}	Q_2^{n+1}	Q_1^{n+1}	Q_0^{n+1}
6	0	1	0	1	0	1	1	0
7	0	1	1	0	0	1	1	1
8	0	1	1	1	1	0	0	0
9	1	0	0	0	1	0	0	1
10	1	0	0	1	1	0	1	0
11	1	0	1	0	1	0	1	1
12	1	0	1	1	1	1	0	0
13	1	1	0	0	1	1	0	1
14	1	1	0	1	1	1	1	0
15	1	1	1	0	1	1	1	1
16	1	1	1	1	0	0	0	0

4）画出状态转换图和时序图。同步 4 位二进制加法计数器的状态转换图和时序图分别如图 4-13 和图 4-14 所示。从时序图可知，Q_0 端可以实现二分频输出，Q_1 端可以实现四分频输出，Q_2 端可以实现八分频输出，Q_3 端可以实现十六分频输出。

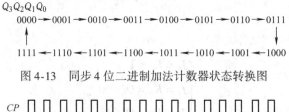

图 4-13　同步 4 位二进制加法计数器状态转换图

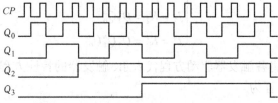

图 4-14　同步 4 位二进制加法计数器时序图

5）逻辑功能描述。由表 4-6 可知，该电路实现的是同步 4 位二进制加法计数，即模十六进制计数器。

图 4-15 所示为同步 4 位二进制减法计数器电路图。与图 4-12 比较可知，只要将加法计数器中 $FF_1 \sim FF_3$ 的 J、K 端由原来接低位触发器的 Q 端改接为 $\overline{Q}$ 端即可。

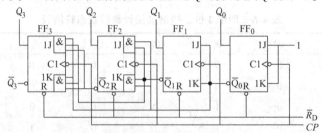

图 4-15　同步 4 位二进制减法计数器电路图

2. 同步非二进制计数器

同步非二进制计数器包括十进制计数器和其他进制计数器，其他进制计数器习惯上被称为任意进制计数器。这里主要介绍同步任意进制计数器的电路构成及其工作原理。

任意进制计数器是计数器的模 $M \neq 2^n$ 和 $M \neq 10$ 的计数器。在有些数字系统中，任意进制计数器也是常用到的，如七进制、十二进制、二十四进制及六十进制等。

图 4-16 所示为由 3 个 JK 触发器构成的同步计数器电路。

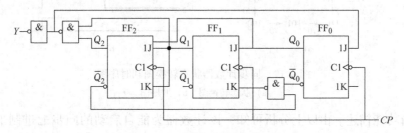

图 4-16　同步计数器电路图

图 4-16 电路分析如下：

1）写方程式：

驱动方程

$$\begin{cases} J_0 = \overline{Q_2^n Q_1^n}, \ K_0 = 1 \\ J_1 = Q_0^n, \ K_1 = \overline{Q_2^n} \ \overline{Q_0^n} \\ J_2 = Q_1^n Q_0^n, \ K_2 = Q_1^n \end{cases}$$

输出方程

$$Y = Q_2^n Q_1^n$$

2）求状态方程。将各触发器驱动方程代入 JK 触发器的特性方程 $Q^{n+1} = J\overline{Q^n} + \overline{K}Q^n$ 中，得到各触发器的状态方程为

$$Q_0^{n+1} = \overline{Q_2^n Q_1^n} \ \overline{Q_0^n}$$

$$Q_1^{n+1} = Q_0^n \overline{Q_1^n} + \overline{Q_2^n} \overline{Q_0^n} Q_1^n$$

$$Q_2^{n+1} = \overline{Q_2^n} Q_1^n Q_0^n + Q_2^n \overline{Q_1^n}$$

3）列状态转换表。根据各触发器的状态方程列出状态转换表（见表 4-7）。

表 4-7　同步计数器状态转换表

CP	Q_2^n	Q_1^n	Q_0^n	Q_2^{n+1}	Q_1^{n+1}	Q_0^{n+1}	Y
1	0	0	0	0	0	1	0
2	0	0	1	0	1	0	0
3	0	1	0	0	1	1	0
4	0	1	1	1	0	0	0
5	1	0	0	1	0	1	0
6	1	0	1	1	1	0	0
7	1	1	0	0	0	0	1
无效状态	1	1	1	0	0	0	1

4）画出状态转换图和时序图。由表 4-7 可画出该计数器的状态转换图和时序图，如图 4-17 所示。

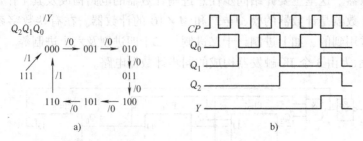

图 4-17　同步计数器状态转换图和时序图
a）状态转换图　b）时序图

5）逻辑功能描述。由以上分析可知，该计数器为能自启动的同步七进制加法计数器，Y 代表进位信号，每循环一次，输出一个进位脉冲。

4.2.3　集成计数器

集成计数器产品的类型有很多，表 4-8 列出了几种常用的 TTL 型中规模异步计数器。由于集成计数器功耗低、功能灵活、体积小，所以在一些小型数字系统中得到了广泛应用。使用集成计数器重要的是掌握器件外部性能、参数、引脚排列及功能，了解功能表就能够初步掌握集成计数器的使用方法。

表 4-8　几种常用的 TTL 型中规模异步计数器

型　号	计数模式	清 0 方式	预置数方式	工作条件/MHz
74LS90	二-五-十进制加法	异步（高电平）	异步置 9（高电平）	32
74LS290	二-五-十进制加法	异步（高电平）	异步置 9（高电平）	32
74LS196	二-五-十进制加法	异步（低电平）	异步（低电平）	30
74LS390	双二-五-十进制加法	异步（高电平）	异步置 9（高电平）	32
74LS293	二-八-十六进制加法	异步（高电平）	无	32
74LS160	十进制加法	异步（低电平）	同步（低电平）	25
74LS161	4 位二进制加法	异步（低电平）	同步（低电平）	25
74LS162	十进制加法	同步（低电平）	同步（低电平）	25
74LS163	4 位二进制加法	同步（低电平）	同步（低电平）	25
74LS190	十进制可逆	异步（低电平）	异步（低电平）	20
74LS191	4 位二进制加法	无	异步（低电平）	10

下面以几种常用的集成计数器为例介绍它们的逻辑功能和主要应用。

1. 异步集成计数器 74LS290

74LS290 是二-五-十进制异步加法计数器，它的结构框图如图 4-18 所示，由图可知，74LS290 可看成是由独立的一个模二进制计数器和一个模五进制计数器构成的。其引脚图和逻辑符号如图 4-19 所示。

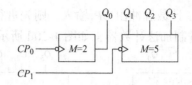

图 4-18   74LS290 结构框图

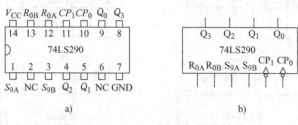

图 4-19   74LS290 引脚图和逻辑符号

a）引脚图   b）逻辑符号

（1）74LS290 逻辑功能

74LS290 的逻辑功能见表 4-9。

表 4-9   74LS290 逻辑功能表

输　入					输　出			
R_{0A}	R_{0B}	S_{9A}	S_{9B}	CP	Q_3	Q_2	Q_1	Q_0
1	1	0	×	×	0	0	0	0
1	1	×	0	×	0	0	0	0
×	×	1	1	×	1	0	0	1
×	0	×	0	↓	计数			
0	×	0	×	↓	计数			
×	0	0	×	↓	计数			
0	×	×	0	↓	计数			

由功能表 4-9 可知，74LS290 有如下功能：

1）异步清零。当 R_{0A}、R_{0B} 均为高电平，S_{9A}、S_{9B} 有低电平时，计数器清 0，即 $Q_3Q_2Q_1Q_0 = 0000$。

2）异步置 9。当 S_{9A}、S_{9B} 均为高电平时，无论其他输入端的状态如何，计数器置 9，即 $Q_3Q_2Q_1Q_0 = 1001$。

3）计数功能。当 R_{0A}、R_{0B} 中有低电平且 S_{9A}、S_{9B} 中有低电平时，计数器处于计数功能。

（2）74LS290 的基本工作方式

1）二进制计数器。若计数脉冲由 CP_0 输入、由 Q_0 输出，则构成 1 位二进制计数器，如图 4-20a 所示。

2）五进制计数器。若计数脉冲由 CP_1 输入、由 $Q_3Q_2Q_1$ 输出，则构成异步五进制计数器，如图 4-20b 所示。

3）十进制计数器。若将 Q_0 端与 CP_1 连接，计数脉冲由 CP_0 输入，则先进行二进制计数，再进行五进制计数，即构成 8421 码异步十进制计数器，如图 4-20c 所示。

4）若将 Q_3 端与 CP_0 相连，计数脉冲由 CP_1 输入，则先进行五进制计数，再进行二进制计数，即构成 5421 码异步十进制加法计数器，如图 4-20d 所示。

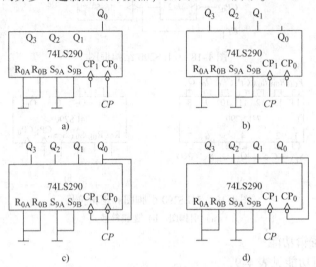

a)

b)

c)

d)

图 4-20　74LS290 的基本工作方式

a) 1 位二进制计数器　b) 五进制计数器　c) 8421 码异步十进制计数器　d) 5421 码异步十进制加法计数器

（3）应用举例

利用中规模集成计数器 74LS290 外加适当的门电路可以构成任意进制计数器，其构成方法有两种：一种是反馈清 0 法（复位法），另一种是反馈置数法。74LS290 具有异步清 0 和异步置 9 两种控制端，故可采用这两种方法。

反馈清 0 法是通过异步清零端来实现任意模值计数的。以 0 为起始状态，若构成模 M 的计数器，则计数到 M 状态时，使之产生清 0 脉冲并立即清 0，有效状态为 $0 \sim (M-1)$。M 状态出现的时间很短，只是用来产生清 0 信号，因此 M 为过渡状态。

反馈置 9 法是通过异步置 9 端来实现任意模值计数的。以 9 为起始状态，按 9、0、1、$\cdots$、$(M-2)$ 计数，若构成模 M 计数器，则计数到 $(M-1)$ 状态时，使之产生置 9 脉冲并立即置 9，有效状态为 9、0、1、$\cdots$、$(M-2)$，而 $(M-1)$ 为过渡状态。

1）用反馈清 0 法构成十进制以内任意进制计数器。利用 74LS290 的清零端可方便构成十进制以内（除二、五进制）的任一进制计数器。图 4-21 所示为利用 74LS290 构成的七进制计数器。图中，计数脉冲从 74LS290 的 CP_0 加入，Q_0 接 CP_1，并将 Q_2、Q_1、Q_0 通过一个与门反馈到置零输入端 R_{0A}、R_{0B}。在计数脉冲作用下，当计数到 0111 状态时，$Q_2Q_1Q_0$ 通过与门反馈使 R_{0A}、R_{0B} 均为高电平，计数器迅速复位到 0000 状态。改变与门的输入信号，可以构成十以内不同进制的计数器。

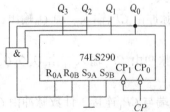

图 4-21　74LS290 构成七进制计数器

2）用反馈清0法构成大容量计数器。单片74LS290只能构成$M \leqslant 10$的计数器，要构成$M > 10$的计数器，则需要多片74LS290。图4-22所示为用两片74LS290构成的二十四进制加法计数器。

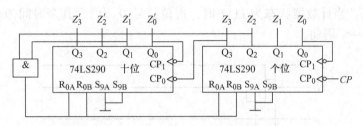

图4-22 74LS290构成二十四进制加法计数器

2. 同步集成计数器74LS161

（1）74LS161的引脚图、逻辑符号及逻辑功能

74LS161是具有多种功能的集成同步4位二进制计数器，其引脚图如图4-23所示，逻辑符号如图4-24所示，逻辑功能见表4-10。

图4-23 74LS161引脚图

图4-24 74LS161逻辑符号

表4-10 74LS161逻辑功能表

输　　入									输　　出			
$\overline{R}_D$	$\overline{LD}$	EP	ET	CP	D	C	B	A	Q_D	Q_C	Q_B	Q_A
0	×	×	×	×	×	×	×	×	0	0	0	0
1	0	×	×	↑	d	c	b	a	d	c	b	a
1	1	0	×	×	×	×	×	×	保持			
1	1	×	0	×	×	×	×	×	保持			
1	1	1	1	↑	×	×	×	×	计数			

由表4-11可知，74LS161具有以下功能：

1）异步清零。当$\overline{R}_D = 0$，计数器输出将被直接置零（$Q_D Q_C Q_B Q_A = 0000$），称为异步清零。

2）同步并行预置数。当$\overline{R}_D = 1$、$\overline{LD} = 0$时，在输入脉冲CP上升沿的作用下，并行输入端的数据$dcba$被置入计数器的输出端，即$Q_D Q_C Q_B Q_A = dcba$。

3）保持。当$\overline{R}_D = \overline{LD} = 1$、$EP = 0$、$ET = 1$时，则计数器保持原状态不变。这时，如果$EP = 0$、$ET = 1$，则进位信号$O_C$（$O_C = Q_D Q_C Q_B Q_A ET$）保持不变；如果$ET = 0$，则无论$EP$状态如何，进位信号$O_C = 0$。

4）计数。当$\overline{R_D} = \overline{LD} = EP = ET = 1$时，在$CP$端输入计数脉冲，计数器进行二进制加法计数。

图4-25所示为74LS161的时序图，由时序图可以清楚地看出电路的逻辑功能和各控制信号之间的关系。当计数器状态为1111时，进位信号O_C为1，其余时间为0，其正常脉冲宽度等于CP的一个周期。

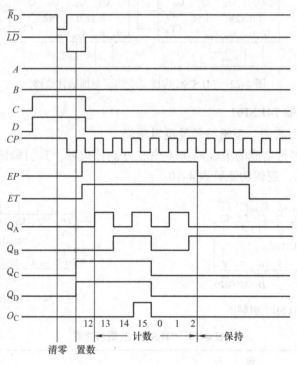

图4-25 74LS161的时序图

（2）应用举例

1）实现同步二进制加法计数器。只要使$\overline{R_D} = \overline{LD} = EP = ET = 1$，电路则构成4位同步二进制加法计数器。

2）构成十六进制以内的任意进制加法计数器。利用74LS161的异步清零端$\overline{R_D}$和同步置数端$\overline{LD}$可以构成十六进制以内的任意进制加法计数器。

① 清零法构成十六进制以内的任意进制计数器。图4-26所示为利用74LS161构成的十进制计数器电路。图中，计数脉冲从74LS161的Q_D、Q_B端通过一个与非门反馈到清零端$\overline{R_D}$，在计数脉冲作用下，当计数到1010状态时，Q_D、Q_B通过与非门反馈使$\overline{R_D}$端为低电平，计数器迅速复位到0000状态；之后，$\overline{R_D}$端的清零号消失，74LS161重新从0000状态开始新的计数周期。显然，在该计数器中，1010状态存在的时间极短（通常只有10ns），所以，可认为实际出现的计数状态只有0000~1001十种，故为十进制计数器。

② 置数法构成十六进制以内的任意进制计数器。如图4-27a所示，将进位输出端O_C经反相器连到$\overline{LD}$端，且预置数输入端接成0110，则可构成十进制计数器。当计数器的状

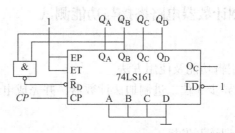

图 4-26　74LS161 清零法构成十进制计数器电路图

态 $Q_D Q_C Q_B Q_A$ 为 1111 时，$O_C = 1$ 使 $\overline{LD} = 0$，且 CP 脉冲上升沿到来时，计数器将置为 0110 状态，然后又从 0110 状态开始计数。可以看出，计数器是按 0110 ~ 1111 的顺序实现十进制计数的。图 4-27b 所示为计数器的状态转换图。改变预置数输入端 A、B、C、D 的状态，可以构成其他进制计数器。

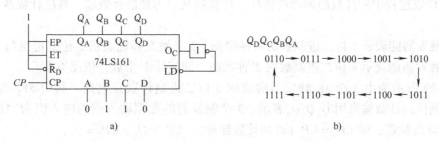

图 4-27　74LS161 置数法构成十进制计数器
a）逻辑电路图　b）状态转换图

上面介绍的用 74LS161 构成的计数器不是从 0 开始计数的，如果需要构成从 0 开始计数的计数器，则需要外加一个与非门，预置数据输入端接成全 0，并加上适当的反馈信号就可构成从 0 开始计数的任意进制计数器。

图 4-28 所示为采用 74LS161 构成的从 0 开始计数的 8421BCD 码十进制计数器电路。不难看出，当计数器从 0000 状态计到 1001 状态时，$\overline{LD} = 0$，在下一个 CP 脉冲上升沿到来时，计数器将变为 0000 状态，从而实现了从 0000 ~ 1001 的十进制计数。改变与非门的输入信号，可以实现不同进制的计数器。

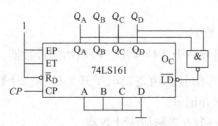

图 4-28　74LS161 置数法构成从 0 开始计数的计数器电路

利用多片 74LS161 也可以构成大容量计数器，读者可以自行分析。

技能训练1　3位二进制计数器电路搭接与功能测试

1. 训练目标

1）掌握 JK 触发器的逻辑功能及使用方法。

2）使用74LS112构成异步3位二进制加法计数器，并完成电路功能测试。

2. 训练器材

1）数字电子技术技能训练开发板。

2）集成电路74LS00、74LS112、杜邦线若干。

3. 训练电路原理

计数器种类有很多，根据计数脉冲输入方式的不同，计数器可分为同步计数器和异步计数器。

根据计数进制的不同，计算器又可分为二进制、十进制和任意进制计数器。

根据计数过程中所计数的递增或递减，计算器又分为加法计数器、减法计数器和可逆计数器。

1 个触发器能表示 1 位二进制数的两种状态，2 个触发器能表示 2 位二进制数的 4 种状态，n 个触发器能表示 n 位二进制数的 2^n 种状态，即能计 2^n 个数，依此类推。

图 4-29 所示为由 3 个 JK 触发器构成的 3 位二进制计数器电路。其中 FF_2 为最高位，FF_0 为最低位，计数输出用 $Q_2Q_1Q_0$ 表示。3 个触发器的数据输入端的输入恒为"1"，因此均工作在计数状态，而 $CP_0 = CP$（外加计数脉冲）、$CP_1 = Q_0$、$CP_2 = Q_1$。

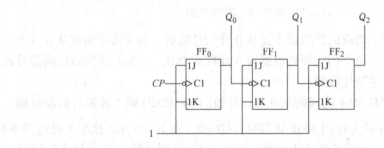

图 4-29　3 位二进制计数器电路

4. 训练内容和步骤

（1）异步二进制加法计数器

按图 4-29 所示接线，组成一个 3 位异步二进制加法计数器，CP 信号可利用数字逻辑实验箱上的单脉冲发生器，清零信号 $\overline{R_D}$ 由逻辑电平开关控制，计数器的输出信号接 LED 电平显示器，按表 4-11 进行测试并记录。

（2）用 JK 触发器设计一个五进制加法计数器

在预习时画出用 JK 触发器构成的五进制加法计数器的逻辑电路图。按照步骤（1）所述内容进行测试，参考表 4-11，自拟表格，将实验结果记入表中。

表 4-11　测试结果记录表

$\overline{R}_D$	$\overline{S}_D$	CP	Q_2	Q_1	Q_0	十进制数
0	×	×				
×	0	×				
		0	0	0	0	0
		1				
		2				
		3				
1	1	4				
		5				
		6				
		7				
		8				

（3）设计一个异步二进制减法计数器

绘制用 JK 触发器构成的 3 位异步二进制减法计数器的逻辑电路图。按图接线，然后根据步骤（1）所述内容进行测试。参考表 4-11，自拟表格，将测试结果记入表中。

5. 训练报告要求

1）绘制测试电路，整理测试结果，列表说明。

2）比较二进制加/减法计数器的异同点。

技能训练 2　74LS161 构成十二进制计数器及功能验证

1. 训练目标

1）掌握 74LS161 各引脚功能及使用方法，着重熟悉 $\overline{R}_D$ 和 $\overline{LD}$ 的功能。

2）能熟练使用 74LS161 构成十二进制计数器，并完成功能测试。

2. 训练器材

1）数字电子技术技能训练开发板。

2）集成电路 74LS00、74LS161，杜邦线若干。

3. 训练内容和步骤

1）参考表 4-12，自拟表格验证 74LS161 的逻辑功能。

表 4-12　74LS161 逻辑功能表

输　入									输　出			
$\overline{R}_D$	$\overline{LD}$	ET	EP	CP	D_3	D_2	D_1	D_0	Q_3	Q_2	Q_1	Q_0
0	×	×	×	×	×	×	×	×	0	0	0	0
1	0	×	×	↑	d_3	d_2	d_1	d_0	d_3	d_2	d_1	d_0
1	1	1	1	↑	×	×	×	×		计数		
1	1	0	×	×	×	×	×	×		保持		
1	1	×	0	×	×	×	×	×		保持		

2）用74LS161及辅助门电路构成一个 N 任意进制计数器：

① 利用异步置0端 $\overline{R}_D$。

② 利用同步置数端 $\overline{LD}$，从0000开始计数。

③ 利用同步置数端 $\overline{LD}$，到1111结束。

④ 利用同步置数端 $\overline{LD}$，从某一状态 $DCBA$ 开始，到另一状态 $D_1C_1B_1A_1$ 结束（例如，从0001开始，到1010结束的10进制）。

以 $N=10$ 为例，请在预习时分别设计相应电路，自行拟出训练步骤，列出表述其功能的计数状态顺序表（参照表4-13），记录测试数据。可利用LED译码显示电路指示输出状态。

表4-13　测试结果记录表

CP	Q_3	Q_2	Q_1	Q_0	十进制数
0					
1					
⋮					
$N-1$					
N					

4. 训练报告要求

1）整理测试结果，以 $N=10$ 为例，分别画出电路图，列出计数状态顺序表，画出工作波形。

2）思考：74LS161的置0端和置数端的工作情况有何不同？

任务4.3　寄存器

寄存器是数字电路中的一个重要逻辑部件，主要用来存放数码、运算结果或指令。寄存器主要由触发器构成，1个触发器可以存储1位二进制数码，n 个触发器可存放 n 位二进制数码。

寄存器按功能可分为数码寄存器和移位寄存器两大类。

4.3.1　数码寄存器

数码寄存器具有接收、存放和输出数码的功能。由于触发器具有两种稳定状态，用它的0状态和1状态可分别代表1位二进制数的0与1，则1个触发器就可寄存1位二进制数码，因此用多个触发器适当地配合一些控制电路就可寄存多位二进制数码了。

1. 由D触发器构成数码寄存器

图4-30所示用边沿D触发器74HC175组成的4位寄存器电路图。图中，$\overline{R}_D$ 为清零端，CP 是送数脉冲控制端，$D_0 \sim D_3$ 为并行数码输入端，$Q_0 \sim Q_3$ 为并行数码输出端。

电路的工作原理：

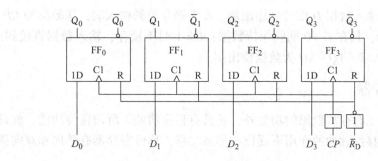

图 4-30 4 位寄存器电路图

当 $\overline{R}_D = 0$ 时，各触发器实现异清零，此时 $Q_3 Q_2 Q_1 Q_0 = 0000$。

当 $\overline{R}_D = 1$ 且 CP 脉冲上升沿到来时，并行数据输入端的数码 $D_0 \sim D_3$ 被并行置入 4 个触发器中，触发器更新输出状态，此时 $Q_3 Q_2 Q_1 Q_0 = D_3 D_2 D_1 D_0$。

上述寄存器工作时需要经清零与送数、取数两个节拍，所以称为双拍接收数码寄存器。

2. 由锁存器构成的数码寄存器

所谓锁存器，是由若干个钟控 D 触发器构成的一次存储多位二进制数码的时序逻辑电路。由锁存器组成的数码寄存器与由 D 触发器组成的数码寄存器的区别在于：锁存器的送数脉冲为使能信号（电平信号），当使能信号到来时，输出随输入数码的变化而变化，相当于输入信号直接加在输出端；当使能信号结束后，输出状态将保持不变。

由集成锁存器组成的数码寄存器，常见的有八 D 型锁存器 74LS373 等。74LS373 的引脚图和逻辑符号如图 4-31 所示，其逻辑功能见表 4-14。

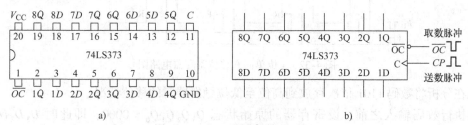

图 4-31 八 D 型锁存器 74LS373

a) 引脚图 b) 逻辑符号

表 4-14 八 D 型锁存器 74LS373 逻辑功能表

输 入			输 出
$\overline{OC}$	C	D	Q
0	1	1	1
0	1	0	0
0	0	×	保持
1	×	×	高阻

由表 4-14 可知，$\overline{OC}$ 为三态控制端（低电平有效）：

当 $\overline{OC} = 1$ 时，8 个输出端均为高阻状态。

当 $\overline{OC}=0$ 时，输入数据 D 能传到输出端。C 为锁存控制输入端，送数脉冲 CP 从 C 端加入，$CP\downarrow$ 锁存数据，且在 $C=0$ 期间保持数据；$C=1$ 时不锁存，输入数据直接到达输出端。$1D\sim 8D$ 为数据输入端，$1Q\sim 8Q$ 为数据输出端。

4.3.2 移位寄存器

移位寄存器除了有存放数码的功能外，还具有移位功能。所谓移位功能，就是指寄存器中所存数据可以在移位脉冲的作用下逐位右移或左移。移位寄存器有单向和双向移位寄存器两类。

1. 单向移位寄存器

单向移位寄存器是指仅具有右移或左移功能的移位寄存器。

（1）右移位寄存器

图 4-32 所示为由 D 触发器组成的 4 位右移位寄存器电路，图中，各触发器前一级的输出端 Q 依次连接到下一级的数据输入端 D，数码从第一级触发器 FF_0 输入；D_{SR} 为串行输入端，$Q_3\sim Q_0$ 为并行输出端，Q_3 为串行输出端。各触发器的置 0 端 $\overline{R}_D$ 全部连在一起，在接收数码前，从 $\overline{R}_D$ 端输入一个负脉冲把各触发器置为 0 状态。

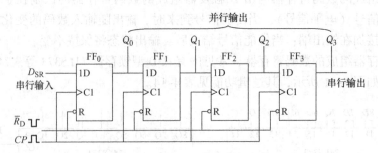

图 4-32　4 位单向右移位寄存器电路图

现在分析将数码 1101 依次存放到高位至低位触发器时的移位情况。

在执行数码输入之前，设寄存器的原始状态 $Q_3 Q_2 Q_1 Q_0 = 0000$，即此时 $D_3 D_2 D_1 D_0 = 0000$。输入数码时先送入最高位数码，当第 1 个 $CP\uparrow$ 到达时，根据各触发器的次态方程：$Q_0^{n+1}=D_{SR}$、$Q_1^{n+1}=Q_0^n$、$Q_2^{n+1}=Q_1^n$、$Q_3^{n+1}=Q_2^n$ 可知，输出状态变为 $Q_3 Q_2 Q_1 Q_0 = 0001$；当第 2 个 $CP\uparrow$ 到达时，$Q_3 Q_2 Q_1 Q_0 = 0011$，依次类推，当第 4 个 $CP\uparrow$ 后，$Q_3 Q_2 Q_1 Q_0 = 1101$。这时并行输出端的数码与输入的数码相对应，完成了将 4 位数码由串行输入转换为并行输出的过程。这样，再经过 4 个 CP 脉冲后，电路也可以从 Q_3 端串行输出 1101。

上述右移位寄存器的状态可用表 4-15 来表示。

表 4-15　4 位右移位寄存器状态表

CP	D_{SR}	Q_0	Q_1	Q_2	Q_3
0	×	0	0	0	0
1	1	1	0	0	0
2	1	1	1	0	0
3	0	0	1	1	0

CP	D_{SR}	Q_0	Q_1	Q_2	Q_3
4	1	1	0	1	1
5	0	0	1	0	1
6	0	0	0	1	0
7	0	0	0	0	1
8	0	0	0	0	0

4 位右移位寄存器的时序图如图 4-33 所示。从图中可以得到，右移位寄存器的高位触发器的波形相当于在低位触发器波形基础上向右边移动了一个脉冲。

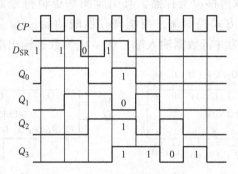

图 4-33　4 位右移位寄存器的时序图

（2）左移位寄存器

图 4-34 所示为由 D 触发器组成的 4 位左移位寄存器电路，图中，各触发器前一级的数据输入端 D 依次连接到后一级的输出端 Q，数码从最后一级触发器 FF_3 输入，D_{SL} 为串行输入端。

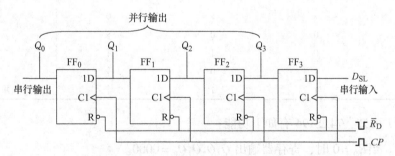

图 4-34　4 位左移位寄存器电路图

要将数码 1101 依次存放到高位至低位触发器，D_{SL} 端输入数码的情况与寄存器移位情况读者可以自行分析。

在单向移位寄存器的基础上，增加门电路组成的控制电路，就可以构成既能实现左移又能实现右移的双向移位寄存器。

2. 集成移位寄存器

中规模集成移位寄存器的种类很多，表 4-16 列出了几种常用的集成移位寄存器及其基本特点。由表可见，中规模集成移位寄存器的功能主要从它的位数、输入方式、输出方式以及移位方式来区分。

表 4-16　几种常用的集成移位寄存器及其特点

型　号	位　数	输入方式	数据输入端	输出方式	移位方式
74LS164	8	串	$D = AB$	并、串	单向右移
74LS165	8	并、串	D	互补串行	单向右移
74LS166	8	并、串	D	串	单向右移
74LS194	4	并、串	S_R、S_L	并、串	双向移位、可保持
74LS195	4	并、串	D、J、$\overline{K}$	并、串	单向右移、可保持

74LS194 是 4 位集成双向移位寄存器，其引脚图和逻辑符号如图 4-35 所示。图中，$\overline{R}_D$ 为清零端；M_1、M_0 为工作方式控制端，控制寄存器的功能；D_{SL} 为左移数据输入端；D_{SR} 为右移数据输入端；$D_0 \sim D_3$ 为并行数据输入端；$Q_0 \sim Q_3$ 为数据输出端，其逻辑功能见表 4-17。

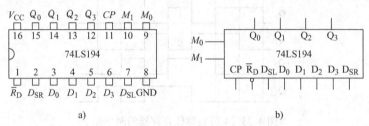

a)　　　　　　　　　　b)

图 4-35　74LS194 的引脚图和逻辑符号

a）引脚图　b）逻辑符号

表 4-17　74LS194 逻辑功能表

$\overline{R}_D$	M_1	M_0	CP	功　能
0	×	×	×	清零
1	×	×	0	保持
1	0	0	×	保持
1	0	1	↑	右移
1	1	0	↑	左移
1	1	1	↑	并行送数

由表 4-17 可知，74LS194 有如下功能：

1）清零。当 $\overline{R}_D = 0$ 时，寄存器输出 $Q_3 Q_2 Q_1 Q_0 = 0000$。

2）保持。当 $\overline{R}_D = 1$、$CP = 0$ 或 $M_1 M_0 = 00$ 时，移位寄存器均具有保持功能。

3）右移。当 $\overline{R}_D = 1$、$M_1 M_0 = 01$ 时，在 $CP \uparrow$ 作用下，执行右移功能，D_{SR} 端输入的数码依次送入寄存器。

4）左移。当 $\overline{R}_D = 1$、$M_1 M_0 = 10$ 时，在 $CP \uparrow$ 作用下，执行左移功能，D_{SL} 端输入的数码依次送入寄存器。

5）并行送数。当 $\overline{R}_D = 1$、$M_1 M_0 = 11$ 时，在 $CP \uparrow$ 作用下，使并行输入端的数码（$D_0 \sim D_3$）送入寄存器，并从输出端（$Q_0 \sim Q_3$）直接并行输出。

4 位双向移位寄存器 74LS194 是一种常用的、功能较强的中规模集成电路，与它逻辑功能和引脚排列都兼容的芯片有 CC40194、CC4022、74LS198 等。

3. 移位寄存器的应用

作为一种重要的逻辑部件，寄存器的应用是多方面的，下面仅通过寄存器构成顺序脉冲发生器为例，介绍寄存器在数字电路中的典型应用。

顺序脉冲是指在每个循环周期内，在时间上按一定先后顺序排列的脉冲信号。产生顺序脉冲信号的电路称为顺序脉冲发生器。在数字系统中常用来控制某些设备按照事先规定的顺序进行运算或操作。

双向移位寄存器 74LS194 构成的顺序脉冲发生器电路如图 4-36a 所示，图中，74LS194 接成左移方式，其左移串行输入信号取自 Q_0，异步清零端 $\overline{R}_D$ 接高电平 1。

工作开始前，因为 $D_0D_1D_2D_3 = 0001$、$M_1M_0 = 11$，故当 $CP\uparrow$ 到来时，电路执行并行送数功能，使输出状态 $Q_0Q_1Q_2Q_3 = 0001$。然后将 M_0 改接成低电平 0，使 $M_1M_0 = 10$，电路执行左移操作：当第 1 个 $CP\uparrow$ 到来时，$Q_0Q_1Q_2Q_3$ 变成 0010；当第 2 个 $CP\uparrow$ 到来时，$Q_0Q_1Q_2Q_3$ 变成 0100；当第 3 个 $CP\uparrow$ 到来时，$Q_0Q_1Q_2Q_3$ 变成 1000；由于 Q_0 与 D_{SL} 相连，在第 4 个 $CP\uparrow$ 到来时，$Q_0Q_1Q_2Q_3$ 又变成 0001。这样，随着移位脉冲 CP 的输入，数据从 $Q_3 \rightarrow Q_2 \rightarrow Q_1 \rightarrow Q_0 \rightarrow Q_3$ 不断重复左移，可由 $Q_3 \sim Q_0$ 端依次输出顺序脉冲，其时序图如图 4-36b 所示。

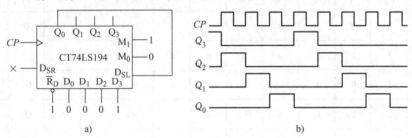

a) b)

图 4-36 74LS194 构成的顺序脉冲发生器
a）电路图 b）时序图

若用输出 Q 端控制灯泡，同时改变 $D_0D_1D_2D_3$ 的值和移位的方式，就可构成不同组合和旋转方向的彩灯循环控制器。

技能训练 74LS194 构成循环电路及功能验证

1. 训练目标

1）掌握 74LS194 引脚功能及使用方法。

2）完成用 74LS194 构成循环电路的搭接，并能进行功能测试。

2. 训练器材

1）数字电子技术技能训练开发板。

2）74LS194 集成电路、电阻、杜邦线若干。

3. 训练内容和步骤

（1）测试 74LS194 的逻辑功能

本训练选用的 4 位双向通用移位寄存器，型号为 74LS194（或 CC40194），两者功能相同，可互换使用，其引脚图如图 4-37 所示。

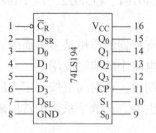

图 4-37　74LS194 引脚图

图中，$D_0 \sim D_3$ 为并行输入端，$Q_0 \sim Q_3$ 为并行输出端；D_{SR} 为右移串行输入端，D_{SL} 为左移串行输入端；S_1、S_0 为操作模式控制端；$\overline{C}_R$ 为直接清零端；CP 为时钟脉冲输入端。S_1、S_0 和 $\overline{C}_R$ 的控制作用见表 4-18。

表 4-18　74LS194 逻辑功能表

功　能	输　入										输　出			
	CP	$\overline{C}_R$	S_1	S_0	D_{SR}	D_{SL}	D_0	D_1	D_2	D_3	Q_0	Q_1	Q_2	Q_3
清零	×	0	×	×	×	×	×	×	×	×	0	0	0	0
送数	↑	1	1	1	×	×	a	b	c	d	a	b	c	d
右移	↑	1	0	1	D_{SR}	×	×	×	×	×	D_{SR}	Q_0	Q_1	Q_2
左移	↑	1	1	0	×	D_{SL}	×	×	×	×	Q_1	Q_2	Q_3	D_{SL}
保持	↑	1	0	0	×	×	×	×	×	×	Q_0^n	Q_1^n	Q_2^n	Q_3^n
保持	↓	1	×	×	×	×	×	×	×	×	Q_0^n	Q_1^n	Q_2^n	Q_3^n

根据图 4-37 的 74LS194 引脚图接线，参照表 4-18 自拟表格验证 74LS194 的逻辑功能。

（2）构成环形计数器

把移位寄存器的输出反馈到它的串行输入端，即可进行右循环移位，如图 4-38 所示。

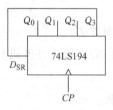

图 4-38　环形计数器电路

（3）功能测试

自行绘制测试电路用并行送数法预置寄存器为二进制数码（如 0100），然后进行右移循环，观察寄存器输出端状态的变化，记入表 4-19 中。

表 4-19　测试结果记录表

CP	Q_0	Q_1	Q_2	Q_3
0	0	1	0	0
1				
2				
3				
4				

（4）实现数据的串/并行转换

用两片74LS194（4位双向移位寄存器）组成的7位串/并行转换电路，如图4-39所示。

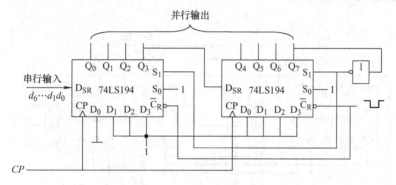

图4-39　7位串/并行转换电路

按图4-39连接电路，进行右移串行输入和并行输出功能测试。串入数码自定，观察输出端状态的变化，记入表4-20中（改接线路用左移的方式实现串行输入和并行输出，自拟表格验证）。

表 4-20　测试结果记录表

CP	Q_0	Q_1	Q_2	Q_3	Q_4	Q_5	Q_6	Q_7	说　明
0	0	0	0	0	0	0	0	0	清零
1	0	1	1	1	1	1	1	1	送数
2									
3									
4									
5									
6									
7									
8									
9									

4. 训练报告要求

1）整理测试数据，分析测试结果，总结移位寄存器的逻辑功能。

2）分析串/并行转换电路所得结果的正确性。

知识拓展　寄存器和计数器的综合应用

寄存器和计数器结合在一起，可以实现定时和控制电路。这里以汽车尾灯控制电路来说明寄存器和计数器的综合应用。

汽车在夜间行驶过程中，其尾灯的变化规律如下：正常行驶时，车后 6 只尾灯全部亮；左转弯时，左边 3 只尾灯依次从右向左循环闪动，右边 3 只尾灯熄灭；右转弯时，右边 3 只尾灯依次从左向右循环闪动，左边 3 只尾灯熄灭；当车辆停车时，6 只灯一明一暗同时闪动。图 4-40 所示是实现这种控制功能的一种电路。其中，L、R 状态表示汽车的行驶状态，其值由用户通过控制器设置。

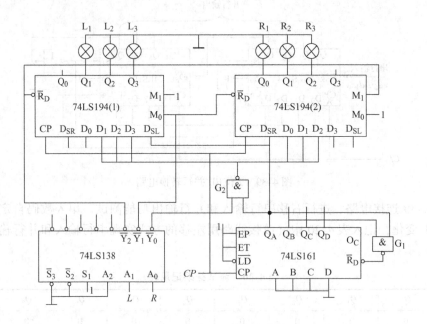

图 4-40　汽车尾灯控制电路

图 4-40 所示电路的工作原理如下：

1）计数器 74LS161 工作过程。图 4-40 中 74LS161 采用清零法构成模三进制计数器。由 74LS161 的逻辑功能可知，Q_A 端输出是按 "001001001…" 规律变化的序列信号。

2）汽车正常行驶时。$L=0$、$R=0$，译码器 74LS138 的输出 $\overline{Y}_0=0$，$\overline{Y}_1=\overline{Y}_2=1$，则两片 74LS194 的 $M_1M_0=11$，进行置数操作。由于 G_2 输出为 1，所以 74LS194（1）的 $Q_3Q_2Q_1$ 与 74LS194（2）的 $Q_2Q_1Q_0$ 均为 111，6 只尾灯全亮。

3）汽车左转弯时。$L=0$、$R=1$，这时 74LS138 的输出 $\overline{Y}_1=0$、$\overline{Y}_0=\overline{Y}_2=1$，则 74LS194（2）的 $\overline{R}_D=0$，其 $Q_2Q_1Q_0=000$，右灯 R_1、R_2、R_3 全部熄灭；而 74LS194（1）的 $M_1M_0=10$，将进行左移操作，其左移串行输入端 D_{SL} 的数码来自计数器 74LS161 的 Q_A 端的 "001001001…" 序列信号。故 $Q_3Q_2Q_1$ 的变化规律为 100→010→001→100→…（假设初始状态为 100），所以汽车左转时其尾灯按 L_1→L_2→L_3→L_1→…规律变化。

4) 汽车右转弯时。$L=1$、$R=0$，这时 74LS138 的输出 $\overline{Y}_2=0$、$\overline{Y}_0=\overline{Y}_1=1$，则 74LS194 (1) 的 $\overline{R}_D=0$，其 $Q_3Q_2Q_1=000$，左灯 L_1、L_2、L_3 全部熄灭；而 74LS194 (2) 的 $M_1M_0=01$，将进行右移操作，其右移串行输入端 D_{SR} 的数码也来自计数器 74LS161 的 Q_A 端的 "001001001…" 序列信号。故 $Q_0Q_1Q_2$ 的变化规律为 $100\rightarrow010\rightarrow001\rightarrow100\rightarrow\cdots$ （假设初始状态为 100），所以汽车右转时，其尾灯按 $R_1\rightarrow R_2\rightarrow R_3\rightarrow R_1\rightarrow\cdots$ 规律变化。

5) 汽车停车时。$L=1$、$R=1$，这时 74LS138 的输出 $\overline{Y}_0=\overline{Y}_1=\overline{Y}_2=1$，则两片 74LS194 的 $M_1M_0=11$，进行置数操作，此时两片 74LS194 并行输入端的数据完全由 74LS161 的 Q_A 来确定。当 $Q_A=0$ 时，并行输入数据全为 1，在时钟 CP 作用下，6 只尾灯全部点亮；而当 $Q_A=1$ 时，并行输入数据全为 0，在时钟 CP 作用下，6 只尾灯全部熄灭。由于 Q_A 输出是按 "001001001…" 规律变化的序列信号，因此，6 只尾灯随 CP 2 个周期亮、1 个周期灭的方式闪烁。

项目实施　30s 倒计时电路的设计与制作

1. 设计任务要求

该电路显示 30s 倒计时功能；计时器为 30s 递减计时，其计时间隔为 1s；计时器递减计时到零时，数码显示器不灭灯，同时 LED 发出报警信号。

2. 电路设计

（1）电路设计

30s 倒计时电路包括秒脉冲发生器、计数器、译码显示电路和报警电路 4 部分。其中，秒脉冲信号可由函数信号发生器产生（也可参阅项目 5），秒脉冲发生器由 555 定时器构成，也可采用如图 4-41 所示的按键开关模拟实现；计数器电路完成 30s 减法计数功能；译码显示电路主要实现数码管显示功能；报警电路则是当倒计时完成后驱动 LED 发光报警。设计电路如本章开篇的项目引导表单参考电路所示。

（2）利用 Multisim 14 仿真软件绘制出 30s 倒计时仿真电路

1）采用 Multisim 14 软件绘图时，首先设置符号标准为 "DIN" 形式。电路仿真时，秒脉冲发生器可使用函数信号发生器代替，也可采用图 4-41 中的按键开关控制电路代替，然后按图 4-41 完成电路连接并更改标签和显示设置即可，连接仿真电路，并进行调试。

2）电路性能测试。运行仿真，初始时刻，数码管应显示 "30" 字样；按下空格键，模拟秒脉冲发生器提供一个脉冲，数码管显示 "29"，多次重复按键直至数码管回复初始状态（显示 "30"），此时，LED 发光报警，指示 30s 倒计时完成。

（3）电路原理分析

秒脉冲发生电路产生周期为 1s 的时钟信号；两片同步十进制可逆计数器 74LS192 构成三十进制数递减计数器，它们分别作为 30 的十位和个位（作为十位的计数器输入端置为 0011，而将个位的输入端置为 0000）。当脉冲信号有效触发时，实现减法计数；并将并行输出数据传递至 CC4511BCD 译码器，驱动共阴极数码管显示；计数周期结束时，计数器 U3 借位输出端输出负脉冲，点亮 LED 报警。

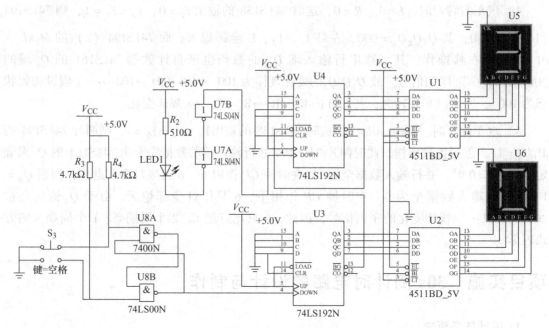

图 4-41　30s 倒计时仿真电路

3. 元器件清单（见表 4-21）

表 4-21　30s 倒计时电路元器件清单

名　称	序　号	说　明	数量/个
显示译码器	U1、U2	4511BD_5V	2
可逆计数器	U3、U4	74LS192N	2
共阴极数码管	U5、U6	Dpy-Amber-CC	2
六反相器	U7	74LS04N	1
四二输入与非门	U8	74LS00N	1
发光二极管	LED1	红	1

4. 电路装配与调试

（1）安装工艺

接线工艺图绘制完成后，对照电路原理图认真检查无误，再在实验板上进行电路焊装，要求如下：

1）严格按照电路图进行电路焊装。

2）所有元器件焊装前必须按要求先成型。

3）元器件布置必须美观、整洁、合理。

4）所有焊点必须光亮，圆润，无毛刺，无虚焊、错焊和漏焊。

5）连接导线应正确、无交叉，走线美观简洁。

6）集成芯片应焊接芯片插座。

（2）调试工艺

按电路图焊装好元器件，本电路所用集成芯片稍多，故连接完成后要仔细检查，确认无误后在芯片座上插入芯片。然后接入电源，如电路接入秒脉冲发生器，则直接观测数码管显示数值与 LED 发光情况，从而验证电路功能是否正确；如果秒脉冲发生器是按图 4-41 所示用按键开关模拟电路代替，则按仿真调试步骤操作验证即可。

项目考核

项目考核表见表4-22。

表4-22　项目考核表

项目四 30s 倒计时电路的设计与制作						
班级		姓名		学号		组别
项目	配分	考核要求		评分标准	扣分	得分
电路分析	20	能正确分析电路的工作原理		分析错误，扣5分/处		
元器件清点	10	10min 内完成所有元器件的清点、检测及调换		1. 超出规定时间更换元器件，扣2分/个 2. 检测数据不正确，扣2分/处		
组装焊接	20	1. 工具使用正确，焊点规范 2. 元器件的位置、连线正确 3. 布线符合工艺要求		1. 整形、安装或焊点不规范，扣1分/处 2. 损坏元器件，扣2分/个 3. 错装、漏装元器件，扣2分/个 4. 布线不规范，扣1分/处		
通电测试	20	电路功能能够完全实现		1. 数码管不显示，扣10分 2. 数码管显示错误，扣5分 3. LED 不正常工作，扣5分		
故障分析检修	20	1. 能正确观察故障现象 2. 能正确分析故障原因，判断故障范围 3. 检修思路清晰、方法得当 4. 检修结果正确		1. 故障现象观察错误，扣2分/次 2. 故障原因分析错误，或故障范围判断过大，扣2分/次 3. 检修思路不清，方法不当，扣2分/次；仪表使用错误，扣2分/次 4. 检修结果错误，扣2分/次		
安全、文明工作	10	1. 安全用电，无人为损坏仪器、元器件和设备 2. 操作习惯良好，能保持环境整洁，小组团结协作 3. 不迟到、早退、旷课		1. 发生安全事故或人为损坏设备、元器件，扣10分 2. 现场不整洁、工作不文明，团队不协作，扣5分 3. 不遵守考勤制度，每次扣2~5分		
合计						

项 目 习 题

4.1 选择题

1. 在下列逻辑电路中,( ) 不是时序逻辑电路。

A. 译码器   B. 计数器   C. 寄存器   D. 触发器

2. 在下列逻辑电路中,( ) 是时序逻辑电路。

A. 编码器   B. 译码器   C. 加法器   D. 寄存器

3. 3 位二进制计数器能有 ( ) 个计数状态。

A. 2 个   B. 4 个   C. 8 个   D. 16 个

4. 同步时序逻辑电路和异步时序逻辑电路比较,其差异在于后者 ( )。

A. 没有触发器   B. 没有统一的时钟脉冲控制

C. 没有稳定状态   D. 输出只与内部状态有关

5. 在如图 4-42 所示电路中,74LS290 为集成异步十进制计数器 (其中 R_0 为异步清零端, S_9 为异步置 9 端,均为高电平有效),该电路构成的计数器为 ( )。

A. 六进制   B. 十二进制

C. 二十四进制   D. 六十进制

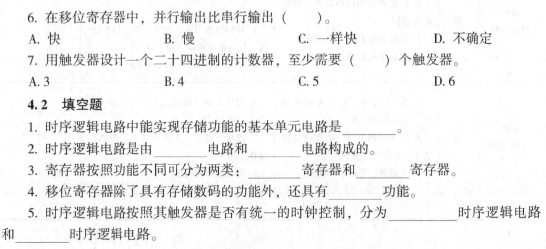

图 4-42　习题 4.1(5) 图

6. 在移位寄存器中,并行输出比串行输出 ( )。

A. 快   B. 慢   C. 一样快   D. 不确定

7. 用触发器设计一个二十四进制的计数器,至少需要 ( ) 个触发器。

A. 3   B. 4   C. 5   D. 6

4.2 填空题

1. 时序逻辑电路中能实现存储功能的基本单元电路是_____。

2. 时序逻辑电路是由_____电路和_____电路构成的。

3. 寄存器按照功能不同可分为两类:_____寄存器和_____寄存器。

4. 移位寄存器除了具有存储数码的功能外,还具有_____功能。

5. 时序逻辑电路按照其触发器是否有统一的时钟控制,分为_____时序逻辑电路和_____时序逻辑电路。

4.3 判断题

( ) 1. 单个触发器不属于时序逻辑电路。

( ) 2. 计数器的模是指构成计数器的触发器的个数。

( ) 3. 同步时序电路具有统一的时钟 *CP* 控制。

( ) 4. 构成计数器的基本电路是逻辑门。

( ) 5. 异步时序逻辑电路与同步时序逻辑电路一样由统一的时钟 *CP* 控制。

( ) 6. 计数器的模是指计数器能够累计输入脉冲的最大数目。

( ) 7. 时序逻辑电路除包含各种门电路外，还要有存储功能的电路元器件。

4.4 作图题

1. 试用图 4-43 所示 74LS290 构成六进制计数器。

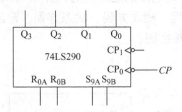

图 4-43 习题 4.4(1) 图

2. 图 4-44 所示为某计数的状态转换图，试画出用 74LS290 实现该计数的电路图。

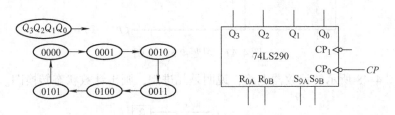

图 4-44 习题 4.4(2) 图

3. 图 4-45 所示为两片 74LS290，画出用它们实现二十四进制计数器的逻辑电路图。

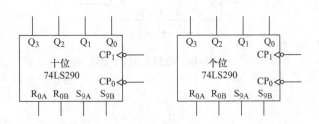

图 4-45 习题 4.4(3) 图

4. 试用图 4-46 所示的集成 4 位二进制计数器 74LS161 构成十进制计数器（图中，$\overline{LD}$ 为同步置数端，$\overline{R}_D$ 为异步置 0 端，当 $\overline{R}_D = \overline{LD} = ET = EP = 1$，输入计数脉冲时，具有计数功能）。

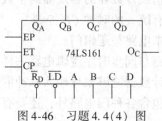

图 4-46　习题 4.4(4) 图

4.5　分析设计题

1. 分析图 4-47 所示时序逻辑电路的逻辑功能，并指出该电路能否自启动。

（1）写相关方程（时钟方程、驱动方程、状态方程、输出方程）。

（2）列状态表，画出状态转换图。

（3）描述电路的功能。

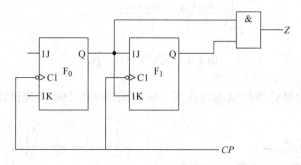

图 4-47　习题 4.5(1) 图

2. 分析图 4-48 所示的计数器电路，说明是几进制，画出计数状态转换图。

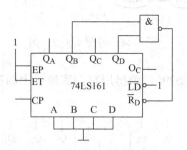

图 4-48　习题 4.5(2) 图

项目5 触摸式防盗报警电路的设计与制作

项目概述

在时序逻辑电路中，矩形脉冲作为时钟信号控制和协调着整个数字系统的工作，所以，时钟脉冲特性的好坏直接关系到整个系统能否正常工作。

时钟脉冲为周期性矩形脉冲，它的获取通常有两种途径：一种是利用各种形式的脉冲振荡电路，直接产生所需要的矩形脉冲，如多谐振荡器等；另一种是通过整形电路（或脉冲变换电路）把一种非矩形脉冲，或者性能不符合要求的矩形脉冲变换成符合要求的矩形脉冲，如施密特触发器、单稳态触发器等。

555定时器是一种用途很广的集成电路，其使用灵活、方便，在波形产生与变换、测量控制等方面有着广泛的应用。

本项目主要介绍施密特触发器、单稳态触发器、多谐振荡器及555定时器等脉冲波形产生与变换电路的组成、工作原理及典型应用。

项目引导

项目名称		触摸式防盗报警电路的设计与制作
项目说明	教学目的	1. 多谐振荡器的电路构成及其工作原理
		2. 单稳态触发器的电路构成及其工作原理与应用
		3. 施密特触发器的电路构成及其工作原理与应用
		4. 电路仿真软件 Multisim 14 的熟练使用，仿真电路的连接与调试
		5. 电路装配与调试；仪器仪表的使用方法
		6. 电路常见故障排查
	项目要求	1. 工作任务：触摸式防盗报警电路的设计与制作
		2. 电路功能：当电路接通电源后，有人触摸时扬声器发音报警

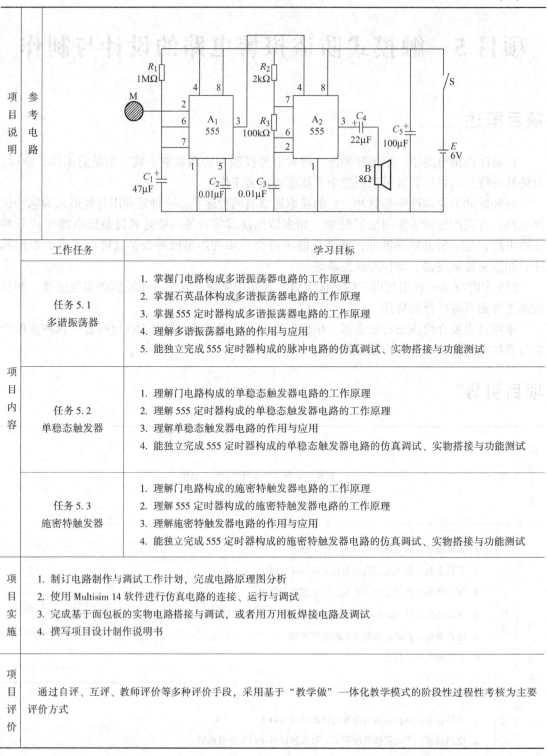

	工作任务	学习目标
项目内容	任务 5.1 多谐振荡器	1. 掌握门电路构成多谐振荡器电路的工作原理 2. 掌握石英晶体构成多谐振荡器电路的工作原理 3. 掌握 555 定时器构成多谐振荡器电路的工作原理 4. 理解多谐振荡器电路的作用与应用 5. 能独立完成 555 定时器构成的脉冲电路的仿真调试、实物搭接与功能测试
	任务 5.2 单稳态触发器	1. 理解门电路构成的单稳态触发器电路的工作原理 2. 理解 555 定时器构成的单稳态触发器电路的工作原理 3. 理解单稳态触发器电路的作用与应用 4. 能独立完成 555 定时器构成的单稳态触发器电路的仿真调试、实物搭接与功能测试
	任务 5.3 施密特触发器	1. 理解门电路构成的施密特触发器电路的工作原理 2. 理解 555 定时器构成的施密特触发器电路的工作原理 3. 理解施密特触发器电路的作用与应用 4. 能独立完成 555 定时器构成的施密特触发器电路的仿真调试、实物搭接与功能测试

项目实施	1. 制订电路制作与调试工作计划，完成电路原理图分析 2. 使用 Multisim 14 软件进行仿真电路的连接、运行与调试 3. 完成基于面包板的实物电路搭接与调试，或者用万用板焊接电路及调试 4. 撰写项目设计制作说明书
项目评价	通过自评、互评、教师评价等多种评价手段，采用基于"教学做"一体化教学模式的阶段性过程性考核为主要评价方式

任务 5.1 多谐振荡器

多谐振荡器是一种自激振荡器,在接通电源后,无须外加触发信号便能自动产生矩形脉冲。由于矩形波中含有丰富的多次谐波分量,故习惯上又把矩形波振荡器称为多谐振荡器。多谐振荡器不存在稳定状态,只有两个暂稳态,故又称无稳态电路。

多谐振荡器电路中含有放大电路和正反馈电路两个部分,故它可以用晶体管分立器件构成;也可以用普通的运算放大器构成;还可以利用门电路工作在转折区的放大和反相作用,在电路中形成正反馈的特点,用集成门电路来构成。

5.1.1 门电路构成多谐振荡器

1. 电路组成及工作原理

门电路构成的多谐振荡器又称环形振荡器,是由奇数个反相器首尾相接并利用门电路固有的传输延迟时间而形成的一种振荡器,如图 5-1a 所示。不难看出,这种电路接通电源后是没有稳定状态的。例如,由于某种原因 A 点信号由低向高有一上跳,此上跳经 G_1 门的延时 t_{pd} 在 B 点则产生一下跳,此下跳再经 G_2 门的延时 t_{pd} 在 C 点产生一上跳,此上跳再经 G_3 门的延时 t_{pd} 在 D 点,也就是 A 点又产生一下跳。因此不难看出,每经过 $3t_{pd}$ 后在原变化点会自动产生向相反方向的跳变变化。这样从输出端就会得到连续变化的矩形波信号,如图 5-1b 所示,其振荡周期 $T = 6t_{pd}$。

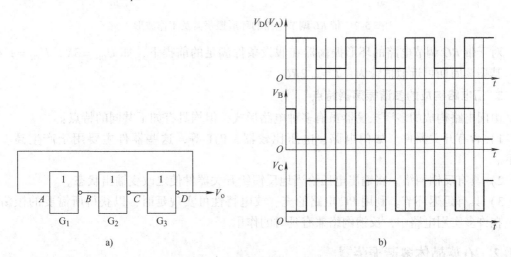

图 5-1 环形振荡器及工作波形

环形振荡器的优点是电路简单,但是由于门的延时 t_{pd} 极短,TTL 电路只有几十纳秒,CMOS 电路也只有一二百纳秒,所以要想获得较低的振荡频率就必须串接较多的奇数个门。另外,此环形振荡器获得的振荡频率不能连续变化,为克服这一缺点,可在图 5-1a 的基础上,再增加 RC 调节电路,构成一个带 RC 调节电路的环形振荡器,如图 5-2a 所示。

为讨论工作原理简便,假设在门的固有传输延时时间忽略不计且保护电阻 R_s 上的电压降也忽略不计的前提下进行。例如,某一时刻 V_A 有一上跳,将会使 V_B 下跳、V_D 上跳,V_E 则

由于 V_B 下跳和电容 C 的作用也会在原处下跳，保持 V_A 上跳不变。此后，由于电容 C 会经门 $G_2 \rightarrow D \rightarrow R \rightarrow E \rightarrow C \rightarrow B \rightarrow$ 门 G_1 进行充电使电位 V_E 上升。当电位 V_E 上升到门限电平 U_{TH} 时会引起电路的连续反应：V_A 下跳，V_B 上跳，V_D 下跳，V_E 在 U_{TH} 上再上跳，保持 V_A 下跳，随后 C 会进行放电直到引起下一次电路的跳变。这样就可以在输出处获取所需的矩形脉冲信号 (V_o)，其输出端就会得到连续变化的矩形波信号，如图 5-2b 所示。

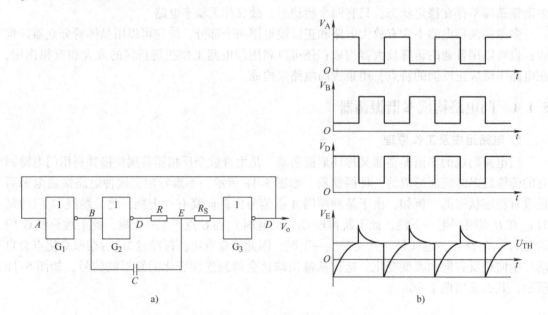

图 5-2 带 RC 调节电路的环形振荡器及工作波形

对于带 RC 调节电路的环形振荡器在假设条件满足的前提下，如 $U_{OH} = 3V$，$U_{TH} = 1.4V$ 时，其振荡周期可近似估计为：$T \approx 2.2RC$。

2. 门电路构成的多谐振荡器特点

由门电路构成的多谐振荡器虽有多种电路形式，但均具有如下共同的特点：

1）含有开关器件。如门电路、电压比较器、BJT 等，这些器件主要用于产生高、低电平。

2）具有反馈网络。将输出电压恰当地反馈给开关器件使之改变输出状态。

3）具有延迟环节。利用 RC 电路的充、放电特性可实现延时，以获得所需要的振荡频率。在许多实用电路中，反馈网络兼有延时的作用。

5.1.2 石英晶体多谐振荡器

无论是利用门电路的传输延迟时间构成的简单环形振荡器，带 RC 调节电路的环形振荡器，还是由 CMOS 反相器构成的多谐振荡器，它们都有一个共同的特点，那就是振荡频率不稳定，容易受温度、电源电压波动和 RC 参数误差的影响。

为了提高振荡器的振荡频率稳定度，可以采用石英晶体振荡器。

1. 石英晶体的基本特性

石英晶体的品质因数 Q 很高，选频特性非常好，并且有一个极为稳定的串联谐振频率

f_0。图 5-3 所示为石英晶体的电路符号、等效电路及阻抗频率特性。

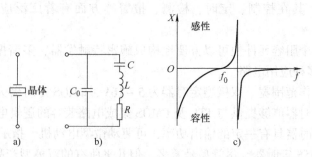

图 5-3　石英晶体的电路符号、等效电路及阻抗频率特性

由阻抗频率特性可知：当外加电压信号的频率 f 等于石英晶体的固有谐振频率 f_0 时，石英晶体的等效阻抗最小，信号最容易通过。利用这一特性，把石英晶体接入多谐振荡器电路中，使电路的振荡频率只由晶体的固有谐振频率 f_0 来决定，而与电路中其他元件（R 或 C）的参数无关。

石英晶体的频率稳定度可达 $10^{-11} \sim 10^{-10}$，完全可以满足大多数数字系统对频率稳定度的要求。具有各种谐振频率的石英晶体已被制成标准化和系列化的产品出售。

2. 石英晶体多谐振荡器

图 5-4 所示为由两个反相器（G_1、G_2）、两个电容（C_1、C_2）及石英晶体等构成的多谐振荡器电路，其中，$R_1 = R_2 = R_F$。该电路将产生稳定度极高的矩形脉冲，其振荡频率由石英晶体的串联谐振频率 f_0 决定，而与电路中的 R、C 数值无关。这是因为电路对频率 f_0 所形成的正反馈最强而易维持振荡。反馈电阻（R_1、R_2）的作用是使反相器工作在线性放大区，对于 TTL 门电路，电阻（R_1、R_2）通常为 $0.7 \sim 2k\Omega$，对于 CMOS 门电路，电阻（R_1、R_2）通常为 $10 \sim 100k\Omega$。电容 C_1 用于两个反相器之间的耦合，其大小应使 C_1 在频率为 f_0 时的容抗可以忽略不计；电容 C_2 的作用是抑制高次谐波，以保证稳定的频率输出，其大小应使 $2\pi R_F C_2 f_0 \approx 1$，从而使 $R_F C_2$ 并联网络在 f_0 处产生极点，以减少谐振信号的损失。

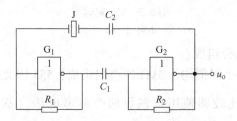

图 5-4　石英晶体多谐振荡器电路

目前，家用电子钟几乎都采用了具有石英晶体振荡器的矩形波发生器。由于它的频率稳定度很高，所以走时很准。

5.1.3　555 定时器构成多谐振荡器

1. 集成 555 定时器

定时电路是一种产生时间延迟和多种脉冲信号的控制电路。通常把具有定时功能的电路叫作定时器或时基电路。集成555定时器就是一种电路结构简单、使用方便灵活、用途广泛的中规模集成电路。其在控制、定时、检测、报警等方面有着广泛应用，具有以下4个特点：

1) 外部连接几个阻容元件便可以方便地构成施密特触发器、多谐振荡器、单稳态触发器和压控振荡器等多种应用电路。

2) 电源电压工作范围宽。双极型定时器为5~16V，CMOS定时器为3~18V。

3) 集成555定时器能够提供与TTL及CMOS集成电路兼容的逻辑电平。

4) 集成555定时器具有一定的输出功率，可驱动微型电动机、指示灯和扬声器等。

国内外生产的555定时器，尽管型号繁多，但几乎所有的双极型产品型号的最后3位数码均为555，所有的CMOS产品型号的最后4位数码均为7555，故简称555集成定时器。而且，它们的逻辑功能与引脚排列都完全相同。通常双极型定时器具有较大的驱动能力，而CMOS定时器具有低功耗、输入阻抗高等优点。

（1）555定时器的电路组成

555定时器内部结构的简化电路图和引脚图如图5-5所示。

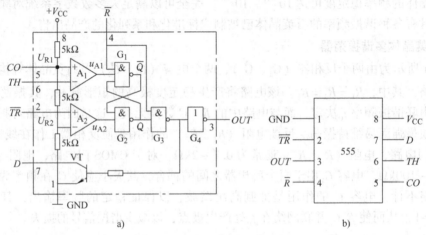

图5-5　555定时器

a) 电路图　b) 引脚图

555定时器由以下5部分组成：

1) 电阻分压器。由3个阻值均为5kΩ的电阻组成，555因此而得名。它为运算放大器 A_1 和 A_2（此处作为电压比较器使用）提供两个参考电压（基准电压）：$U_{A1+} = \frac{2}{3}V_{CC}$、$U_{A2-} = \frac{1}{3}V_{CC}$。若在控制端（CO端）外加一个控制电压，则可改变两个比较器的基准电压。

2) 电压比较。图5-5a中，A_1 和 A_2 是两个完全相同的高精度电压比较器。比较器有两个输入端 " + " 和 " – "，如果用 U_+ 和 U_- 分别表示 " + " 端和 " – " 端与地之间所加的电压，则 U_+ 和 U_- 之间的关系符合如下规律：

① $U_+ > U_-$ 时，输出 U_0 为正电压，$U_0 \approx V_{CC}$（高电平）。

② $U_+ < U_-$ 时，输出 U_0 为负电压，$U_0 \approx 0$（低电平）。

A_1 用来比较参考电压 U_{R1} 和高电平触发端电压 U_{TH}：当 $U_{TH} > U_{R1}$ 时，集成运放 A_1 输出

$u_{A1}=0$；当 $U_{TH}<U_{R1}$ 时，集成运放 A_1 输出 $u_{A1}=1$。

A_2 用来比较参考电压 U_{R2} 和低电平触发端电压 U_{TR}：当 $U_{TR}>U_{R2}$ 时，集成运放 A_2 输出 $u_{A2}=1$；当 $U_{TR}<U_{R2}$ 时，集成运放 A_2 输出 $u_{A2}=0$。

3）基本 RS 触发器。由两个与非门 G_1 和 G_2 交叉耦合连接构成基本 RS 触发器，其状态由两个比较器的输出 u_{A1} 和 u_{A2} 决定。

4）放电晶体管 VT。VT 是集电极开路的晶体管，在电路中用作开关使用，其状态受触发器 $\overline{Q}$ 端的控制：当 $\overline{Q}=0$ 时，VT 截止，放电通路被截断；当 $\overline{Q}=1$ 时，VT 饱和导通，放电端 D 通过导通的晶体管为外电路提供放电的通路。

5）输出缓冲器。由接在输出端的与非门 G_3 和反相器 G_4 构成，其作用是提高定时器的带负载能力，隔离负载对 555 定时器的影响。

（2）555 定时器的电路工作原理及功能

$\overline{R}$ 是复位端，当 $\overline{R}=0$ 时，定时器输出 OUT 为 0。当 $\overline{R}=1$ 时，定时器有以下几种功能：

1）当高电平触发输入端 $U_{TH}>\dfrac{2}{3}V_{CC}$、低电平触发输入端 $U_{\overline{TR}}>\dfrac{1}{3}V_{CC}$ 时，基本 RS 触发器置 0，即 $Q=0$，使得定时器的输出 OUT 为 0，同时放电晶体管 VT 导通。

2）当高电平触发输入端 $U_{TH}<\dfrac{2}{3}V_{CC}$、低电平触发输入端 $U_{\overline{TR}}<\dfrac{1}{3}V_{CC}$ 时，基本 RS 触发器置 1，即 $Q=1$，使得定时器的输出 OUT 为 1，同时放电晶体管 VT 截止。

3）当 $U_{TH}<\dfrac{2}{3}V_{CC}$、$U_{\overline{TR}}>\dfrac{1}{3}V_{CC}$ 时，OUT 和 VT 的状态保持不变。

555 定时器的功能表见表 5-1。

表 5-1 555 定时器的功能表

输　　入			输　　出	
$\overline{R}$	U_{TH}	$U_{\overline{TR}}$	OUT	VT 的状态
0	×	×	0	与地导通
1	$>\dfrac{2}{3}V_{CC}$	$>\dfrac{1}{3}V_{CC}$	0	与地导通
1	$<\dfrac{2}{3}V_{CC}$	$>\dfrac{1}{3}V_{CC}$	保持原状态	保持原状态
1	$<\dfrac{2}{3}V_{CC}$	$<\dfrac{1}{3}V_{CC}$	1	与地断开

2. 555 定时器构成多谐振荡器

555 定时器构成的多谐振荡器电路如图 5-6a 所示，R_1、R_2 和 C 为外接定时元件，高低电平触发输入端相连并接到定时电容 C 上，R_1 和 R_2 的接点与放电端相连，电压控制端不用，通常外接 $0.01\mu F$ 电容。其工作波形如图 5-6b 所示。

该电路工作原理如下：

1）接通电源时，因为电容 C 来不及充电，所以 $u_C=0$，即 $U_{TH}=U_{\overline{TR}}=u_C=0$，显然 $U_{TH}=U_{\overline{TR}}<\dfrac{1}{3}V_{CC}$，故 $OUT=1$，此时 VT（定时器内部晶体管）截止，D 与地断开，" $V_{CC}\rightarrow$

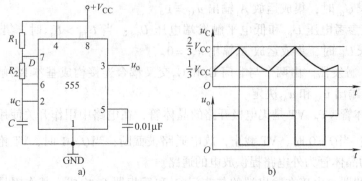

图 5-6　555 定时器构成的多谐振荡器

a）电路图　b）工作波形图

$R_1 \rightarrow R_2 \rightarrow C \rightarrow$ 地"给电容 C 充电，使得 u_C 上升。

2）当 u_C 上升到 $u_C \geqslant \dfrac{2}{3}V_{CC}$ 时，即 $U_{TH} = U_{\overline{TR}} = u_C \geqslant \dfrac{2}{3}V_{CC}$，$OUT = 0$，同时 VT 导通，此时，$C \rightarrow R_2 \rightarrow VT \rightarrow$ 地放电，u_C 下降。

3）当 u_C 下降到 $u_C \leqslant \dfrac{1}{3}V_{CC}$ 时，$OUT = 1$，同时 VT 截止，D 与地断路。电源通过 R_1、R_2 重新向电容 C 充电，重复上述过程。

显然，电容 C 充电时 $OUT = 1$，而放电时 $OUT = 0$，电容 C 不断地充放电，使 u_C 在 $\dfrac{1}{3}V_{CC}$ 和 $\dfrac{2}{3}V_{CC}$ 之间不断变化，电路处于振荡状态，输出相应的矩形波。

可以计算出多谐振荡器的振荡周期 T 为

$$T = t_{w1} + t_{w1} \approx 0.7(R_1 + R_2)C + 0.7R_2C \approx 0.7(R_1 + 2R_2)C$$

可得占空比为

$$q = \frac{t_{w1}}{T} = \frac{t_{w1}}{(t_1 + t_2)} = \frac{(R_1 + R_2)}{(R_1 + 2R_2)}$$

任务 5.2　单稳态触发器

单稳态触发器具有下述特点：

1）有稳态和暂稳态两种不同的工作状态。

2）在外加触发信号的作用下，能从稳态翻转到暂稳态，在暂稳态维持一段时间后，能自动返回稳态。

3）暂稳态维持时间的长短，取决于电路本身的参数，与外加触发信号无关。

单稳态触发器的这些特点被广泛地应用于脉冲波形的变换与延时电路中。

5.2.1　单稳态触发器的电路构成

1. 门电路构成的单稳态触发器

单稳态触发器的暂稳态是靠 RC 电路的充放电过程来维持的。如图 5-7 所示电路中的 RC

电路接成微分电路形式，故该电路又称为微分型单稳态触发器。

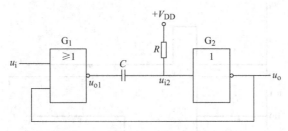

图 5-7　门电路构成的单稳态触发器

工作原理如下：

1）输入信号 u_i 为 0 时，电路处于稳态，即

$$u_{i2} = V_{DD}, \quad u_o = U_{OL} = 0, \quad u_{o1} = U_{OH} = V_{DD}$$

2）外加触发信号时，电路翻转到暂稳态。当 u_i 产生正跳变时，u_{o1} 产生负跳变，经过电容 C 耦合，使 u_{i2} 产生负跳变，G_2 输出 u_o 产生正跳变；u_o 的正跳变反馈到 G_1 输入端，从而导致如下正反馈过程：

$$u_i\uparrow \longrightarrow u_{o1}\downarrow \longrightarrow u_{i2}\downarrow \longrightarrow u_o\uparrow$$

进而使电路迅速变为 G_1 导通、G_2 截止的状态，此时，电路处于 $u_{o1} = U_{OL}$、$u_o = u_{i2} = U_{OH}$ 的状态。然而这一状态是不能长久保持的，故称为暂稳态。

3）电容 C 充电，电路由暂稳态自动返回稳态。在暂稳态期间，V_{DD} 经 R 对 C 充电，使 u_{i2} 上升。当 u_{i2} 上升达到 G_2 的 U_{TH} 时，电路会发生如下正反馈过程：

$$C充电 \longrightarrow u_{i2}\uparrow \longrightarrow u_o\downarrow \longrightarrow u_{o1}\uparrow$$

进而使电路迅速由暂稳态返回稳态，$u_{o1} = U_{OH}$、$u_o = u_{i2} = U_{OL}$。从暂稳态自动返回稳态之后，电容 C 将通过电阻 R 放电，使电容上的电压恢复到稳态时的初始值。

单稳态触发器的工作波形如图 5-8 所示。

图 5-8 中，输出脉冲宽度 t_w 就是暂稳态的维持时间。通过 u_{i2} 的波形可以计算出

$$t_w \approx 0.7RC$$

2. 集成单稳态触发器

用集成门电路构成的单稳态触发器稳定性较差，调节范围小，触发方式单一。为适应数字系统中的广泛应用，常采用集成单稳态触发器。

（1）集成单稳态触发器的分类

集成单稳态触发器根据电路及工作状态不同，分为可重复触发和不可重复触发两种；根据触发时间不同，分为上升沿触发和下降沿触发两种。

不可重复触发的单稳态触发器在进入暂稳态后，无论输入端有无触发脉冲，电路工作过程不受影响。也就是说，一旦电路进入暂稳态，输入信号便不再起作用，输出脉冲宽度 t_w 仍从第一次触发开始计算，如图 5-9a 所示。可重复触发的单稳态触发器在暂稳态期间，如果输入端有触发脉冲，则会被重复触发，使得暂稳态时间延长，直到最近的一个触发脉冲消失后再过 t_w 时间，电路恢复稳态。因此，采用可重复触发的单稳态触发器可方便地得到持续时

间更长的输出脉冲宽度，如图 5-9b 所示。

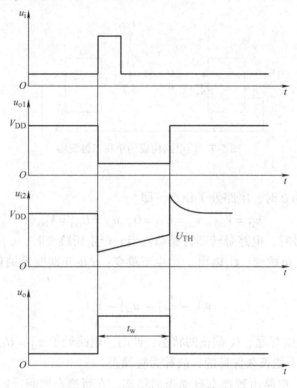

图 5-8　单稳态触发器工作波形

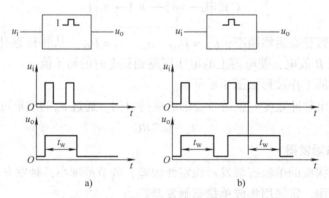

a)　　　　　　　　　b)

图 5-9　不可重复触发和可重复触发的集成单稳态触发器的工作波形

a）不可重复触发　b）可重复触发

（2）集成单稳态触发器 74121

74121 是一种不可重复触发的单稳态触发器，它既可采用上升沿触发，又可采用下降沿触发，其内部还设有定时电阻 R_{int}（约为 2kΩ）。

1）引脚功能。图 5-10 所示为 74121 的引脚图，图中，$\overline{A_1}$、$\overline{A_2}$ 和 B 是触发器输入端，Q 和 $\overline{Q}$ 是输出端，C_{ext} 和 R_{ext} 为外接定时元件端，R_{int} 为内部定时电阻引出端。

表 5-2 是 74121 的功能表，从表中可以看出 74121 的各种功能。

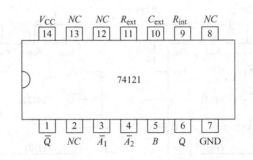

图 5-10　74121 的引脚图

表 5-2　74121 功能表

输　入			输　出	
$\overline{A}_1$	$\overline{A}_2$	B	Q	$\overline{Q}$
0	×	1	0	1
×	0	1	0	1
×	×	0	0	1
1	1	×	0	1
1	↓	1	⎍	⎍
↓	1	1	⎍	⎍
↓	↓	1	⎍	⎍
0	×	↑	⎍	⎍
×	0	↑	⎍	⎍

2）触发方式。由表 5-2 可知，74121 的触发方式如下：

① 若 $B=1$，可以利用 $\overline{A}_1$ 或者 $\overline{A}_2$ 实现下降沿触发。

② 若 $\overline{A}_1$ 和 $\overline{A}_2$ 中有 0，可利用 B 以实现上升沿触发。

3）定时元件接法。若需得到比较宽的输出脉冲，应选用外接电阻 R_{ext}，R_{ext} 可在 1.4 ~ 40kΩ 之间选择，9 引脚须悬空，R_{ext} 接在 11、14 引脚之间。若选用内部电阻 R_{int}，应将 9 引脚接电源 V_{CC}。

74141 的输出脉冲宽度 t_w 可以使用公式 $t_w \approx 0.7RC$ 计算。

4）典型应用电路。图 5-11 所示为两种典型的 74121 应用电路，在图 5-11a 所示电路中，触发输入信号 u_i 从 $\overline{A}_1$ 加入，$\overline{A}_2$ 和 B 都接固定高电平，74121 单稳态触发器由 u_i 的下降沿触发；定时元件采用外接电阻 R，R 接在 R_{ext} 和 V_{CC} 两端，输出脉冲的宽度由 R、C 决定。

在图 5-11b 所示电路中，触发输入信号 u_i 从 B 加入，$\overline{A}_1$ 和 $\overline{A}_2$ 均接地。此时，74121 电路由 u_i 的上升沿触发；定时元件采用内部电阻 R_{int}，将 R_{int} 引出端与 V_{CC} 相连，这样，输出脉冲的宽度由 C 和内部电阻 R_{int} 决定。

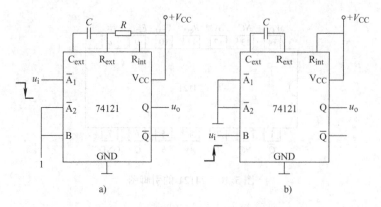

图 5-11　两种典型的 74121 应用电路

a）外接电阻接法　b）内部电阻接法

5.2.2　555 定时器构成的单稳态触发器

1. 电路结构

将 555 定时器的低电平触发端 $\overline{TR}$ 作为触发信号 u_i 的输入端，将高电平触发端 TH 和放电晶体管输出端 D 连在一起，并与定时元件 R、C 相连，可以组成单稳态触发器，电路如图 5-12 所示。R、C 为外接定时元件，两者构成充电回路；u_i（$\overline{TR}$）端为触发信号输入端，采用负脉冲触发方式；CO 通过滤波电容 C_0 到地，以滤除旁路干扰信号。

2. 电路工作原理

1）无触发信号，即 u_i 为高电平时，电路工作在稳定状态，此时 $Q = 0$、$\overline{Q} = 1$、$u_o = 0$（$OUT = 0$）、VT 饱和导通，具体有两种情况：

① 电源接通时，若 $Q = 0$，$\overline{Q} = 1$，$u_o = U_{OL}$，则 VT 饱和导通，这种状态会保持不变。

② 若 $Q = 1$，$\overline{Q} = 0$，$u_o = U_{OH}$，则 VT 截止，这种状态是不稳定的，随着对电容 C 的充电，u_C 上升，当 u_C 上升到 $\frac{2}{3}V_{CC}$ 时，$Q = 0$、$\overline{Q} = 1$，电路自动返回到稳定状态，并将长期保存下去。

2）当触发脉冲 u_i 下降沿到来时，由于 $U_{\overline{TR}} < \frac{1}{3}V_{CC}$，而 $U_{TH} = u_C = 0$，从 555 定时器的功能表可知，输出端 OUT 为 1，即电路被触发而进入暂稳态，此时 VT 截止。由于 VT 截止，V_{CC} 通过 R 对电容 C 充电，充电回路是 "$V_{CC} \rightarrow R \rightarrow C \rightarrow$ 地"，$\tau_充 = RC$，在 $u_C < \frac{2}{3}V_{CC}$ 时，电路将保持暂稳态。

3）随着对电容 C 充电的进行，u_C 上升，当 $U_{TH} = u_C \geq \frac{2}{3}V_{CC}$ 时，输出即由暂稳态 "1" 自动返回稳态 "0"，即输出端 OUT 为 0，暂稳态结束。此时 VT 又导通，C 通过导通的 VT 放电至零，让电路迅速恢复到初始状态。电路工作波形如图 5-12b 所示。

$\tau_放 = R_{CES} \cdot C$（R_{CES} 为 555 定时器内部 VT 集电极与发射极间电阻），经 3～5 个 $\tau_放$ 后，$u_C \approx 0$。

174

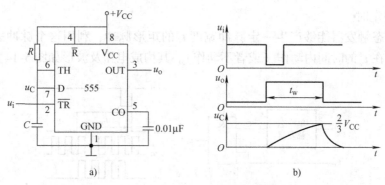

图 5-12　555 定时器组成的单稳态触发器

a）电路图　b）工作波形图

4）如果继续有触发脉冲输入，则会重复以上过程，输出矩形波。

此电路输出脉冲宽度 $t_w \approx 1.1RC$，且要求输入触发脉冲宽度要小于 t_w，并且必须等电路恢复后方可再次触发，所以为不可重复触发电路。

5.2.3　单稳态触发器的应用

由于单稳态触发器的这些特点，它被广泛应用于脉冲整形、定时和延时等方面。

1. 单稳态触发器的几个主要参数

1）输出脉冲宽度 t_w：输出脉冲宽度（暂稳态维持时间）$t_w \approx 0.7RC$。

2）恢复时间 t_{re}：一般 t_{re} 为（3~5）$t_{放}$，$t_{放} \ll RC$。

3）最高工作频率 f_{max}：$f_{max} = \dfrac{1}{T_{min}} = \dfrac{1}{(t_w + t_{re})}$。

2. 单稳态触发器的几个主要应用

（1）脉冲整形

脉冲整形波形图如图 5-13 所示。将已经得到的一系列幅度和宽度都不规则的脉冲信号加到单稳态触发器的输入端作为输入的触发信号，只要这些脉冲的幅度都大于单稳态触发器的触发电平，就可以在单稳态触发器的输出端得到幅度和宽度都相同的脉冲信号。

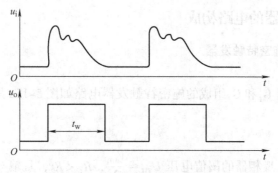

图 5-13　脉冲整形波形图

输出脉冲的宽度由 R 和 C 的数值决定，它可以比输入触发脉冲更宽，也可以更窄，根据具体要求而定。

（2）脉冲定时

由于单稳态触发器能够产生一定脉冲宽度 t_w 的矩形脉冲，利用这个脉冲去控制某一电路，则可使它在 t_w 的时间内动作（或者不动作）。其构成电路及波形如图 5-14 所示。

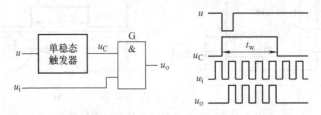

图 5-14 脉冲定时电路及波形

例如，利用单稳态触发器输出的矩形脉冲作为与门输入的控制信号，则只有这个矩形波的 t_w 时间内，信号 u_i 才有可能通过与门。

（3）脉冲延时

脉冲延时电路如图 5-15 所示。经过单稳态电路的延迟，从波形图可以看出，用输出脉冲 u_o 的下降沿去触发其他电路，u_o 的下降沿比 u_i 的下降沿延迟了 t_w 时间。

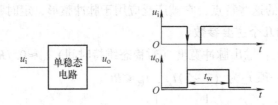

图 5-15 脉冲延时电路

任务 5.3 施密特触发器

施密特触发器是脉冲电路中经常使用的一种电路，它是一种特殊的双稳态电路，其主要用途是能把变化缓慢的信号波形变换为边沿陡峭的矩形波。

5.3.1 施密特触发器的电路构成

1. 门电路构成的施密特触发器

（1）电路组成

两个 CMOS 反相器 G_1 和 G_2 组成的施密特触发器电路如图 5-16a 所示，图 5-16b 所示为其逻辑符号。

（2）工作原理

假定电路中 CMOS 反相器的阈值电压 $U_{TH} \approx \dfrac{V_{DD}}{2}$，$R_1 < R_2$，且输入信号 u_i 为三角波。则根据叠加原理有

$$u_{i1} = \frac{R_2}{R_1 + R_2} u_i + \frac{R_1}{R_1 + R_2} u_o。$$

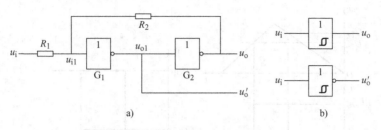

图 5-16　门电路构成的施密特触发器

a）电路图　b）逻辑符号

当 $u_i = 0V$ 时，G_1 门截止，G_2 门导通，输出端 $u_o = 0V$，此时，$u_{i1} = 0V$。

输入电压从 0V 逐渐增加，只要 $u_{i1} < U_{TH}$，则电路保持 $u_o = 0V$ 不变。

当 u_i 上升使得 $u_{i1} = U_{TH}$ 时，电路产生如下正反馈过程：

$$u_{i1}\uparrow \longrightarrow u_{o1}\downarrow \longrightarrow u_o\uparrow$$

这样，电路状态很快转换为 $u_o \approx V_{DD}$，此时，u_{i1} 的值即为施密特触发器在输入信号正向增加时的阈值电压，称为正向阈值电压，用 U_{T+} 表示，即

$$u_{i1} = U_{TH} \approx \frac{R_2}{R_1 + R_2} U_{T+}$$

$$U_{T+} = \left(1 + \frac{R_1}{R_2}\right) U_{TH}$$

当 $u_{i1} > U_{TH}$ 时，电路状态维持 $u_o = V_{DD}$ 不变。

u_i 继续上升至最大值后开始下降，当 $u_{i1} = U_{TH}$ 时，电路产生如下正反馈过程：

$$u_{i1}\downarrow \longrightarrow u_{o1}\uparrow \longrightarrow u_o\downarrow$$

这样，电路状态很快转换为 $u_o \approx 0V$，此时的输入电平为 u_i 减小时的阈值电压，称为负向阈值电压，用 U_{T-} 表示，即

$$u_{i1} = U_{TH} \approx \frac{R_2}{R_1 + R_2} U_{T-} + \frac{R_1}{R_1 + R_2} V_{DD}$$

将 $V_{DD} = 2U_{TH}$ 代入得 $U_{T-} \approx \left(1 - \frac{R_1}{R_2}\right) U_{TH}$，只要满足 $u_i < U_{T+}$，施密特触发器就稳定在 $u_o = 0V$ 的状态。

（3）回差电压

回差电压 ΔU_T 为

$$\Delta U_T = U_{T+} - U_{T-} \approx 2\frac{R_1}{R_2} U_{TH}$$

可见，电路回差电压与 R_1/R_2 成正比，改变 R_1、R_2 的比值，即可调节回差电压的大小。施密特触发器的工作波形及传输特性曲线如图 5-17 所示。

2. 集成施密特触发器

集成施密特触发器共有 3 类 7 个品种，其中有 5414/7414 六反相器（缓冲器）；54132/74132 四 2 输入与非门及 5413/7413 双 4 输入与非门。相应集成组件的引线图可查阅有关手册。

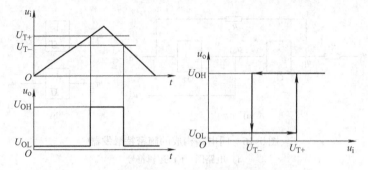

图 5-17 施密特触发器的工作波形及传输特性曲线

（1）施密特反相器

图 5-18 所示为 TTL 的 74LS14 和 CMOS 的 CC40106 施密特触发器的电压传输特性曲线图和逻辑符号，它们均为六施密特触发的反相器。

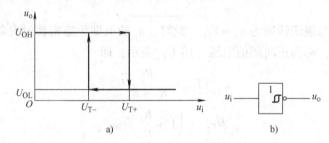

图 5-18 六施密特触发的反相器

a）电压传输特性曲线 b）逻辑符号

（2）施密特触发与非门电路

图 5-19 所示为 TTL 的 74LS13 和 CMOS 的 CC4093 施密特触发与非门电路的逻辑符号。

图 5-19 施密特触发与非门逻辑符号

5.3.2 555 定时器构成的施密特触发器

1. 电路结构

将 555 定时器的高触发端 TH（6 脚）和低触发端 $\overline{TR}$（2 脚）连接在一起作为信号输入端；$\overline{R}$ 端与 V_{CC} 端相连；CO 通过 $0.01\mu F$ 的电容接地，即可构成施密特触发器，电路如图 5-20 所示。

2. 电路工作原理

1）当 $0 < u_i < \frac{1}{3}V_{CC}$ 时，$OUT = 1$。

2）当 u_i 上升至 $\frac{1}{3}V_{CC} < u_i < \frac{2}{3}V_{CC}$ 时，OUT 保持 "1" 不变。

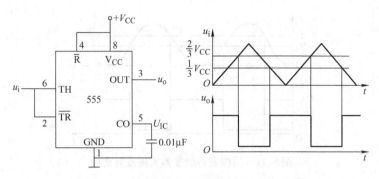

图 5-20　由 555 定时器组成的施密特触发器

3）当 u_i 继续上升到 $u_i \geqslant \frac{2}{3}V_{CC}$ 时，$OUT = 0$（由 1→0），称此 u_i 值（$\frac{2}{3}V_{CC}$）为上限触发转换电平，或复位电平，或称为上限阈值电压，即 U_{T+}。

4）当 u_i 下降至 $\frac{1}{3}V_{CC} < u'_i < \frac{2}{3}V_{CC}$ 时，OUT 保持原状态 "0" 不变。

5）当 u_i 继续下降到 $u_i \leqslant \frac{1}{3}V_{CC}$ 时，$OUT = 1$（由 0→1），称此 u_i 值（$\frac{1}{3}V_{CC}$）为下限触发转换电平，或置位电平，或称为下限阈值电压，即 U_{T-}。

施密特触发器可将正弦波、三角波变为矩形波。置位电平 $\frac{1}{3}V_{CC}$ 和复位电平 $\frac{2}{3}V_{CC}$ 两者是不等的，其电压差称为回差电压，用 ΔU_T 表示，即

$$\Delta U_T = U_{T+} - U_{T-} = \frac{2}{3}V_{CC} - \frac{1}{3}V_{CC} = \frac{1}{3}V_{CC}$$

ΔU_T 越大，施密特触发器的抗干扰能力越强，但施密特触发器的灵敏度也会相应降低。

显然，当施密特触发器输入一定时，其输出 OUT 可以保持为 "0" 或 "1" 的稳定状态，所以它又被称为双稳态电路。

5.3.3　施密特触发器的应用

施密特触发器在性能上有两个非常重要的特点：

1）电路有两种稳定状态。在外加触发信号的作用下，两种稳态可相互转换，状态维持也依赖于外加触发信号。触发方式为电平触发。

2）电路有两个转换电平。一是输入信号从低电平上升到电路输出电平发生转换时的电平 U_{T+}，二是输入信号从高电平下降到电路输出电平发生转换时的电平 U_{T-}。

鉴于施密特触发器的特点，它可用于波形变换、脉冲整形、脉冲鉴幅等。

（1）波形变换

因为施密特触发器的输出只有高、低电平两种状态，而且状态转换时输出电压波形的边沿又十分陡峭，所以利用施密特触发器可以把变化缓慢的波形变换成比较理想的矩形波，如图 5-21 所示。

图中，输入信号由直流分量和正弦分量叠加而成，只要输入信号的幅度大于 U_{T+}，即可在施密特触发器的输出端得到同频率的矩形脉冲信号。

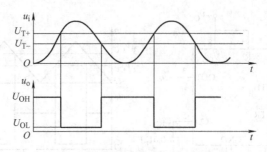

图 5-21　用施密特触发器实现波形变换

（2）波形整形

在数字系统中，矩形脉冲信号经过传输以后往往发生波形畸变，利用施密特触发器可以将发生畸变或叠加干扰的矩形脉冲整形成较理想的矩形脉冲波形。由此可知，施密特触发器具有较强的抗干扰能力，如图 5-22 所示。

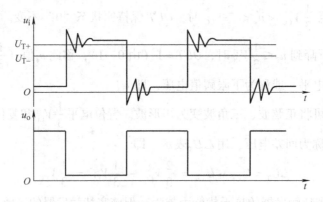

图 5-22　用施密特触发器实现波形整形

只要恰当地选择 U_{T+} 和 U_{T-} 的数值，就可以利用施密特触发器进行整形获得比较理想的矩形脉冲波形。

（3）脉冲鉴幅

若将一系列不同幅度的脉冲信号加到施密特触发器输入端时，则只有那些幅度大于 U_{T+} 的脉冲才能在输出端产生脉冲信号。因此，施密特触发器可以将幅度大于 U_{T+} 的脉冲选出，从而达到脉冲鉴幅的目的。如图 5-23 所示，若将触发电平调整到 $U_{T+} = U_{REF}$，则 u_i 中幅度超过 U_{REF} 的脉冲有输出，幅度小于 U_{REF} 的脉冲没有输出。

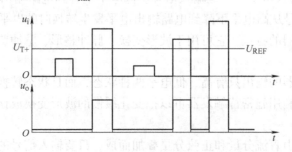

图 5-23　用施密特触发器实现脉冲鉴幅

如果 u_i 是缓慢变化的连续电压信号，则利用施密特触发器也可以在输入到达 U_{T+} 时给出输出信号。这在输入信号到达一定值需要给出超限报警信号时很有用。

此外，利用施密特触发器的滞回特性还能组成多谐振荡器，这里不再赘述。

技能训练　555 定时器应用电路搭接与功能测试

1. 训练目的

1）熟悉 555 时基电路逻辑功能的测试方法。

2）熟悉 555 时基电路的工作原理及其应用。

2. 训练器材

1）数字电子技术技能训练开发板。

2）元器件：555 时基电路、电阻、电容、杜邦线若干。

3. 训练内容和步骤

（1）施密特触发器

如图 5-24a 所示，将 TH 和 $\overline{TR}$ 端连接在一起，作为输入端；$\overline{R}_D$ 端与 V_{CC} 端接电源；CO 端通过 $0.01\mu F$ 电容接地，就可以构成施密特触发器。波形如图 5-24b 所示。

施密特触发器可将正矩形波、正弦波、三角波变换为矩形波。

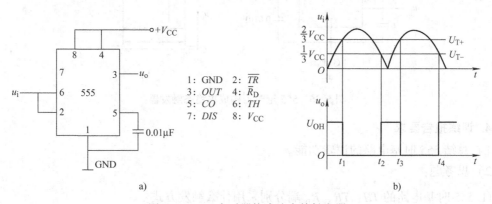

图 5-24　555 定时器构成施密特触发器

按图 5-24 接线，输入信号由信号源提供，调好频率为 1kHz 接通电源，逐渐增大 V_{CC} 的幅度，观测输出波形，测绘电压传输特性。

（2）多谐振荡器

如图 5-25 所示，电阻 R_1、R_2 及电容 C 构成了一个充放电电路。在接通电源后，电源 V_{CC} 通过 R_1 和 R_2 对电容 C 充电，充电时间常数 $\tau_1 = (R_1 + R_2)C$。

按图 5-25 接线，频率不限（可为 1kHz），使用示波器观察电路输出的矩形波。

（3）单稳态触发器

如图 5-26 所示，电路中的电阻 R 和电容 C 构成充电回路。

按图 5-26 接线，取 $R = 100k\Omega$，$C = 47\mu F$，输入信号 u_i 由单次脉冲源提供，用示波器观测输出信号波形。

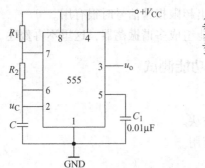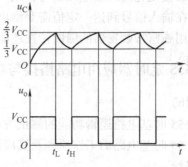

图 5-25　555 定时器构成多谐振荡器

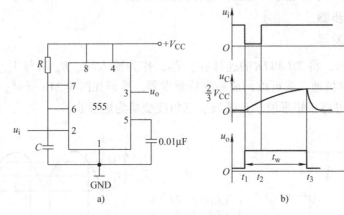

图 5-26　555 定时器构成单稳态触发器

4. 训练报告要求

1）总结 555 时基电路的逻辑功能。

2）思考题：

① 555 时基电路的 TH、$\overline{TR}$、$\overline{R}_D$ 端分别采用什么触发方式？

② 555 时基电路中，CO 端的作用是什么？

项目实施　触摸式防盗报警电路的设计与制作

1. 设计任务要求

该电路电源接通后，用手触摸触片，扬声器会发出声响且持续大约 1min 后自动停止。

2. 电路设计

（1）电路设计

该电路由两片 555 定时器组成，U1 构成单稳态触发电路，U2 构成多谐振荡电路。设计电路如本章开篇的项目引导表单参考电路所示。

（2）利用 Multisim 14 仿真软件完成触摸式防盗报警电路仿真测试

1）电路绘制时，按图 5-27 所示电路查找元器件并拖至绘图区域，然后按要求更改标签和显示设置，连接仿真电路，并进行调试（Multisim 14 中扬声器 U3 无法发声，在输出端接示波器观察输出波形）。

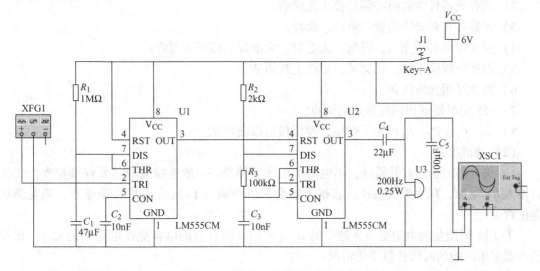

图5-27 触摸式防盗报警仿真电路

2）电路性能测试：用信号发生器模拟一个杂波信号，开启仿真开关，双击虚拟示波器图标，观察屏幕上的波形，并分析仿真结果。

（3）电路原理分析

本项目的触摸式防盗报警电路由两片 555 定时器组成，图中 U1 构成单稳态触发器电路，U2 构成多谐振荡器电路。当触摸到触片时 U1 的 3 引脚输出高电平，使得 U2 振荡驱动扬声器发出报警声，过一段时间后 U1 的输出自动回到低电平，U2 停止振荡，报警声消失。

3. 元器件清单（见表5-3）

表5-3 触摸式防盗报警电路元器件清单

名　称	序　号	注　释	数　量
集成 555 芯片	U1、U2	LM555CM	2 片
电阻	R_1	1MΩ	1 个
电阻	R_2	2kΩ	1 个
电阻	R_3	100kΩ	1 个
瓷片电容	C_2、C_3	10nF/50V	2 个
电解电容	C_1	47μF/10V	1 个
电解电容	C_4	22μF/10V	1 个
电解电容	C_5	100μF/10V	1 个
扬声器	U3	0.25W	1 个

4. 电路装配与调试

（1）安装工艺

接线工艺图绘制完成后，对照电路图认真检查无误后，再在实验板上进行电路焊装，要求如下：

1）严格按照图样进行电路安装。

2）所有元器件焊装前必须按要求先成型。

3）元器件布置必须美观、整洁、合理。

4）所有焊点必须光亮，圆润，无毛刺，无虚焊、错焊和漏焊。

5）连接导线应正确、无交叉，走线美观简洁。

6）触片可用裸线代替。

7）555定时器输出端应预留测试点。

8）R_1、C_1、R_2、R_3可先不焊接，预留接口以便调试。

（2）调试工艺

1）按电路图插接好元器件，本电路所用元器件稍多，故连接完成后要仔细检查，无误后接入6V电源，用手触摸触片，若扬声器会发出声响且1min左右后自动停止，则电路功能正常。

① 用不同阻值的电阻更换电路中的R_1（或用不同容量的电容更换电路中的C_1），比较扬声器发出声响的时间长短变化情况。

② 用不同阻值的电阻更换电路中的R_2、R_3（或用不同容量的电容更换电路中的C_3），比较扬声器发出声响的声调变化情况。

2）若电路功能不正常，则按以下步骤进行检修：

① 由输入到输出逐级检查电路连接是否正确。

② 通电后用万用表10V直流电压档接在U1的3引脚和地之间，在没有用手触摸触片之前，万用表指示应接近0V；用手触摸触片后，万用表指示应接近电源电压6V，且1min左右后自动降低到0刻度附近。若此处不正常，应检查U1周围元器件的连接，若U1损坏，更换后重试。

③ 若U1输出正常，将U2的第4脚与U1 3引脚之间的连接断开，并将U2的4引脚直接连接到电源的正极，用示波器观察U2 3引脚的输出波形，在示波器上应能观测到频率为700Hz（周期为1.4ms）左右的矩形波。若无波形或波形参数误差太大，应检查U2周围元器件的连接，若U2损坏，更换后重试。

项目考核

项目考核表见表5-4。

表5-4 项目考核表

项目5 触摸式防盗报警电路的制作与调试

班级			姓名		学号		组别	
项目	配分	考核要求		评分标准			扣分	得分
电路分析	20	能正确分析电路的工作原理		分析错误，扣5分/处				
元器件清点	10	10min内完成所有元器件的清点、检测及调换		1. 超出规定时间更换元器件，扣2分/个 2. 检测数据不正确，扣2分/处				

项目	配分	考核要求	评分标准	扣分	得分
组装焊接	20	1. 工具使用正确，焊点规范 2. 元器件的位置、连线正确 3. 布线符合工艺要求	1. 整形、安装或焊点不规范，扣1分/处 2. 损坏元器件，扣2分/个 3. 错装、漏装元器件，扣2分/个 4. 布线不规范，扣1分/处		
通电测试	20	电路功能能够完全实现	1. 扬声器不发声，扣10分 2. 555输出信号不正确，扣5分		
故障分析检修	20	1. 能正确观察出故障现象 2. 能正确分析故障原因，判断故障范围 3. 检修思路清晰、方法得当 4. 检修结果正确	1. 故障现象观察错误，扣2分/次 2. 故障原因分析错误或故障范围判断过大，扣2分/次 3. 检修思路不清，方法不当，扣2分/次；仪表使用错误，扣2分/次 4. 检修结果错误，扣2分/次		
安全、文明工作	10	1. 安全用电，无人为损坏仪器、元器件和设备 2. 操作习惯良好，能保持环境整洁，小组团结协作 3. 不迟到、早退、旷课	1. 发生安全事故或人为损坏设备、元器件，扣10分 2. 现场不整洁、工作不文明，团队不协作，扣5分 3. 不遵守考勤制度，每次扣2~5分		
合计					

项目习题

5.1　选择题

1. 施密特触发器具有（　　）个稳定状态。

A. 1　　　　　　　　　B. 2　　　　　　　　　C. 3　　　　　　　　　D. 4

2. 施密特触发器可以将缓慢变化的电压信号变换成比较理想的（　　）波。

A. 尖峰　　　　　　　B. 正弦　　　　　　　C. 三角　　　　　　　D. 矩形

3. 单稳态触发器具有（　　）个不同的工作状态。

A. 1　　　　　　　　　B. 2　　　　　　　　　C. 3　　　　　　　　　D. 4

4. 多谐振荡器工作时不需要任何外加触发信号，只要一接通电源，它就能自动产生一定频率和幅值的（　　）信号。

A. 直流　　　　　　　B. 交流　　　　　　　C. 矩形　　　　　　　D. 正弦

5. 555定时器内部3个等值5kΩ电阻分压器将V_{cc}分压，分别获取了（　　）的基准电压。

A. $\frac{1}{3}V_{cc}$和$\frac{2}{3}V_{cc}$　　　B. $\frac{1}{5}V_{cc}$和$\frac{2}{5}V_{cc}$　　　C. $\frac{1}{3}V_{cc}$和$\frac{4}{3}V_{cc}$　　　D. $\frac{1}{5}V_{cc}$和$\frac{3}{5}V_{cc}$

5.2　填空题

1. 施密特触发器有＿＿＿＿个稳定状态，单稳态触发器有＿＿＿＿个稳定状态。

2. 集成 555 定时器内部主要由_____、_____、_____、输出缓冲器和开关管 5 部分组成。

3. 用 555 定时器构成的施密特触发器的两个阈值电压分别是_____和_____。

4. 用 555 定时器构成的单稳态触发器的暂稳态维持时间 t_w 为_____。

5. 施密特触发器有一重要的电压传输特性，是_____。

6. 单稳态触发器在外加触发脉冲的作用下，能从稳态翻转到暂稳态，在_____维持一定的时间后，再_____返回稳态。

7. 由于多谐振荡器在工作过程中不存在_____状态，故又称为无稳态电路。

5.3 判断题

（　　）1. 应用 RC 电路可以对任意波形进行变换。

（　　）2. 单稳态触发器只有一个稳态，在外加触发脉冲作用下，能够从稳态翻转到暂稳态。

（　　）3. 用 555 定时器可以方便地构成施密特触发器、单稳态触发器及多谐振荡器。

（　　）4. 多谐振荡器在接通电源后，需要外加触发信号才能产生矩形脉冲。

（　　）5. 施密特触发器可以将幅度大于 U_{T+} 的脉冲选出，从而达到脉冲鉴幅的目的。

（　　）6. 单稳态触发器的暂稳态都是靠 RC 电路的充、放电过程来维持的。

（　　）7. 石英晶体多谐振荡器稳定性较差。

（　　）8. 单稳态触发器要求触发触发脉冲宽度小于输出脉冲宽度。

5.4 简答题

1. 试说明施密特触发器的工作特点和主要用途。

2. 试说明单稳态触发器的工作特点和主要用途。

5.5 若反相输出的施密特触发器输入信号波形如图 5-28 所示，试画出输出信号的波形（施密特触发器的转换电平 U_{T+} 和 U_{T-} 已在输入信号波形图上标出）。

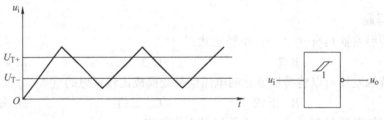

图 5-28　习题 5.5 图

5.6 在图 5-29 所示的由 555 定时器组成的施密特触发器电路中，试求：

1）当 $V_{CC} = 12V$ 且没有外加控制电压时，U_{T+}、U_{T-} 和 ΔU_T。

2）当 $V_{CC} = 9V$，且外加控制电压 $u_{ic} = 5V$ 时，U_{T+}、U_{T-} 和 ΔU_T。

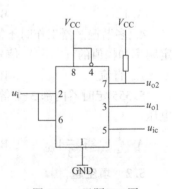

图 5-29　习题 5.6 图

项目6 数字电压表电路的设计与制作

项目概述

随着数字电子技术以及电子计算机技术的广泛普及与应用，使得数字信号的传输和处理日趋普遍。而人们在生活中接触到的信号通常是模拟信号，如声音、图像、重量等。在计算机用于过程控制时，采集到的参量多数也是以模拟量的形式存在的，如温度、湿度、压力、流量、速度等。当现代信息处理系统（如计算机）在分析和处理信息时，往往运用数字处理技术，这就要求信息是数字信号。为此必须把检测或采集到的模拟信号转变为相应的数字信号，实现这一功能的电路就是模/数转换器（ADC）。

另外，经数字电路或计算机系统分析处理后的结果还必须变成模拟信号，才能直接控制生产过程中的各种装置，以完成自动控制的任务，或转化成人们所熟悉的具体形象的信号（如声音、图像等）。这种实现把数字信号转换成模拟信号的电路称为数/模转换器（DAC）。

本项目利用 A/D 转换器设计和制作一个简易的直流数字电压表。

项目引导

项目名称		数字电压表电路的设计与制作
项目说明	教学目的	1. D/A 转换和 A/D 转换的基本概念 2. D/A 转换和 A/D 转换原理 3. D/A 转换器和 A/D 转换器的结构、分类与特点 4. DAC0832 与 ADC0809 的基本结构、工作原理与主要应用 5. 电路仿真软件 Multisim 14 的熟练使用，仿真电路的连接与调试 6. 电路装配与调试；仪器仪表的使用方法 7. 电路常见故障排查
	项目要求	1. 工作任务：3½位直流电压表的设计与制作 2. 电路功能：能准确实现 −1.999 ~ 1.999V 范围内的直流电压测量，并通过数码管完成测量值显示，全部量程内的误差均不超过个位数（在 5 以内）
	电路框图	待测信号输入→ A/D 转换器 → 显示译码器 → LED 数码管

	工作任务	学习目标
项目内容	任务 6.1 认识 D/A 转换电路	1. 理解 D/A 转换的基本原理 2. 掌握倒 T 形电阻网络 DAC 的工作原理 3. 掌握 DAC 的主要性能指标 4. 掌握典型 DAC0832 的内部结构、工作原理与主要应用电路 5. 使用 Multisim 14 软件完成 DAC0832 的性能测试
	任务 6.2 认识 A/D 转换电路	1. 理解 A/D 转换基本原理 2. 理解逐次比较型 ADC、并行比较型 ADC、双积分型 ADC 的工作原理 3. 掌握 ADC 的主要性能指标 4. 掌握 ADC0809 的内部结构、工作原理与主要应用电路 5. 使用 Multisim 14 软件完成 ADC0809 的性能测试 6. 能独立完成直流电压表电路装配与性能测试
项目实施		1. 制订电路制作与调试工作计划，完成电路原理图分析 2. 使用 Multisim 14 软件进行电路仿真与调试测试 3. 完成实物电路装配与调试 4. 撰写项目设计与制作说明书
项目评价		通过自评、互评、教师评价等多种评价手段，采用基于"教学做"一体化教学模式的阶段性过程性考核为主要评价方式

任务 6.1　认识 D/A 转换电路

实现从数字信号到模拟信号转换的电路称为 D/A 转换电路，本任务主要介绍 D/A 转换的基本概念、D/A 转换原理、常用的 DAC 芯片及其应用。

6.1.1　D/A 转换原理

数字量是按照二进制数组合来表示的，而二进制数是有权码，每位代码都有一定的权值。将每位代码按其权值的大小转换成相应的模拟量，然后相加，即可得到与数字量成正比的总模拟量。这就构成了 D/A 转换的基本思想。比如一个 4 位数字量 $D_3D_2D_1D_0 = (1101)_2$ 表示电压，则

$$u_o = K(D_3D_2D_1D_0)_2 = K(D_3 \times 2^3 + D_2 \times 2^2 + D_1 \times 2^1 + D_0 \times 2^0)_{10} = K(1 \times 2^3 + 1 \times 2^2 + 0 \times 2^1 + 1 \times 2^0)_{10}$$

式中，K 为比例系数。

D/A 转换器的输入、输出关系框图如图 6-1 所示。

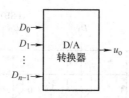

图 6-1　D/A 转换器的输入、输出关系框图

图中，$D_0 \sim D_{n-1}$ 为输入的 n 位二进制数；u_o 为与输入二进制数成正比的输出电压。

6.1.2　D/A 转换器

D/A 转换器的实际模型主要由数码寄存器、模拟电子开关、基准电压（基准电源提供）、电阻解码网络和求和放大器等几部分构成，n 位 D/A 转换器结构框图如图 6-2 所示。

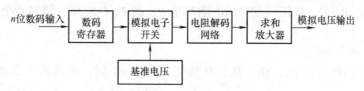

图 6-2　n 位 D/A 转换器结构框图

D/A 转换器的种类很多，可分为权电阻网络 D/A 转换器、T 形电阻网络和倒 T 形电阻网络 D/A 转换器、权电流 D/A 转换器等。下面主要讨论应用广泛的倒 T 形电阻网络 D/A 转换器。

1. 基本结构框图

n 位倒 T 形电阻网络 D/A 转换器由电阻解码网络、模拟电子开关、运算（求和）放大器和基准电源组成，n 位倒 T 形电阻网络 D/A 转换器结构图如图 6-3 所示。

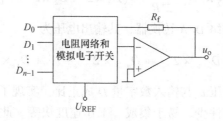

图 6-3　n 位倒 T 形电阻网络 D/A 转换器结构图

常见的 R-$2R$ 倒 T 形电阻网络 D/A 转换器如图 6-4 所示，其中，$S_0 \sim S_3$ 为模拟开关；$R - 2R$ 为解码网络，A 为运算放大器；U_{REF} 为基准电压。

2. 工作原理

在图 6-4 所示电路中，4 个双向模拟开关 $S_0 \sim S_3$ 是由输入的数字量 D_i 来控制的，当 D_i 为 1 时，S_i 与运算放大器的反相输入端接通；当 D_i 为 0 时，S_i 与地接通。由于集成运算放大器的电流求和点 Σ 为虚地，故每个 $2R$ 电阻上端无论接 0 还是 1，都相当于接"地"。这样流过 $2R$ 的电流与开关位置无关，为确定值。

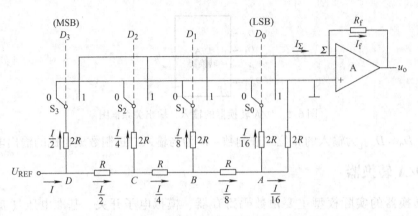

图 6-4 $R-2R$ 倒 T 形电阻网络 D/A 转换器

网络中的 A、B、C、D 任一点对地电阻都是 R，故 $I = U_{REF}/R$，流过 4 个 $2R$ 电阻的电流分别为 $\dfrac{I}{2}$、$\dfrac{I}{4}$、$\dfrac{I}{8}$、$\dfrac{I}{16}$。

由于开关 S_i 的状态由 D_0、D_1、D_2、D_3 决定，当 $D = 1$ 时，电流流入 Σ 点；当 $D = 0$ 时，电流到地。故有

$$I_\Sigma = \frac{I}{2}D_3 + \frac{I}{4}D_2 + \frac{I}{8}D_1 + \frac{I}{16}D_0 = \frac{U_{REF}}{R}\left(\frac{1}{2^1}D_3 + \frac{1}{2^2}D_2 + \frac{1}{2^3}D_1 + \frac{1}{2^4}D_0\right)$$

整理得

$$I_\Sigma = \frac{U_{REF}}{2^4 R}\ (D_3 \times 2^3 + D_2 \times 2^2 + D_1 \times 2^1 + D_0 \times 2^0)$$

此输出电压可表示为

$$u_o = -I_f R_f = -I_\Sigma R_f = \frac{-U_{REF} R_f}{2^4 R}\ (D_3 \times 2^3 + D_2 \times 2^2 + D_1 \times 2^1 + D_0 \times 2^0)$$

对于 n 位倒 T 形电阻网络 D/A 转换器，其输出电压为

$$u_o = \frac{-U_{REF} R_f}{2^n R}(D_{n-1} \times 2^{n-1} + D_{n-2} \times 2^{n-2} + \cdots + D_1 \times 2^1 + D_0 \times 2^0)$$

由此可见，输出模拟电压 u_o 与输入数字量 D 成正比，实现了 D/A 转换。该电路的优点是结构比较简单、所需元器件少、易于集成、工作速度快等。此类 D/A 转换器在实际中应用较为广泛。

【例 6-1】电路如图 6-4 所示，已知 $R_f = 20k\Omega$，$U_{REF} = 10V$，其余电阻 R 的阻值均为 $10k\Omega$，试求：

1）输出 u_o 的关系式。

2）当 $u_o = -10V$ 时，该电路输入的数字量 $D_0 D_1 D_2 D_3$ 为多少？

解：

1）$u_o = -U_{REF} R_f \left(\dfrac{1}{2 \times R}D_3 + \dfrac{1}{4 \times R}D_2 + \dfrac{1}{8 \times R}D_1 + \dfrac{1}{16 \times R}D_0\right)$

$\quad = -10V \times \dfrac{20k\Omega}{10k\Omega} \times \left(\dfrac{1}{2}D_3 + \dfrac{1}{4}D_2 + \dfrac{1}{8}D_1 + \dfrac{1}{16}D_0\right)$

$$= -\frac{20}{16}(8D_3 + 4D_2 + 2D_1 + D_0)\text{V}$$

2）当 $u_o = -10\text{V}$ 时，代入上式可得

$$D_3D_2D_1D_0 = 1000$$

3. 电路特点

1）电阻网络仅有 R 和 $2R$ 两种规模电阻，便于集成。

2）各支路电流直接加入运放输入端，它们之间不存在传输上的时间差，故工作速度较高。

4. D/A 转换器的主要技术参数

（1）分辨率

分辨率是指输出电压的最小变化量与满量程输出电压之比。输出电压的最小变化量就是对应输入数字量最低位为 1、其余各位均为 0 时的输出电压；满量程输出电压就是对应输入数字量全部为 1 时的输出电压。对于 D/A 转换器，位数越多，该值越小，分辨能力越强，即分辨率越高。由于分辨率的高低与数字量的位数 n 有关，所以也可用输入数字量的位数表示分辨率。其分辨率为 $\dfrac{1}{2^n - 1}$。

对于 5V 的满量程，采用 8 位的 D/A 转换器时，分辨率为 $5\text{V} \div 256 \approx 19.5\text{mV}$；当采用 12 位的 D/A 转换器时，分辨率则为 $5\text{V} \div 4096 \approx 1.22\text{mV}$。

（2）转换速度

D/A 转换器从输入数字量到转换成稳定的模拟输出电压所需要的时间称为转换速度。一般约为几到几十 μs。

电流输出型 D/A 转换器的转换速度快。电压输出型 D/A 转换器的转换速度主要取决于运算放大器的响应时间。根据建立时间的长短，可以将 D/A 转换器分成超高速（<1μs）、高速（10~1μs）、中速（100~10μs）、低速（≥100μs）几档。

（3）转换精度

转换精度是指 D/A 转换器模拟电压的实际输出值与理想输出值之差，即实际输出模拟电压–理论输出模拟电压。例如，某 D/A 转换器的满量程输出电压为 10V，如果误差为 1%，就意味着输出电压的最大误差为 ±0.1V。其值越小，精度越高。

（4）线性度

线性度（也称非线性误差）是实际转换特性曲线与理想直线特性之间的最大偏差。常以相对于满量程的百分数表示。如 ±1% 是指实际输出值与理论值之差在满刻度的 ±1% 以内。

（5）温度系数

在输入不变的情况下，输出模拟电压随温度变化而变化的量，称为 D/A 转换器的温度系数，一般用满刻度的百分数表示温度每升高 1℃ 输出电压变化的值。

应当注意，精度和分辨率具有一定的联系，但概念不同。D/A 转换器的位数多时，分辨率会提高，对应于影响精度的量化误差会减小。但其他误差（如温度漂移、线性不良等）的影响仍会使 D/A 转换器的精度变差。

6.1.3 典型集成 D/A 转换器及应用

常用的集成 D/A 转换器有 AD7520、AD7524、DAC0832、DAC0808、DAC1230、

MC1408 等，DAC0832 是目前国内用得较多的 D/A 转换器。这里仅对由倒 T 形 $R-2R$ 电阻网络实现模/数转换的 DAC0832 做简要介绍。

1. DAC0832 的主要特性

DAC0832 是采用 CMOS/Si-Cr 工艺制成的双列直插式单片 8 位 D/A 转换集成芯片，与微处理器完全兼容。这个 D/A 转换芯片以其价格低廉、接口简单、转换控制容易等优点，在单片机应用系统中得到广泛的应用。其主要特性如下：

1）电流线性度可在满量程下调节。

2）转换时间为 1μs。

3）数据输入采用双缓冲、单缓冲或直通方式。

4）增益温度补偿为 $0.02\% \text{FS}^{\ominus}/℃$。

5）每次输入数字量为 8 位二进制数。

6）功耗为 20mW。

7）逻辑电平与 TTL 兼容。

8）供电电源为单一电源，电压为 5 ~ 15V。

2. DAC0832 的内部结构及引脚排列

（1）DAC0832 的内部结构与工作方式

DAC0832 内部由输入锁存器、DAC 寄存器和 D/A 转换器 3 部分组成，如图 6-5 所示。输入锁存器和 DAC 寄存器用以实现两次缓冲。

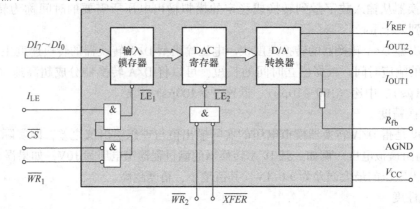

图 6-5　DAC0832 内部结构图

根据对 DAC0832 的输入锁存器和 DAC 寄存器的不同的控制方式，DAC0832 有 3 种工作方式：单缓冲方式、双缓冲方式和直通方式。

1）单缓冲方式。单缓冲方式是控制输入锁存器和 DAC 寄存器同时接收信号，或者只用输入锁存器而把 DAC 寄存器接成直通方式。此方式适用于只有一路模拟量输出或几路模拟量异步输出的情形。

2）双缓冲方式。双缓冲方式是先使输入锁存器接收信号，再控制输入锁存器的输出信号到 DAC 寄存器，即分两次锁存输入信号。此方式适用于多个 D/A 转换同步输出的情况。

⊖　FS 指满量程。

3）直通方式。直通方式是信号不经输入锁存器和 DAC 寄存器锁存，即 $\overline{CS}$、$\overline{XFER}$、$\overline{WR_2}$、$\overline{WR_1}$ 均接地，I_{LE} 接高电平。此方式适用于连续反馈控制线路和不带微机的控制系统。

（2）DAC0832 的引脚排列

DAC0832 是 20 引脚的双列直插式芯片，其引脚排列如图 6-6 所示。

各引脚的特性如下：

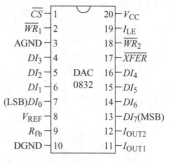

图 6-6 DAC0832 引脚图

$\overline{CS}$：片选信号，低电平有效。与 I_{LE} 相配合，对写信号 $\overline{WR_1}$ 是否有效起到控制作用。

I_{LE}：允许输入锁存信号，高电平有效。输入锁存器的锁存信号由 I_{LE}、$\overline{CS}$、$\overline{WR_1}$ 的逻辑组合产生：

1）当 I_{LE} 为高电平、$\overline{CS}$ 为低电平、$\overline{WR_1}$ 输入负脉冲时，输入锁存器的锁存信号产生正脉冲。

2）当输入锁存器的锁存信号为高电平时，输入锁存器锁存信号的负跳变将输入在数据线上的信息"打入"输入锁存器。

$\overline{WR_1}$：写信号 1，低电平有效。当 $\overline{CS}$、I_{LE} 均有效时，可将数据写入 8 位输入寄存器。

$\overline{WR_2}$：写信号 2，低电平有效。当 $\overline{WR_2}$ 有效时，在 $\overline{XFER}$ 传送控制信号作用下，可将锁存在输入锁存器的 8 位数据送到 DAC 寄存器。

$\overline{XFER}$：数据传送信号，低电平有效。当 $\overline{WR_2}$、$\overline{XFER}$ 均有效时，在 DAC 寄存器的锁存端产生正脉冲，当 DAC 寄存器的锁存信号为高电平时，DAC 寄存器的输出和输入锁存器的状态一致，DAC 寄存器的锁存信号负跳变，输入锁存器的内容"打入"DAC 寄存器。

V_{REF}：基准电源，V_{REF} 可在 ±10V 范围内调节。

$DI_7 \sim DI_0$：8 位数字量输入端。

I_{OUT1}：DAC0832 的电流输出 1。当 DAC 寄存器各位为 1 时，输出电流最大；当 DAC 寄存器各位为 0 时，输出电流为 0。

I_{OUT2}：DAC0832 的电流输出 2。它使 I_{OUT1} 和 I_{OUT2} 之和恒为一常数。一般在单极性输出时 I_{OUT2} 接地，在双极性输出时接运放。

R_{fb}：反馈电阻。在 DAC0832 芯片内有一个反馈电阻，可用作外部运放的分路反馈电阻。

V_{CC}：电源输入线。DGND 为数字地，AGND 为模拟地。

3. DAC0832 单缓冲工作方式在单片机控制系统中的简单应用

单缓冲工作方式主要用于一路 DAC 或多路 DAC 不需要同步的场合，主要是把 DAC0832 的输入锁存器和 DAC 寄存器中任一个接成常通状态。如图 6-7 所示，I_{LE} 引脚接高电平，写选通信号 $\overline{WR_1}$、$\overline{WR_2}$ 都和单片机的写信号 $\overline{WR}$ 连接。片选信号 $\overline{CS}$、数据传送信号 $\overline{XFER}$ 都连接到高位地址线 A_{15}（P2.7），输入锁存器和 DAC 寄存器的地址都是 7FFFH（因为 $\overline{CS}$ 和 $\overline{XFER}$ 都是低电平有效，即 A_{15} 低电平有效，其余地址线（$AD_0 \sim AD_7$、$A_8 \sim A_{15}$）都为高电平时的地址为 DAC0832 的最高地址，即其在系统中的地址为 7FFFH），CPU 对 DAC0832 执行一次写操作，则把数据直接写入 DAC 寄存器，DAC0832 的输出也将随之变化。

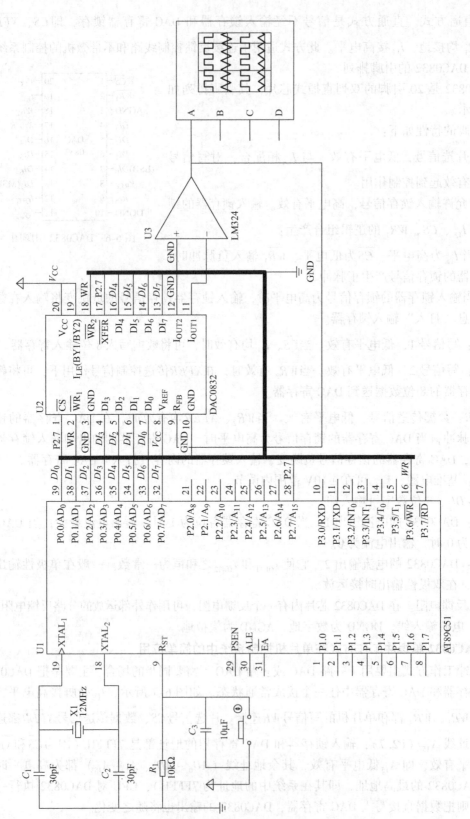

图 6-7 DAC0832应用电路图

本例采用 DAC0832 生成锯齿波，通过运算放大器 LM324 将输出的电流信号转换为电压信号。电路输出锯齿波波形如图 6-8 所示。

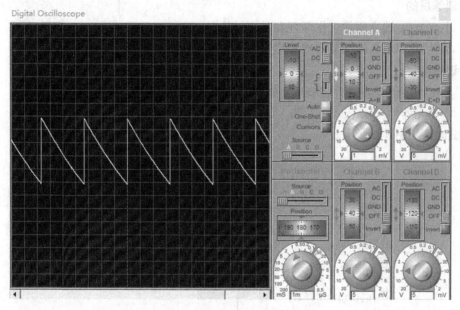

图 6-8　电路输出锯齿波波形图

参考 C 程序：

```
#include < reg51. h >
#include < absacc. h >
#define uchar unsigned char
#define uint unsigned int
#define DAC0832 XBYTE[0X7FFF]          //DAC0832 在系统中的地址为 0X7FFF
void delay( uint x)                    //延时函数
{
    uchar i;
    while(x)
    for( i = 0;i < 120;i ++ );
}
void main( )
{
    uchar i;
    while(1)
    {
        for( i = 0;i < 256;i ++ )     //产生锯齿波
        DAC0832 = i;
        delay(1);
    }
}
```

技能训练 D/A 转换器 DAC0832 功能测试

1. 训练目的

1）了解 D/A 转换器的工作原理和基本结构。

2）掌握 DAC0832 的功能及典型应用。

2. 训练器材

1）测试用仪器仪表：直流稳压电源、函数信号发生器、数字电压表。

2）电子元器件：DAC0832 一块、UA741 一块、1N4007 二极管两个。

测试电路如图 6-9 所示。

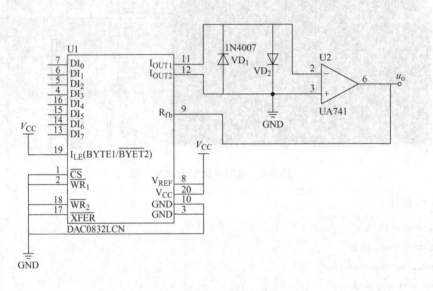

图 6-9　测试电路图

3. 电路原理

（1）电路结构

本电路为不带微机的控制系统，采用直通方式，信号不经两级锁存器锁存，即 $\overline{CS}$、$\overline{XFER}$、$\overline{WR_2}$、$\overline{WR_1}$ 均接地，I_{LE} 接高电平。

DAC0832 属于电流输出型的 D/A 转换器，其转换结果是与输入数字量成正比的电流。这种形式的输出不能直接带动负载，需经运算放大器放大并转换成电压输出。这里采用一个高输入阻抗的线性运算放大器 μA741 实现电流/电压的转换，运放的反馈电阻通过 R_{fb} 端引用片内固有电阻。

电路中的两个二极管反向并联组成了简单而有效的钳位电路，它们将干扰信号钳制在 0.7V 以内，使放大器免于被击穿，对于干扰消失后需要接收的有用信号，其幅值只有几 mV，小于这两个二极管的死区电压，不影响放大器的正常工作。

（2）输出电压值和输入数字量的关系

这里，输出电压用 U_o 表示，输入数字量用 D_i 表示，则有 $U_o = -\dfrac{V_{REF} D_i}{2^8}$。因 DAC0832 为

8 位 D/A 转换器，故 D_i 取值范围为（0～255），U_o 取值范围为 $\left(0 \sim -\dfrac{V_{REF} \times 255}{256}\right)$。

1) 当 $V_{REF} = -5V$ 时，U_o 取值范围为 $0 \sim 5 \times (255/256) V$。

2) 当 $V_{REF} = +5V$ 时，U_o 取值范围为 $0 \sim -5 \times (255/256) V$。

4. 操作步骤

1) 电路连接。按图 6-9 连线，电路接成直通方式，即 $\overline{CS}$、$\overline{XFER}$、$\overline{WR_2}$、$\overline{WR_1}$ 接地，I_{LE}、V_{CC}、V_{REF} 接 +5V 电源，UA741 运放 7 脚、4 脚分别接 ±15V 电源。DAC0832 的 $DI_0 \sim DI_7$ 接逻辑开关，U_o 接数字电压表。

2) 调零。将 $D_0 \sim D_7$ 置"0"，调节电位器 RP，使 UA741 输出 U_o 为零。

3) 测试。按表 6-1 输入的数据输入数字信号，用万用表分别测试输出电压 U_o，将结果记入表 6-1 中。

表 6-1　DAC0832 功能测试记录表

输入数字信号								输出电压 U_o/V
DI_7	DI_6	DI_5	DI_4	DI_3	DI_2	DI_1	DI_0	测量值
0	0	0	0	0	0	0	0	
0	0	0	0	0	0	0	1	
0	0	0	0	0	0	1	0	
0	0	0	0	0	1	0	0	
0	0	0	0	1	0	0	0	
0	0	0	1	0	0	0	0	
0	0	1	0	0	0	0	0	
0	1	0	0	0	0	0	0	
1	0	0	0	0	0	0	0	
1	1	1	1	1	1	1	1	

5. 软件仿真

1) 打开 Multisim 14 软件，按图 6-10 连接电路。V_{REF+} 和 V_{REF+} 之间的电压源提供了 5V 直流电压，作为 D/A 转换器的基准电压，即要转换的电压范围。D/A 转换器的 $DI_0 \sim DI_7$ 与电源和地之间采用了单刀双掷开关模拟数字信号的输入状态，通过调整开关状态从而调节输入数字量的大小。

转换后的电压值直接通过数字电压表读出数据。

2) 打开仿真开关，运行数模转换仿真测试。按顺序依次调整开关，改变输入数字信号的大小，同时观察数字电压表读数，并记录在表 6-2 中。

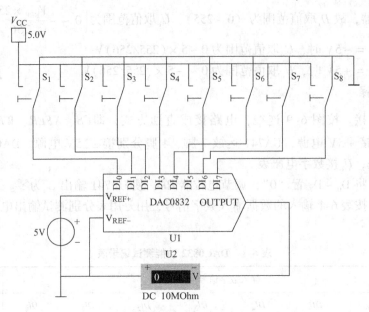

图 6-10　仿真测试电路图

表 6-2　DAC0832 功能仿真测试记录表

输入数字信号								输出电压 U_o/V
DI_7	DI_6	DI_5	DI_4	DI_3	DI_2	DI_1	DI_0	测量值
0	0	0	0	0	0	0	0	
0	0	0	0	0	0	0	1	
0	0	0	0	0	0	1	0	
0	0	0	0	0	1	0	0	
0	0	0	0	1	0	0	0	
0	0	0	1	0	0	0	0	
0	0	1	0	0	0	0	0	
0	1	0	0	0	0	0	0	
1	0	0	0	0	0	0	0	
1	1	1	1	1	1	1	1	

6. 思考与讨论

1）对比实测与仿真测试结果，阐述误差产生原理。

2）试分析 12 位 D/A 转换器输入数字量与输出电压值的关系。

任务 6.2　认识 A/D 转换电路

在仪器仪表系统中，常常需要将检测到的连续变化的模拟量（如温度、压力、流量、速度、光强等）转变成离散的数字量，才能输入到计算机中进行处理。这些模拟量经过传感器转变成电信号（一般为电压信号），经过放大器放大后，就需要经过一定的处理变成数字量。实现模拟量到数字量转变的设备通常称为模/数转换器（ADC），简称 A/D 转换器。

6.2.1 A/D 转换原理

A/D 转换器是模拟系统到数字系统的接口电路。为将时间和幅值均连续变化的模拟信号转换为时间和幅值均离散的数字信号，A/D 转换需要经过采样、保持、量化和编码 4 个步骤。

（1）采样

将一个时间上连续变化的模拟量转换成时间上离散的模拟量称为采样，即"抽取样值"。采样过程示意图如图 6-11 所示，$s(t)$ 是采样脉冲，$x(t)$ 是输入模拟信号，$y(t)$ 是采样后输出信号。取样器实质上是一个受采样脉冲信号控制的电子开关。在采样脉冲有效期内，取样开关接通，输出等于输入信号；在其他时间内，输出为 0。各信号波形如图 6-12 所示。

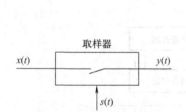

图 6-11 采样过程示意图

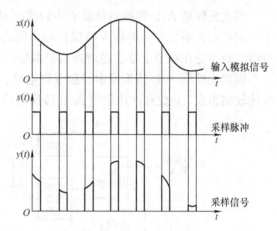

图 6-12 采样过程波形图

通过分析可以看出，采样脉冲 $s(t)$ 的频率越高，采样的数据就越多，所取得的数据就越能真实地还原输入信号。采样频率的高低由采样定理确定。

采样定理：采样频率（f_S）大于或等于输入模拟信号最高频率（f_{max}）的 2 倍，即 $f_S \geqslant 2f_{max}$，则输出采样信号才可以正确地反映输入信号。通常取 $f_S = (2.5 \sim 3)f_{max}$。

（2）保持

由于 A/D 转换器把采样信号转换为数字信号需要一定的时间，所以在每次采样以后，需要把采样电压保持一段时间。

（3）量化

经采样-保持后得到的样值脉冲还不是数字信号，为此还需要进一步把每个样值脉冲转换成与它幅值成正比的数字量。为将该信号转换为数字信号，把阶梯信号的幅度值等分为 n 级，每级为一个基准电平值，然后将阶梯电平分别对应归化到最邻近的基准电平上，这一过程称为量化，也就是说，量化是把采样-保持电路的输出电压按照某种近似方式归化到与之相应的离散电平上。量化后的基准电平称为量化电平。

（4）编码

用二进制代码表示各个量化电平的过程，称为编码。一个 n 位的二进制数只能表示 2^n

个值，因而任何一个采样-保持信号的幅值，只能近似地逼近某一个离散的数字量，这在转换过程中就不可避免地存在误差，通常称之为量化误差。显然，在量化过程中，量化级分得越多，即二进制代码的位数 n 值越大，量化误差就越小。

6.2.2 A/D 转换器

A/D 转换器按照工作原理不同，可分为直接 A/D 转换器和间接 A/D 转换器两类。直接 A/D 转换器中，输入模拟信号被直接转换为相应的数字信号，如逐次比较型 A/D 转换器和并行比较型 A/D 转换器等。该类 A/D 转换器具有工作速度快、转换精度高等特点。而在间接 A/D 转换器中，输入模拟信号先被转换为某种中间变量（如时间、频率等），然后把中间变量转换为数字量，如双积分型 A/D 转换器、电压转换型 A/D 转换器等，其特点是转化精度更高、抗干扰能力更强，但工作速度较慢。下面主要介绍 3 种 A/D 转换器。

1. 逐次比较型 A/D 转换器

逐次比较型 A/D 转换器目前应用较多，具有转换速度快、精度高的特点。其原理类似于一架平衡天平。它是将输入模拟量与不同的基准电压（相当于砝码）进行比较，使转换所得的数字量在数值上逐次逼近输入模拟量的对应值。

逐次比较型 A/D 转换器由控制逻辑电路、数据寄存器、移位寄存器、D/A 转换器及电压比较器组成。n 位逐次比较型 A/D 转换器的结构框图如图 6-13 所示。

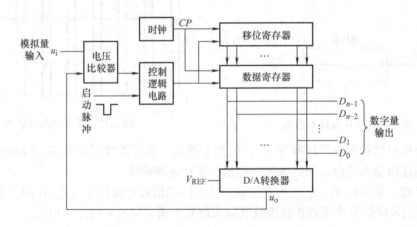

图 6-13 逐次比较型 A/D 转换器结构框图

n 位逐次比较型 A/D 转换器的工作原理如下：

转换开始前先将数据寄存器清零，所以加给 D/A 转换器的数字量也全是 0，在第一个时钟脉冲作用下，时钟信号首先将数据寄存器的最高位置 1，使数据寄存器的输出为 $100\cdots00$。这个数字量被 D/A 转换器转换为相应的模拟电压 u_{o}，并送到电压比较器与输入信号 u_{i} 相比较。如果 $u_{o} > u_{i}$，则这个 1 应去掉；反之则保留。然后再用同样方法将次高位置 1，并比较 u_{o} 与 u_{i} 的大小以确定该位的 1 是否保留。这样逐位比较下去，直到比较到最低位为止。这时寄存器里所存的数码就是所求的输出数字量。

上述比较过程和用天平去称量一个未知重量的物品所进行的过程一样，同样遵循砝码"大者弃，小者留"的原则，只是 A/D 转换器的"电压砝码"依次减小 1/2。下面我们再结合实例说明逐次比较的过程。

设一个 4 位的逐次比较型 A/D 转换器，输入模拟电压 $u_i = 4.45\text{V}$，D/A 转换器基准电压 $V_{REF} = 5\text{V}$。根据逐次转换原理，在第一个 CP 脉冲作用下，寄存器的状态为 1000，送入 D/A 转换器，其输出电压 $u_o = \dfrac{1}{2}V_{REF} = 2.5\text{V}$，$u_o$ 与 u_i 比较，$u_o < u_i$，寄存器最高位存 1；当第二个 CP 脉冲到来，寄存器状态为 1100，由 D/A 转换器转换输出的电压 $u_o = \left(\dfrac{1}{2} + \dfrac{1}{4}\right)V_{REF} = 3.75\text{V}$，$u_o < u_i$，寄存器次高位也保留 1；第三个 CP 脉冲到来，寄存器状态为 1110，$u_o = \left(\dfrac{1}{2} + \dfrac{1}{4} + \dfrac{1}{8}\right)V_{REF} \approx 4.38\text{V}$，$u_o < u_i$，该位保留 1；最后寄存器状态变为 1111，输出电压 $u_o = \left(\dfrac{1}{2} + \dfrac{1}{4} + \dfrac{1}{8} + \dfrac{1}{16}\right)V_{REF} \approx 4.69\text{V}$，$u_o > u_i$，该位的 1 去掉，保留为 0。所以逐次比较型 A/D 转换器最后输出的转换结果为 1110。

常用的逐次比较型 A/D 转换器有 ADC0808/0809 系列（8 位）、AD575（10 位）和 AD574A（12 位）等。

2. 并行比较型 A/D 转换器

这里以 3 位并行比较型 A/D 转换器进行原理分析，电路如图 6-14 所示。它由电阻分压器、电压比较器、寄存器及编码器组成。

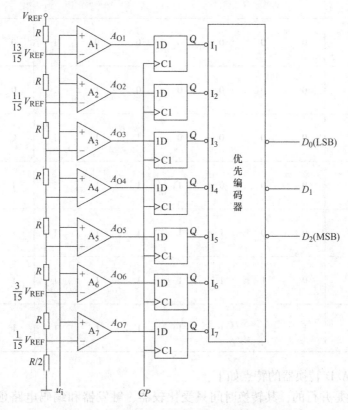

图 6-14　3 位并行比较型 A/D 转换器电路图

图 6-14 中的 8 个电阻将参考电压 V_{REF} 分成 8 个等级，其中，7 个等级的电压分别作为 7 个比较器 $A_1 \sim A_7$ 的参考电压，其数值分别为 $\dfrac{V_{REF}}{15}$、$\dfrac{3V_{REF}}{15}$、$\cdots$、$\dfrac{13V_{REF}}{15}$。输入电压为 u_i，它的大小决定各比较器的输出状态。如当 $0 \leqslant u_i < \dfrac{V_{REF}}{15}$ 时，$A_1 \sim A_7$ 的输出状态都为 0；当 $\dfrac{3V_{REF}}{15} \leqslant u_i < \dfrac{5V_{REF}}{15}$ 时，比较器 A_6 和 A_7 的输出 $A_{06} = A_{07} = 1$，其余各比较器的状态均为 0。根据各比较器的参考电压值，可以确定输入模拟电压值与各比较器输出状态的关系。比较器的输出状态由 D 触发器存储，经优先编码器编码，得到数字量输出。优先编码器优先级别最高是 I_7，最低的是 I_1。

设 u_i 变化范围是 $0 \sim V_{REF}$，输出 3 位数字量为 $D_2 D_1 D_0$，3 位并行比较型 A/D 转换器的输入与输出关系对照表见表 6-3。

表 6-3　3 位并行比较型 A/D 转换器输入与输出关系对照表

模拟量输入	比较器输出状态							数字量输出		
	A_{O1}	A_{O2}	A_{O3}	A_{O4}	A_{O5}	A_{O6}	A_{O7}	D_2	D_1	D_0
$0 \leqslant u_i < \dfrac{V_{REF}}{15}$	0	0	0	0	0	0	0	0	0	0
$\dfrac{V_{REF}}{15} \leqslant u_i < \dfrac{3V_{REF}}{15}$	0	0	0	0	0	0	1	0	0	1
$\dfrac{3V_{REF}}{15} \leqslant u_i < \dfrac{5V_{REF}}{15}$	0	0	0	0	0	1	1	0	1	0
$\dfrac{5V_{REF}}{15} \leqslant u_i < \dfrac{7V_{REF}}{15}$	0	0	0	0	1	1	1	0	1	1
$\dfrac{7V_{REF}}{15} \leqslant u_i < \dfrac{9V_{REF}}{15}$	0	0	0	1	1	1	1	1	0	0
$\dfrac{9V_{REF}}{15} \leqslant u_i < \dfrac{11V_{REF}}{15}$	0	0	1	1	1	1	1	1	0	1
$\dfrac{11V_{REF}}{15} \leqslant u_i < \dfrac{13V_{REF}}{15}$	0	1	1	1	1	1	1	1	1	0
$\dfrac{13V_{REF}}{15} \leqslant u_i < V_{REF}$	1	1	1	1	1	1	1	1	1	1

并行比较型 A/D 转换器的特点如下：

1）由于转换是并行的，其转换时间只受比较器、触发器和编码电路延迟时间的限制，所以转换速度最快。

2）随着分辨率的提高，元器件数目要按几何级数增加。一个 n 位并行比较型 A/D 转换器，所用比较器的个数为 $2^n - 1$，如 8 位的并行比较型 A/D 转换器就需要 $2^8 - 1 = 255$ 个比较器。位数越多，电路越复杂，因此制成分辨率较高的集成并行比较型 A/D 转换器是比较困难的。

3）精度取决于分压网络和比较电路。

4）动态范围取决于 V_{REF}。

单片集成并行比较型 A/D 转换器的产品有很多，如 AD 公司的 AD9012（TTL 工艺，8位）、AD9002（ECL 工艺，8位）、AD9020（TTL 工艺，10位）等。

3. 双积分型 A/D 转换器

（1）双积分型 A/D 转换器基本结构

双积分型 A/D 转换器的转换原理是先将模拟电压 U_i 转换成与其大小成正比的时间间隔 T，再利用基准时钟脉冲通过计数器将 T 变换成数字量。图 6-15 所示是双积分型 A/D 转换器的原理框图，它由积分器、零值比较器、时钟控制门 G 和计数器（计数定时电路）等部分构成。

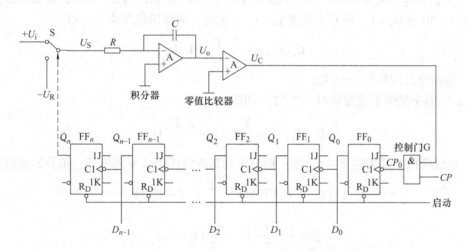

图 6-15　双积分 A/D 转换器原理框图

1）积分器：由运算放大器和 RC 积分网络组成，这是转换器的核心。它的输入端接开关 S，开关 S 受触发器 FF_n 的控制，当 $Q_n = 0$ 时，S 接输入电压 $+U_i$，积分器对输入信号电压（正极性）积分（正向积分）；当 $Q_n = 1$ 时，S 接基准电压 $-U_R$（负极性），积分器对基准电压 $-U_R$ 积分（负向积分）。因此，积分器在一次转换过程中进行两次方向相反的积分。积分器输出 U_o 接零值比较器。

2）零值比较器：当积分器输出 $U_o \le 0$ 时，比较器输出 $U_C = 1$；当积分器输出 $U_o > 0$ 时，比较器输出 $U_C = 0$。零值比较器输出 U_C 作为控制门 G 的门控信号。

3）时钟控制门 G：时钟控制门 G 有两个输入端，一个接标准时钟脉冲源 CP，另一个接零值比较器输出 U_C。当零值比较器输出 $U_C = 1$ 时，G 门开，标准时钟脉冲通过 G 门加到计数器；当零值比较器输出 $U_C = 0$ 时，G 门关，标准时钟脉冲不能通过 G 门加到计数器，计数器停止计数。

4）计数器（计数定时电路）：它由 $n + 1$ 个触发器构成，触发器 $FF_{n-1} \cdots FF_0$ 构成 n 位二进制计数器，触发器 FF_n 实现对 S 的控制。计数定时电路在启动脉冲的作用下，全部触发器被置 0，触发器 FF_n 输出 $Q_n=0$，使开关 S 接输入电压 $+U_i$，同时 n 位二进制计数器开始计数（设电容 C 上初始值为 0，并开始正向积分，则此时 $U_o\leqslant 0$，比较器输出 $U_C=1$，G 门开）。当计数器计入 2^n 个脉冲后，触发器 $FF_{n-1}\cdots FF_0$ 状态由 $11\cdots 111$ 回到 $00\cdots 000$，FF_{n-1}（Q_{n-1}）触发 FF_n，使 $Q_n=1$，发出定时控制信号，使开关转接至 $-U_R$，触发器 $FF_{n-1}\cdots FF_0$ 再从 $00\cdots 000$ 开始计数，并开始负向积分，U_o 逐步上升。当积分器输出 $U_o>0$ 时，零值比较器输出 $U_C=0$，G 门关，计数器停止计数，完成一个转换周期。把与输入模拟信号 $+U_i$ 平均值成正比的时间间隔转换为数字量。

（2）双积分型 A/D 转换器的工作过程

1）取样阶段。在启动脉冲作用下，将全部触发器置 0，由于触发器 FF_n 输出 $Q_n=0$，使开关 S 接输入电压 $+U_i$，A/D 转换开始，$+U_i$ 加到积分器的输入端后，积分器对 $+U_i$ 进行正向积分。此时 $U_o\leqslant 0$，比较器输出 $U_C=1$，G 门开，n 位二进制计数器开始计数，一直到 $t=T_1=2^n T_{CP}$（T_{CP} 为时钟周期）时，触发器 $FF_{n-1}\cdots FF_0$ 状态回到 $00\cdots 000$，而触发器 FF_n 由 0 翻转为 1，由于 $Q_n=1$，使开关转接至 $-U_R$，至此，取样阶段结束，可得

$$U_o(t) = -\frac{1}{\tau}\int_0^t +U_i dt$$

式中，τ 为积分时间常数，$\tau=RC$。

当 $+U_i$ 为正极性不变常量时，$U_o(T_1)$ 值为

$$U_o(T_1) = -\frac{T_1}{\tau}U_i = -\frac{2^n T_{CP}}{\tau}U_i$$

2）比较阶段。开关转至 $-U_R$ 后，积分器对基准电压进行负向积分，积分器输出为

$$U_o(t) = U_o(T_1) = -\frac{1}{\tau}\int_{T_1}^t (-U_R)dt$$

$$= -\frac{2^n T_{CP}}{\tau}U_i + \frac{U_R}{\tau}(t-T_1)$$

当 $U_o>0$ 时，零值比较器输出 $U_C=0$，G 门关，计数器停止计数，完成一个转换周期。假设此时计数器已记录了 α 个脉冲，则 $T_2=t-T_1=\alpha T_{CP}$，即

$$U(T_1+T_2) = -\frac{2^n T_{CP}}{\tau}U_i + \frac{U_R}{\tau}(t-T_1)$$

$$= -\frac{2^n T_{CP}}{\tau}U_i + \frac{U_R}{\tau}(T_2)$$

$$= -\frac{2^n T_{CP}}{\tau}U_i + \frac{\alpha T_{CP}}{\tau}U_R = 0V$$

可求得

$$\alpha = 2^n \frac{U_i}{U_R}$$

由上式可见，计数器记录的脉冲数 α 与输入电压 $+U_i$ 成正比，计数器记录 α 个脉冲后的状态就表示了 $+U_i$ 的数字量的二进制代码，实现了 A/D 转换。双积分型 A/D 转换器工作波形如图 6-16 所示。

（3）双积分型 A/D 转换器的优点

1）转换结果与时间常数 RC 无关，从而消除了由于斜波电压非线性带来的误差，允许积分电容在一个较宽范围内变化，而不影响转换结果。

2）由于输入信号积分的时间较长，且是一个固定值 T_1，而 T_2 正比于输入信号在 T_1 内的平均值，这对于叠加在输入信号上的干扰信号有很强的抑制能力。

3）这种 A/D 转换器不必采用高稳定度的时钟源，它只要求时钟源在一个转换周期（$T_1 + T_2$）内保持稳定即可。这种转换器被广泛应用于要求精度较高而转换速度要求不高的仪器中。

常用的双积分型 A/D 转换器有 3½ 位（相当于二进制 11 位分辨率）精度，典型的产品有 MC14433、ICL7106/ICL7107/ICL7126 系列。

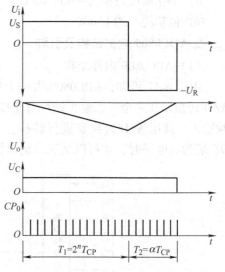

图 6-16　双积分型 A/D 转换器工作波形

（4）A/D 转换器的主要技术参数

介绍完 3 种 A/D 转换器后，下面来介绍下 A/D 转换器的主要技术参数：

1）分辨率。分辨率是指 A/D 转换器输出数字量的最低位变化一个数码所对应输入模拟量的变化范围，通常以 A/D 转换器输出数字量的位数表示分辨率的高低。输出数字量位数越多，能分辨出的最小模拟量就越小。例如，输入模拟电压满量程为 10V，若用 8 位 A/D 转换器转换时，其分辨率为 $10V \div 2^8 \approx 39mV$，10 位 A/D 转换器的分辨率是 9.65mV，而 12 位 A/D 转换器的分辨率是 2.44mV。

2）转换速度。转换速度表示完成一次 A/D 转换所需要的时间。转换时间越短，说明转换速度越快。

3）转换误差。转换误差又叫作相对误差、相对精度。它表示 A/D 转换器实际输出的数字量和理想输出数字量之间的差别。

6.2.3　典型集成 A/D 转换器及应用

集成 A/D 转换器品种繁多，常见的主要有 ADC0804、ADC0809、MC14433 等。这里仅对常用的逐次比较型 A/D 转换器 ADC0809 做简要介绍。

1. ADC0809 的主要特性

ADC0809 是带有 8 位 A/D 转换器、8 路模拟量开关以及与微处理机兼容的控制逻辑的 CMOS 组件。它是逐次比较型 A/D 转换器，可以和单片机直接接口。

其主要特性如下：

1）8 路 8 位 A/D 转换器，即分辨率为 8 位。

2）具有转换起停控制端。

3）转换时间为 $100\mu s$。

4）单个 +5V 电源供电。

5）模拟输入电压范围 0~5V，不需零点和满刻度校准。

6）工作温度范围为 – 40 ~ 85℃。

7）低功耗，约 15mW。

2. ADC0809 内部结构及引脚

（1）ADC0809 内部结构

由图 6-17 可知，ADC0809 由一个 8 路模拟量开关、一个地址锁存与译码器、一个 8 路 A/D 转换器和一个三态输出锁存器组成。多路开关可选通 8 个模拟通道，允许 8 路模拟量分时输入，共用 A/D 转换器进行转换。三态输出锁存器用于锁存 A/D 转换完的数字量，当 OE 端为高电平时，才可以从三态输出锁存器取走转换完的数据。

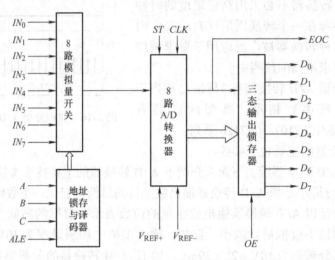

图 6-17　ADC0809 内部逻辑结构图

（2）ADC0809 芯片引脚

ADC0809 是 28 引脚的双列直插式芯片，其引脚图如图 6-18 所示。各引脚的功能如下：

1）$D_7 \sim D_0$：8 位数字量输出引脚。

2）$IN_0 \sim IN_7$：8 位模拟量输入引脚。

3）V_{CC}：+5V 工作电压。

4）GND：地。

5）V_{REF+}：参考电压正端。

6）V_{REF-}：参考电压负端。

7）ST（START）：A/D 转换启动信号输入端。

图 6-18　ADC0809 引脚图

8）ALE：地址锁存允许信号输入端。

9）EOC：转换结束信号输出引脚，开始转换时为低电平，当转换结束时为高电平。

10）OE：输出允许控制端，用以打开三态输出锁存器。

11）CLK：时钟输入信号线。因 ADC0809 的内部没有时钟电路，所需时钟信号必须由外界提供，通常使用频率为 500kHz。

12）A、B、C：地址输入线。

ADC0809 对输入模拟量要求：信号单极性，电压范围是 0 ~ 5V，若信号太小，必须进行放大；输入的模拟量在转换过程中应该保持不变，如若模拟量变化太快，则需在输入前增加采样保持电路。

地址输入和控制线：4 条。

ALE 为地址锁存允许输入线，高电平有效。当 ALE 线为高电平时，地址锁存与译码器将 A、B、C 三条地址线的地址信号进行锁存，经译码后被选中通道的模拟量进入转换器进行转换。A、B 和 C 为地址输入线，用于选通 $IN_0 \sim IN_7$ 上的一路模拟量输入。模拟量通道选择见表 6-4。

表 6-4　模拟量通道选择列表

C	B	A	选择的通道
0	0	0	IN_0
0	0	1	IN_1
0	1	0	IN_2
0	1	1	IN_3
1	0	0	IN_4
1	0	1	IN_5
1	1	0	IN_6
1	1	1	IN_7

数字量输出及控制线：11 条。

ST 为转换启动信号。当在 ST 上升沿时，所有内部寄存器清零；下降沿时，开始进行 A/D 转换；在转换期间，ST 应保持低电平。EOC 为转换结束信号。当 EOC 为高电平时，表明转换结束；否则，表明正在进行 A/D 转换。OE 为输出允许信号，用于控制三态输出锁存器输出转换得到的数据。当 $OE = 1$ 时，输出转换得到的数据；当 $OE = 0$ 时，输出数据线呈高阻状态。$D_7 \sim D_0$ 为数字量输出线。

3. ADC0809 的典型应用

（1）ADC0809 的应用说明

1）ADC0809 内部带有输出锁存器，可以与 AT89S51 单片机直接相连。

2）初始化时，使 ST 和 OE 信号全为低电平。

3）送要转换的模拟量通道的地址到 A、B、C 端口。

4）在 ST 端给出一个至少有 100ns 宽的正脉冲信号。

5）根据 EOC 信号来判断是否转换完毕。

6）当 EOC 变为高电平时，这时给 OE 高电平，转换的数据就可以输出了。

（2）ADC0809 典型应用实例

图 6-19 所示简易数字电压表电路，从 ADC0809 的通道 IN_3 输入 0 ~ 5V 的模拟量，通过 ADC0809 转换成数字量在数码管上以十进制数形成显示出来。ADC0809 的 V_{REF+} 接 +5V 电压。

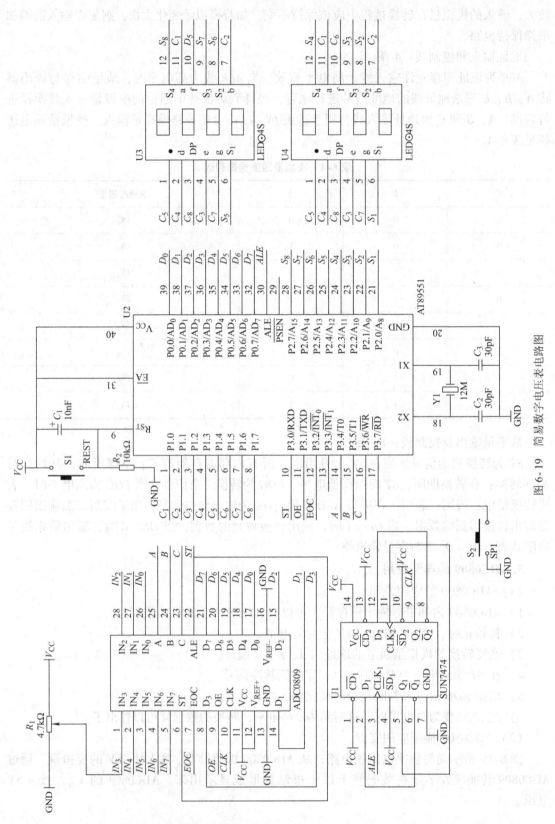

图 6-19 简易数字电压表电路图

参考 C 程序：

```c
#include < reg51.h >
unsigned char code dispbitcode[ ] = {0xfe,0xfd,0xfb,0xf7,0xef,0xdf,0xbf,0x7f};
unsigned char code dispcode[ ] = {0x3f,0x06,0x5b,0x4f,0x66,0x6d,0x7d,0x07,0x7f,0x6f,0x00};
unsigned char dispbuf[8] = {10,10,10,10,10,0,0,0};
unsigned char dispcount;
sbit ST = P3^0;
sbit OE = P3^1;
sbit EOC = P3^2;
unsigned char channel = 0xbc;
unsigned char getdata;
void main(void)
{
    TMOD = 0x01;
    TH0 = (65536-4000)/256;
    TL0 = (65536-4000)%256;
    TR0 = 1;
    ET0 = 1;
    EA = 1;
    P3 = channel;
    while(1)
    {
        ST = 0;
        ST = 1;
        ST = 0;
        while(EOC == 0);
        OE = 1;
        getdata = P0;
        OE = 0;
        dispbuf[2] = getdata/100;
        getdata = getdata%10;
        dispbuf[1] = getdata/10;
        dispbuf[0] = getdata%10;
    }
}
void t0(void) interrupt 1 using 0
{
    TH0 = (65536-4000)/256;
    TL0 = (65536-4000)%256;
    P1 = dispcode[dispbuf[dispcount]];
    P2 = dispbitcode[dispcount];
    dispcount ++;
    if(dispcount == 8)
    {
        dispcount = 0;
    }
}
```

技能训练 A/D 转换器 ADC0809 功能测试

1. 训练目的

1）理解 A/D 转换器的基本工作原理。

2）掌握 A/D 转换器的典型应用和测试方法。

2. 训练器材

1）测试用仪器仪表：直流稳压电源、函数信号发生器、数字电压表。

2）电子元器件：ADC0809、发光二极管 9 个、470Ω 电阻 9 个。

测试电路如图 6-20 所示。

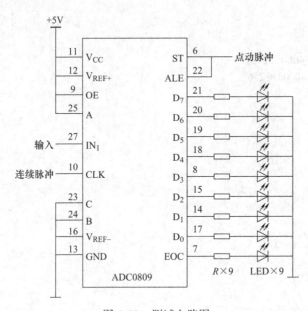

图 6-20 测试电路图

3. 操作步骤

1）按照图 6-20 所示电路接线组成 A/D 转换电路。3 位地址线接 001，选通模拟输入 IN_1 通道进行 A/D 转换。因此在 IN_1 接输入模拟电压 u_i，u_i 由直流可调稳压电源提供，电压范围为 0 ~ 5V。CLK 接 1kHz 连续脉冲作为 ADC0809 的时钟信号，启动信号和地址锁存信号接点动脉冲，在信号的上升沿时将所有内部寄存器清零，在下降沿时开始进行 A/D 转换。OE 接高电平，允许将转换结果输出。EOC 为转换结束信号输出端，变为高电平时表示 A/D 转换结束。

2）调节 u_i，使输出数字量按表 6-5 变化，记录相对应的输入模拟电压大小。

表 6-5 ADC0809 功能测试记录表

输 入	输 出							
u_i/V	D_7	D_6	D_5	D_4	D_3	D_2	D_1	D_0
	0	0	0	0	0	0	0	1
	0	0	0	0	0	0	1	0

（续）

输　入	输　出							
u_i/V	D_7	D_6	D_5	D_4	D_3	D_2	D_1	D_0
	0	0	0	0	0	1	0	0
	0	0	0	0	1	0	0	0
	0	0	0	1	0	0	0	0
	0	0	1	0	0	0	0	0
	0	1	0	0	0	0	0	0
	1	0	0	0	0	0	0	0
	0	0	0	0	0	0	0	0
	1	1	1	1	1	1	1	1

4. 思考与讨论

1）测试数据是否与理论值相同？产生差异的原因是什么？

2）A/D 转换器若同时使用两路通道输入模拟量，应如何实现？

项目实施　$3\frac{1}{2}$ 位直流数字电压表电路的设计与制作

1. 任务要求

1）工作任务：$3\frac{1}{2}$ 位直流电压表电路的设计与制作。

2）电路功能：能准确实现 $-1.999 \sim 1.999\text{V}$ 范围内的直流电压测量，并通过数码管完成测量值显示，全部量程内的误差均不超过个位数（在 5 以内）。

2. 电路设计

（1）电路设计

整机参考电路如图 6-21 所示。

1）A/D 转换器 MC14433。本设计采用 CMOS 双积分型 $3\frac{1}{2}$ 位 A/D 转换器 MC14433 实现 A/D 转换，它是将构成数字和模拟电路的 7700 多个 MOS 晶体管集成在一个硅芯片上，芯片有 24 只引脚，采用双列直插式，其引脚图如图 6-22 所示。

① 引脚功能如下：

V_{AG}（1 引脚）：被测电压 V_X 和基准电压 V_R 的参考地。

V_R（2 引脚）：外接基准电压（2V 或 200mV）输入端。

V_X（3 引脚）：被测电压输入端。

R_1（4 引脚）、R_1/C_1（5 引脚）、C_1（6 引脚）：外接积分阻容元件端。$C_1 = 0.1\mu\text{F}$（聚酯薄膜电容器），$R_1 = 470\text{k}\Omega$（2V 量程）。$R_1 = 27\text{k}\Omega$（200mV 量程）。

C_{01}（7 引脚）、C_{02}（8 引脚）：外接失调补偿电容端，典型值 $0.1\mu\text{F}$。

DU（9 引脚）：实时显示控制输入端。若与 EOC（14 引脚）端连接，则每次 A/D 转换均显示。

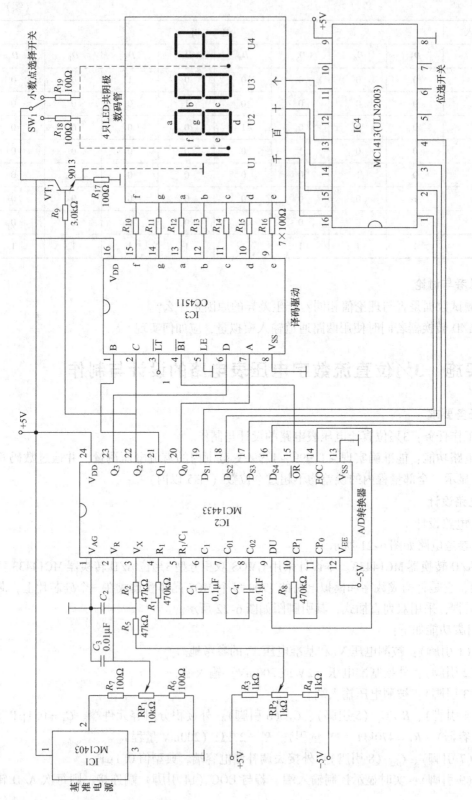

图6-21 数字电压表整机参考电路图

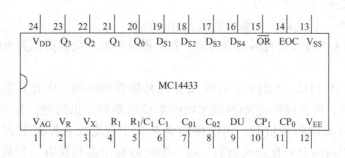

图 6-22 MC14433 外部引脚排列图

CP_1（10 引脚）、CP_0（11 引脚）：时钟振荡外接电阻端，典型值为 470kΩ。

V_{EE}（12 引脚）：电路的电源负端，接 $-5V$。

V_{SS}（13 引脚）：除 CP 外所有输入端的低电平基准（通常与 1 引脚连接）。

EOC（14 引脚）：转换周期结束标记输出端，每一次 A/D 转换周期结束，EOC 输出一个正脉冲，宽度为时钟周期的 1/2。

$\overline{OR}$（15 引脚）：过量程标志输出端，当 $|V_X| > V_R$ 时，$\overline{OR}$ 输出为低电平。

$D_{S4} \sim D_{S1}$（16 ~ 19 引脚）：多路选通脉冲输入端，D_{S1} 对应于千位，D_{S2} 对应于百位，D_{S3} 对应于十位，D_{S4} 对应于个位。

$Q_0 \sim Q_3$（20 ~ 23 引脚）：BCD 码数据输出端，D_{S2}、D_{S3}、D_{S4} 选通脉冲期间，输出 3 位完整的十进制数，在 D_{S1} 选通脉冲期间，输出千位 0（或 1）、过量程（欠量程）和被测电压极性标志信号。

V_{DD}（24 引脚）：电路的电源正端，接 $+5V$。

② 主要性能指标如下：

分辨率：$3\frac{1}{2}$ 位。

精度：读数的 $\pm0.05\%$ ±1 个字。

量程：1.999V 和 199.9mV 两档（对应参考电压分别为 2V 和 200mV）。

转换速率：3 ~ 25 次/s；   输入阻抗：≥1000MΩ。

时钟频率：30 ~ 300kHz。   电源电压范围：$\pm4.5 \sim \pm8V$。

MC14433 具有自动调零、自动极性转换等功能。可测量正或负的电压值。当 CP_1、CP_0 端接入 470kΩ 电阻时，时钟频率约为 66kHz，每秒钟可进行 4 次 A/D 转换。它的使用调试简便，能与微处理器或其他数字系统兼容，广泛用于数字面板表、数字万用表、数字温度计、数字量具，以及遥测、遥控系统。

2）基准电源 MC1403。MC1403 输出电压的温度系数为零，即输出电压与温度无关。该电路的特点如下：

① 温度系数小。

② 噪声小。

③ 输入电压范围大，稳定性能好，当输入电压从 $+4.5V$ 变化到 $+15V$ 时，输出电压值变化量 $\Delta U_o < 3mV$。

④ 输出电压值准确度较高，在 2.475 ~ 2.525V 以内。

⑤ 压差小，适用于低压电源。

⑥ 负载能力小，该电源最大输出电流为10mA。

MC1403采用8引线双列直插标准封装，在本设计中通过电阻分压为MC14433提供精确的2V参考电压。

3）驱动阵列MC1413。MC1413采用NPN达林顿管的结构，因此具有很高的电流增益和很高的输入阻抗，可直接接收MOS或CMOS集成电路的输出信号，并把电压信号转换成足够大的电流信号驱动各种负载。该电路内含有7个集电极开路反相器（也称OC门）。MC1413采用16引脚的双列直插式封装。每一驱动器输出端均接有一释放电感负载能量的抑制二极管。

4）显示译码驱动器CC4511。CC4511是常用的BCD码七段显示译码器，其内部还有锁存器和输出驱动器，它的逻辑功能与引脚排列组合在逻辑电路部分相关内容以做介绍，这里不再赘述。

3. 元器件清单（见表6-6）

表6-6　$3\frac{1}{2}$位直流数字电压表电路元器件清单

名　称	序　号	注　释	数量
电阻	R_1、R_8	470kΩ	2个
	R_2、R_5	47kΩ	2个
	R_3、R_4	1kΩ	2个
	R_9	3kΩ	1个
	R_6、R_7、R_{10}、R_{11}、R_{12}、R_{13}、R_{14}、R_{15}、R_{16}、R_{17}、R_{18}、R_{19}	100Ω	12个
电位器	RP_1、RP_2	10kΩ	2个
基准电源	IC1	MC1403	1个
A/D转换器	IC2	MC14433	1个
显示译码器	IC3	CC4511	1个
驱动阵列	IC4	MC1413	1个
瓷片电容	C_1、C_2、C_4	0.1μF	3个
	C_3	0.01μF	1个
晶体管	VT_1	9013	1个
数码管		4位共阴极数码管	1个
开关	SW_1	单刀双掷	1个

4. 电路装配

将检验合格的元器件按图安装在电路板上。

（1）电路板装配步骤

电路装配遵循"先低后高、先内后外"的原则，先安装电阻、电容，再安装集成电路IC，最后安装数码管。

（2）电路板装配工艺要求

1）将所有元器件正确装入电路板相应位置，采用单面焊接法，注意应无错焊、漏焊、缺焊。

2）元器件距电路板高度为 $0 \sim 1mm$。

3）元器件引脚保留长度为 $0.5 \sim 1.5mm$。

4）器件面相应元器件高度应平整、一致。

5. 电路调试

1）插好芯片 CC14433，将输入端接地，接通 ±5V 电源，此时显示器将显示"000"，如果不是，应检测电源正负电压。用示波器测量，观察 $DS_1 \sim DS_4$、$Q_0 \sim Q_3$ 波形，判断电路故障。

2）用标准数字电压表测量输入电压，调节输入电压，使 $V_X = 1.000V$，这时被调数字电压表的电压显示值不一定显示"1.000"，应调整基本电压源，使得显示值与标准电压表误差个位数在 5 以内。电阻 R_3、R_4 和电位器 RP_2 构成一个简单的输入电压 V_X 调节电路。

3）改变输入电压 V_X，使 $V_X = -1.000V$，检查是否显示"－"，并按步骤 2）校准。

4）在 $-1.999 \sim 1.999V$ 量程内再一次仔细调整（调节基准电源电压），使全部量程内的误差均不超过个位数（在 5 以内）。

项目考核

项目考核表见表6-7。

表 6-7　项目考核表

项目 6　数字电压表电路的设计与制作

班级			姓名			学号		组别	
项目	配分	考核要求			评分标准			扣分	得分
电路分析	20	能正确分析电路的工作原理			分析错误，扣 5 分/处				
元器件清点	10	10min 内完成所有元器件的清点、检测及调换			1. 超出规定时间更换元器件，扣 2 分/个 2. 检测数据不正确，扣 2 分/处				
组装焊接	20	1. 工具使用正确，焊点规范 2. 元件的位置、连线正确 3. 布线符合工艺要求			1. 整形、安装或焊点不规范，扣 1 分/处 2. 损坏元器件，扣 2 分/个 3. 错装、漏装元器件，扣 2 分/个 4. 布线不规范，扣 1 分/处				
通电测试	20	电路功能能够完全实现			1. CC14433 输出波形错误，扣 5 分 2. 调教步骤错误，扣 10 分 3. 数码管显示误差大，扣 5 分				
故障分析检修	20	1. 能正确观察出故障现象 2. 能正确分析故障原因，判断故障范围 3. 检修思路清晰、方法得当 4. 检修结果正确			1. 故障现象观察错误，扣 2 分/次 2. 故障原因分析错误，或故障范围判断过大，扣 2 分/次 3. 检修思路不清，方法不当，扣 2 分/次；仪表使用错误，扣 2 分/次 4. 检修结果错误，扣 2 分/次				

（续）

项目	配分	考核要求	评分标准	扣分	得分
安全、文明工作	10	1. 安全用电，无人为损坏仪器、元器件和设备 2. 操作习惯良好，能保持环境整洁，小组团结协作 3. 不迟到、早退、旷课	1. 发生安全事故或人为损坏设备、元器件，扣10分 2. 现场不整洁、工作不文明，团队不协作，扣5分 3. 不遵守考勤制度，每次扣2~5分		
合计					

项目习题

6.1 填空题

1. D/A 转换器用来将输入的_____转为_____输出。

2. 倒 T 形电阻网络 D/A 转换器中，电阻网络中的电阻值只有_____两种；各节点的对地等效电阻均为_____。

3. 和电阻网络 D/A 转换器相比，权电流 D/A 转化器的主要优点是_____。

4. 电阻网络 D/A 转换器主要由_____、_____、_____ 3 部分组成，其中，_____为 D/A 转换器的核心。

5. A/D 转换器用来将输入的_____转为_____输出。

6. 在 A/D 转换器中，量化单位是指输入最小数字量对应的_____。

7. A/D 转换的 4 个步骤是_____、_____、_____、_____。取样脉冲的频率应大于输入模拟信号的频谱中最高频率分量频率的_____。

8. 双积分型 A/D 转换器是在固定的时间间隔内对_____进行积分。和其他 A/D 转换器相比，它的优点是_____、_____，主要缺点是_____。

6.2 判断题

（   ）1. 在 D/A 转换器的中，输入数字量位数越多，输出的模拟电压越接近实际的模拟电压。

（   ）2. $R-2R$ 倒 T 形的电阻网络 D/A 转换器的转换精度比权电阻网络 D/A 转换器高。

（   ）3. 在 D/A 转换器中，转换误差是完全可以消除的。

（   ）4. 在 A/D 转换器中，量化单位越小，转换精度越差。

（   ）5. 在 A/D 转换器中，输出的数字量位数越多，量化误差越小。

（   ）6. 在 A/D 转换器中，量化误差数是不可以的消除的。

（   ）7. D/A 转换器是将输入的模拟量转换数字量。

（   ）8. 双积分型 A/D 转换器的主要优点是工作稳定、抗干扰能力强、转换精度高。

6.3 选择题

1. $R-2R$ 倒 T 形电阻网络 D/A 转换器中的电阻值为 （   ）。

A. 分散值　　　　B. R 和 $2R$　　　　C. R 和 $3R$　　　　D. R 和 $R/2$

2. 将输入的数字量转换成与之成正比的模拟量输出的电路是（　　　）。

A. ROM
B. RAM
C. D/A 转换器
D. A/D 转换器

3. D/A 转换器中运算放大器的输入和输出信号为（　　　）。

A. 二进制代码和电流
B. 二进制代码和电压
C. 模拟电压和电流
D. 电流和模拟电压

4. 双积分型 A/D 转换器输出的数字量和输入的模拟量关系为（　　　）。

A. 正比
B. 反比
C. 二次方
D. 无关

5. 根据取样定理，取样脉冲的频率为（　　　）。

A. 小于模拟信号频谱最高频率的1/2
B. 大于模拟信号频谱最高频率的2倍
C. 小于模拟信号频谱最低频率的1/2
D. 大于模拟信号频谱最低频率的2倍

6. 并联比较型 A/D 转换器不可以缺少的组成部分是（　　　）。

A. 计数器
B. D/A 转换器
C. 编码器
D. 积分器

项目 7　可编程逻辑器件实现 4 位加/减法器

项目概述

半导体存储器是当今数字系统中不可缺少的组成部分，用来存储二进制信息，可以存放各种数据、程序和复杂资料。

可编程逻辑器件（PLD）是 20 世纪 70 年代后期发展起来的一类大规模集成电路，是一种通用型半定制电路。用户可以通过对 PLD 编程，方便地构成一个个大型的、复杂的数字系统，此举降低了系统的价格和功耗、减少占用空间、增强了系统性能和可靠性。

本项目就是介绍利用可编程逻辑器件实现 4 位加/减法器的方法。

项目引导

项目名称		可编程逻辑器件实现 4 位加/减法器
项目说明	教学目的	1. 认识可编程逻辑器件 2. 熟悉和掌握利用 Multisim 14 软件设计可编程逻辑器件的方法 3. 在 Multisim 14 中用可编程逻辑器件的原理图输入法设计一个全加器 4. 用第 3 步的全加器合成设计一个 4 位加/减法器 5. 在 Multisim 14 中设计元件符号 6. 掌握电路设计、仿真设计和调试的方法 7. 会输出 PLD 电路的 VHDL 代码
	项目要求	1. 工作任务：用可编程逻辑器件设计 4 位加/减法器，并进行仿真调试 2. 电路功能：当输入 4 位二进制数 $A_3 \sim A_0$ 和 $B_3 \sim B_0$ 时，通过设置控制端 Sign 为 0 和 1 分别能实现 4 位二进制数的加法和减法；输出端 $S_3 \sim S_0$ 为和（加法）或者差（减法），输出端 Co 为进位（加法）或借位（减法）信号

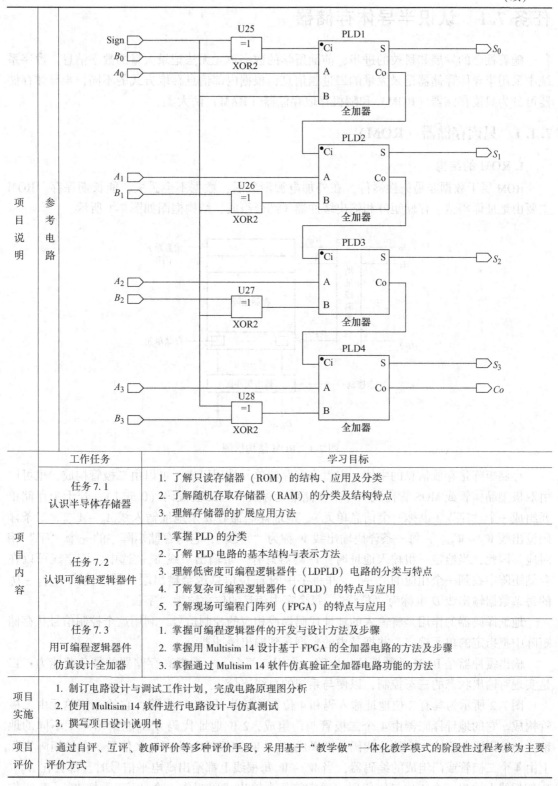

	工作任务	学习目标
项目内容	任务 7.1 认识半导体存储器	1. 了解只读存储器（ROM）的结构、应用及分类 2. 了解随机存取存储器（RAM）的分类及结构特点 3. 理解存储器的扩展应用方法
	任务 7.2 认识可编程逻辑器件	1. 掌握 PLD 的分类 2. 了解 PLD 电路的基本结构与表示方法 3. 理解低密度可编程逻辑器件（LDPLD）电路的分类与特点 4. 了解复杂可编程逻辑器件（CPLD）的特点与应用 5. 了解现场可编程门阵列（FPGA）的特点与应用
	任务 7.3 用可编程逻辑器件 仿真设计全加器	1. 掌握可编程逻辑器件的开发与设计方法及步骤 2. 掌握用 Multisim 14 设计基于 FPGA 的全加器电路的方法及步骤 3. 掌握通过 Multisim 14 软件仿真验证全加器电路功能的方法
项目实施		1. 制订电路设计与调试工作计划，完成电路原理图分析 2. 使用 Multisim 14 软件进行电路设计与仿真测试 3. 撰写项目设计说明书
项目评价		通过自评、互评、教师评价等多种评价手段，采用基于"教学做"一体化教学模式的阶段性过程考核为主要评价方式

任务 7.1　认识半导体存储器

随着社会的发展和科技的进步，前面所学的数字单元无法记录大量的数字信息。数字系统中采用半导体存储器记录大量的二进制信息，根据内部信息存取方式的不同，半导体存储器可分为只读存储器（ROM）和随机存取存储器（RAM）两大类。

7.1.1　只读存储器（ROM）

1. ROM 的结构

ROM 属于数据非易失性器件，在外加电源消失后，数据不会丢失，能长期保存。ROM 主要由地址译码器、存储矩阵和输出缓冲器 3 部分组成，结构框图如图 7-1 所示。

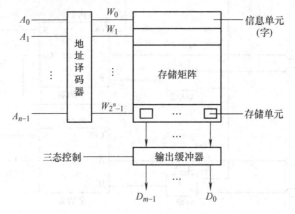

图 7-1　ROM 结构框图

存储矩阵是存放信息的主体，它由许多存储单元排列组成，可以由二极管构成，也可以由双极型晶体管或 MOS 管构成。每个存储单元存放一位二值代码（0 或 1），若干个存储单元组成一个"字"（也称一个信息单元）。地址译码器有 n 条地址输入线 $A_0 \sim A_{n-1}$，2^n 条译码输出线 $W_0 \sim W_{2^n-1}$，每一条译码输出线 W_i 称为"字线"，它与存储矩阵中的一个"字"相对应。因此，当给定一组输入地址时，译码器只有一条输出字线 W_i 被选中，该字线可以在存储矩阵中找到一个相应的"字"，并将字中的 m 位信息送至输出缓冲器。读出 $D_{m-1} \sim D_0$ 的每条数据输出线 D_i 也称为"位线"，每个字中信息的位数称为"字长"。

地址译码器的作用是将输入的地址代码译成相应的控制信号，利用这个控制信号从存储矩阵中把指定的单元选出，并把其中的数据送到输出缓冲器。

输出缓冲器是 ROM 的数据读出电路，作用有两个：一是提高存储器的带负载能力；二是实现对输出状态的三态控制，以便与系统的总线连接。

图 7-2 所示为具有 2 位地址输入码和 4 位数据输出的 ROM 电路，它的存储单元由二极管构成。它的地址译码器由 4 个二极管与门组成，2 位地址代码 A_1A_0 能给出 4 个不同的地址，地址译码器将这 4 个地址代码分别译成 $W_0 \sim W_3$ 四根线上的高电平信号。存储矩阵实际上由 4 个二极管或门组成的编码器，当 $W_0 \sim W_3$ 每根线上都给出高电平信号时，都会在 $D_3 \sim D_0$ 四根线上输出一个 4 位二值代码。通常将每个输出代码叫作一个"字"，把 $W_0 \sim W_3$ 叫作

字线，把 $D_3 \sim D_0$ 叫作位线（或数据线），而把 A_1、A_0 叫作地址线。输出缓冲器用来提高存储器的带负载能力，并将输出的电平变换为标准的逻辑电平。同时，通过给定 $\overline{EN}$ 信号实现对输出的三态控制。在读取数据时，只要输入指定的地址码并令 $\overline{EN}=0$，则指定地址内各存储单元所存的数据便会出现在输出数据线上。

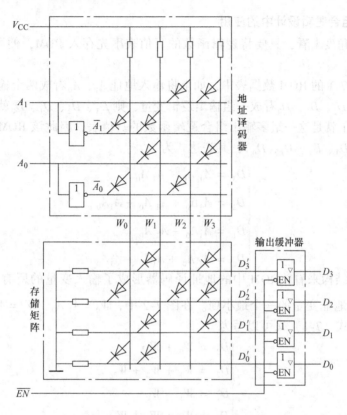

图 7-2　二极管 ROM 电路结构图

字线和位线的每个交叉点都是一个存储单元。交点处接有二极管时相当于存"1"，没有接二极管时相当于存"0"。交叉点的数目也就是存储单元数。习惯上用存储单元数表示存储器的存储量（或称容量），并写成"（字数）×（位数）"的形式。例如，图 7-2 中 ROM 的存储量应表示成"4×4 位"，全部 4 个地址内的存储内容见表 7-1。

表 7-1　图 7-2 中 ROM 的数据表

地　址		数　据			
A_1	A_0	D_3	D_2	D_1	D_0
0	0	1	0	0	1
0	1	0	1	1	1
1	0	1	0	1	0
1	1	0	1	0	1

由以上可知，任何时候，地址译码器的输出决定了只有一条线是高电平，所以在 ROM 的输出端只会读到唯一的一个字，在对应的存储单元内存入的是 1 还是 0，是由接入或不接入相应的二极管决定的。由此可以看出，ROM 中的地址译码器形成了输入变量的最小项，实现了逻辑变量的与运算；存储矩阵实现了最小项的或运算，形成了逻辑函数。

2. ROM 在组合逻辑设计中的应用

从存储器的角度来看，只要将逻辑函数的真值表事先存入 ROM，便可用 ROM 实现该函数。

例如，在表 7-1 的 ROM 数据表中，如果将输入地址 A_1、A_0 看成两个输入逻辑变量，而将数据输出 D_3、D_2、D_1、D_0 看成一组输出逻辑变量，则 D_3、D_2、D_1、D_0 就是 A_1、A_0 的一组逻辑函数，表 7-1 就是这一组多输出组合逻辑函数的真值表，因此该 ROM 可以实现表 7-1 中的 4 个函数（D_3、D_2、D_1、D_0），其表达式为

$$\begin{cases} D_3 = \overline{A_1}\,\overline{A_0} + A_1\,\overline{A_0} \\ D_2 = \overline{A_1}A_0 + A_1\,\overline{A_0} + A_1A_0 \\ D_1 = \overline{A_1}A_0 + A_1\,\overline{A_0} \\ D_0 = \overline{A_1}\,\overline{A_0} + \overline{A_1}A_0 + A_1A_0 \end{cases} \tag{7-1}$$

从组合逻辑结构来看，ROM 中的地址译码器形成了输入变量的所有最小项，即每一条字线对应输入地址变量的一个最小项。在图 7-2 中，$W_0 = \overline{A_1}\,\overline{A_0}$、$W_1 = \overline{A_1}A_0$、$W_2 = A_1\,\overline{A_0}$、$W_3 = A_1A_0$，因此式（7-1）又可以写为

$$\begin{cases} D_3 = W_0 + W_2 \\ D_2 = W_1 + W_2 + W_3 \\ D_1 = W_1 + W_2 \\ D_0 = W_0 + W_1 + W_3 \end{cases} \tag{7-2}$$

由以上分析可得，具有 2 位地址输入码和 4 位数据输出的 ROM 的阵列框图如图 7-3a 所示。又因为用 ROM 实现逻辑函数时，需列出真值表或最小项表示式，所以将 ROM 阵列框图进一步简化为 ROM 的符号矩阵，如图 7-3b 所示。

用 ROM 实现逻辑函数一般按以下步骤进行：

1）根据逻辑函数的输入、输出变量数目，确定 ROM 的容量，选择合适的 ROM。

2）写出逻辑函数的最小项表达式，画出 ROM 的阵列框图。

3）根据阵列框图对 ROM 进行编程。

3. ROM 的编程及分类

ROM 的编程是指将信息存入 ROM 的过程。根据编程和擦除的方法不同，ROM 可分为掩模式 ROM、可编程 ROM（PROM）和可擦除可编程 ROM（EPROM）3 种类型。

（1）掩模式 ROM

掩模式 ROM 中存放的信息是由生产厂家采用掩模工艺专门为用户制作的，这种 ROM 出厂时其内部存储的信息就已经"固化"在里边了，所以也称为固定 ROM。它在使用时只能读出，不能写入，因此通常只用来存放固定数据、固定程序和函数表等。

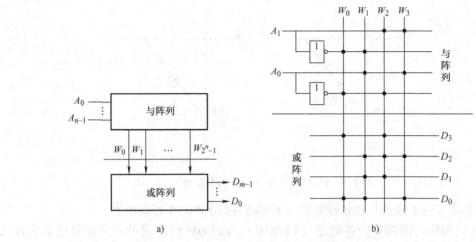

图 7-3 ROM 的阵列框图及符号矩阵

a) ROM 的阵列框图　b) ROM 的符号矩阵

（2）可编程 ROM（PROM）

PROM 属于 PLD 范畴，并且是最早研制成功的一种 PLD。虽然 PROM 的基本用途是在微型计算机中存储程序和数据，但也可以用作包括组合电路和时序电路在内的逻辑电路。

PROM 在出厂时，存储的内容为全 0（或全 1），用户根据需要，可将某些单元改写为 1（或 0）。PROM 采用熔丝烧断或 PN 结击穿的方法编程，由于熔丝烧断或 PN 结击穿后不能再恢复，所以 PROM 只能改写一次。

熔丝型 PROM 的存储矩阵中，每个存储单元都接有一个存储管，但每个存储管的一个电极都通过一根熔丝接到相应的位线上，如图 7-4 所示。用户对 PROM 编程是逐字逐位进行的，首先通过字线和位线选择需要编程的存储单元，然后通过规定宽度和幅度的脉冲电流，将该存储管的熔丝熔断，这样就将该单元的内容改写了。

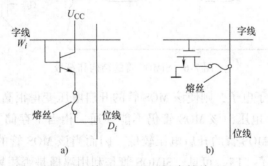

图 7-4　熔丝型 PROM 的存储单元

PN 结击穿法 PROM 的存储单元原理图如图 7-5a 所示，字线与位线相交处有两个肖特基二极管反向串联而成。正常工作时二极管不导通，字线和位线断开，相当于存储了 "0"。若将该单元改写为 "1"，可使用恒流源产生 $100 \sim 150\text{mA}$ 电流使 VD_2 击穿短路，存储单元只剩下一个正向连接的二极管 VD_1（见图 7-5b），相当于该单元存储了 "1"；未击穿 VD_2 的单元仍存储 "0"。

（3）可擦除可编程 ROM（EPROM）

EPROM 中的数据可以擦除重写，它在需要经常修改 ROM 内容的场合下是一种比较理想

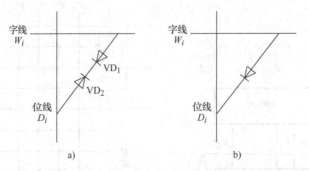

图 7-5　PN 结击穿法 PROM 的存储单元

的器件。随着技术的不断进步和各种需要，不同特性的 EPROM 相继产生。

1）紫外线擦除可编程只读存储器（EPROM）。EPROM 的存储单元采用浮栅雪崩注入 MOS 管（FAMOS 管）或叠栅注入 MOS 管（SIMOS 管）。图 7-6 所示为 SIMOS 管的结构示意图和符号，它是一个 N 沟道增强型的 MOS 管，有 G_f 和 G_c 两个栅极。G_f 栅没有引出线，而是被包围在 SiO_2（二氧化硅）中，称之为浮栅，G_c 为控制栅，它有引出线。若在漏极 D 端加上几十伏的脉冲电压，使得沟道中的电场足够强，则会造成雪崩，产生很多高能量的电子。此时若在 G_c 上加高压正脉冲，形成方向与沟道垂直的电场，便可以使沟道中的电子穿过氧化层面注入 G_f，于是 G_f 栅上积累了负电荷。由于 G_f 栅周围都是绝缘的 SiO_2，泄漏电流很小，所以一旦电子注入浮栅之后，就能保存相当长时间（通常浮栅上的电荷 10 年才损失 30%）。

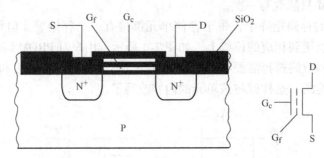

图 7-6　SIMOS 管的结构和符号

如果浮栅 G_f 上积累了电子，则使该 MOS 管的开启电压变得很高。此时给控制栅（接在地址选择线上）加 +5V 电压，该 MOS 管仍不能导通，相当于存储了"0"；反之，若浮栅 G_f 上没有积累电子，则 MOS 管的开启电压较低。因而当该 MOS 管的控制栅被地址选中后，该管导通，相当于存储了"1"。可见，SIMOS 管是利用浮栅是否积累负电荷来表示信息的。这种 EPROM 出厂时为全"1"，即浮栅上无电子积累，用户可根据需要写"0"。

擦除 EPROM 的方法是将器件放在紫外线下照射约 20min，浮栅中的电子获得足够多的能量，从而穿过氧化层回到衬底中，这样可以使浮栅上的电子消失，MOS 管便回到了未编程时的状态，从而将编程信息全部擦去，相当于存储了全"1"。EPROM 的编程是在编程器上进行的，编程器通常与微机联用。

2）电可擦除的可编程只读存储器（E^2PROM）。E^2PROM 的存储单元如图 7-7 所示，图中 V_2 是选通管，V_1 是另一种叠栅 MOS 管，称为浮栅隧道氧化层 MOS 管（Flotox 管），其结构及符号如图 7-8 所示。Flotox 管也是一个 N 沟道增强型的 MOS 管，与 SIMOS 管相似，它也有两个栅极——控制栅 G_c 和浮栅 G_f，不同的是 Flotox 管的浮栅与漏极区（N_+）之间有一小块厚度极薄的 SiO_2 绝缘层（厚度小于 2×10^{-8} m）的区域，称为隧道区。当隧道区的电场强度大到一定程度（> 107V/cm）时，漏极区和浮栅之间出现导电隧道，电子可以双向通过，形成电流，这种现象称为隧道效应。

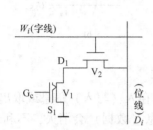

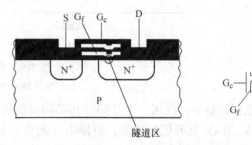

图 7-7 E^2PROM 的存储单元　　　　　图 7-8 Flotox 管的结构和符号

在图 7-7 电路中，若使 $W_i = 1$，D_i 接地，则 V_2 导通，V_1 漏极（D_1）接近地电位。此时若在 V_1 控制栅 G_c 上加 21V 正脉冲，则通过隧道效应，电子由衬底注入浮栅 G_f，脉冲过后，控制栅加 3V 电压，由于 V_1 浮栅上积存了负电荷，所以 V_1 截止，在位线 D_i 读出高电平 "1"；若 V_1 控制栅接地，$W_i = 1$，D_i 上加 21V 正脉冲，使 V_1 漏极获得约 20V 的高电压，则浮栅上的电子通过隧道返回衬底，脉冲过后，正常工作时 V_1 导通，在位线上则读出 "0"。可见，Flotox 管是利用隧道效应使浮栅俘获电子的。E^2PROM 的编程和擦除都是通过在漏极和控制栅上加一定幅度和极性的电脉冲来实现的。虽然已改用电压信号擦除，但 E^2PROM 仍然只能工作在它的读出状态，作 ROM 使用。

3）快闪存储器（Flash Memory）。快闪存储器是新一代电信号擦除的可编程 ROM。它既具有 EPROM 结构简单、编程可靠的优点，又保留了 E^2PROM 用隧道效应擦除快捷的特性，而且集成度可以做得很高。

图 7-9a 所示为快闪存储器采用的叠栅 MOS 管示意图。其结构与 EPROM 中的 SIMOS 管相似，两者区别在于浮栅与衬底间氧化层的厚度不同。EPROM 中的氧化层厚度一般为 30 ~ 40nm，快闪存储器的氧化层厚度仅为 10 ~ 15nm，而且浮栅和源区重叠的部分是由源区的横向扩散形成的，面积极小，因而浮栅和源区之间的电容很小，当 G_c 和 S 之间加电压时，大部分电压将降在浮栅和源区之间的电容上。快闪存储器的存储单元就是用这样一只单管组成的，如图 7-9b 所示。

快闪存储器的写入方法和 EPROM 相同，即利用雪崩注入的方法使浮栅充电。在读出状态下，字线加上 5V，若浮栅上没有电荷，则叠栅 MOS 管导通，位线输出低电平；如果浮栅上充有电荷，则叠栅管截止，位线输出高电平。擦除方法是利用隧道效应进行的，类似于 E^2PROM 写 0 时的操作。在擦除状态下，控制栅处于低电平，同时在源极加入幅度为 12V 左右、宽度为 100ms 的正脉冲，在浮栅和源区间极小的重叠部分产生隧道效应，使浮栅上的电荷经隧道释放。但由于片内所有叠栅 MOS 管的源极连在一起，所以擦除时是将全部存储单元同时擦除，这是不同于 E^2PROM 的一个特点。

7.1.2 随机存取存储器（RAM）

随机存取存储器（RAM）又称读写存储器，它能存储数据、指令、中间结果等信息。

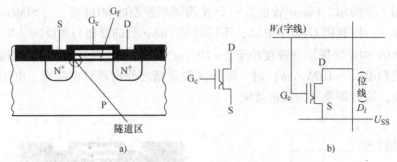

图 7-9　快闪存储器

a）叠栅 MOS 管　b）存储单元

在该存储器中，任何一个存储单元都能以随机次序迅速地存入（写入）信息或取出（读出）信息。RAM 具有记忆功能，但停电（断电）后，所存信息（数据）会消失，不利于数据的长期保存，所以多用于中间过程暂存信息。根据存储单元的工作原理不同，RAM 分为静态 RAM（SRAM）和动态 RAM（DRAM）。

1. SRAM

（1）SRAM 的基本结构

图 7-10 所示为 SRAM 的基本结构，它主要由存储单元矩阵、列地址译码器和读/写控制电路 3 部分组成。

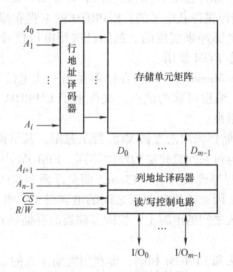

图 7-10　SRAM 的基本结构

1）存储单元矩阵。存储单元矩阵是 SRAM 的主体，一个 SRAM 由若干个存储单元组成，每个存储单元可存放一位二进制数或一位二元代码。为了存取方便，通常将存储单元设计成矩阵形式，所以又称为存储矩阵。存储器中的存储单元越多，存储的信息就越多，表示该存储器容量就越大。

SRAM 中的每个寄存器称为一个字，寄存器中的每一位都使用一个称为存储单元的部件来存放。寄存器的个数（字数）与寄存器中存储单元个数（位数）的乘积，叫作 SRAM 的容量（即 SRAM 所能存放的数据位总数）：容量 = 字数 × 位数。

2）地址译码器。地址译码器一般都分成行地址译码器和列地址译码器两部分：行地址译码器将输入地址代码的若干位 $A_0 \sim A_i$ 译成某一条字线有效，从存储矩阵中选中一行存储单元；列地址译码器将输入地址代码的其余若干位（$A_{i+1} \sim A_{n-1}$）译成某一根输出线有效，从字线选中的一行存储单元中再选一位（或 n 位），使这些被选中的单元与读/写控制电路和 I/O（输入/输出端）接通，以便对这些单元进行读/写操作。

3）片选与读/写控制电路。读/写控制电路用于对电路的工作状态进行控制。$\overline{CS}$ 称为片选信号，当 $\overline{CS} = 0$ 时，SRAM 工作；当 $\overline{CS} = 1$ 时，所有 I/O 端均为高阻状态，不能对 SRAM 进行读/写操作。$R/\overline{W}$ 称为读/写控制信号。当 $R/\overline{W} = 1$ 时，执行读操作，将存储单元中的信息送到 I/O 端；当 $R/\overline{W} = 0$ 时，执行写操作，加到 I/O 端上的数据被写入存储单元中。

（2）SRAM 的存储单元

SRAM 的存储单元如图 7-11 所示，图 7-11a 所示为由 6 个 NMOS 管（$V_1 \sim V_6$）组成的存储单元。V_1、V_2 构成的反相器与 V_3、V_4 构成的反相器交叉耦合组成一个 RS 触发器，可存储 1 位二进制信息。Q 和 $\overline{Q}$ 是 RS 触发器的互补输出。V_5、V_6 是行选通管，受行选线 X（相当于字线）控制。行选线 X 为高电平时，Q 和 $\overline{Q}$ 的存储信息分别送至位线 D 和位线 $\overline{D}$。V_7、V_8 是列选通管，受列选线 Y 控制。列选线 Y 为高电平时，位线 D 和 $\overline{D}$ 上的信息被分别送至输入输出线 I/O 和 $\overline{\text{I/O}}$，从而使位线上的信息同外部数据线相通。

读出操作时，行选线 X 和列选线 Y 同时为"1"，则存储信息 Q 和 $\overline{Q}$ 被读到 I/O 线和 $\overline{\text{I/O}}$ 线上。写入信息时，X、Y 线也必须都为"1"，同时要将写入的信息加在 I/O 线上，经反相后 $\overline{\text{I/O}}$ 线上有其相反的信息，信息经 V_7、V_8 和 V_5、V_6 加到触发器的 Q 端和 $\overline{Q}$ 端，即加在了 V_3 和 V_1 的栅极，从而使触发器触发，即信息被写入。

由于 CMOS 电路具有微功耗的特点，目前大容量的 SRAM 中几乎都采用 CMOS 存储单元，其电路如图 7-11b 所示。CMOS 存储单元的结构形式和工作原理与 NMOS 存储单元相似，不同之处是，两个负载管 V_2、V_4 改用了 P 沟道增强型 MOS 管，图中用栅极上的小圆圈表示 V_2、V_4 为 P 沟道 MOS 管，栅极上没有小圆圈的为 N 沟道 MOS 管。

2. DRAM

DRAM 的存储矩阵由动态 MOS 存储单元组成。动态 MOS 存储单元利用 MOS 管的栅极电容来存储信息，但由于栅极电容的容量很小，而漏电流又不可能绝对等于零，所以电荷保存的时间有限。为了避免存储信息的丢失，必须定时给电容补充漏掉的电荷。通常把这种操作称为"刷新"或"再生"，因此 DRAM 内部要有刷新控制电路，其操作也比 SRAM 复杂。尽管如此，但 DRAM 存储单元的结构能做得非常简单，所用元器件少、功耗低，目前已成为大容量 RAM 的主流产品。

动态 MOS 存储单元有四管电路、三管电路和单管电路等。四管和三管电路比单管电路复杂，但外围电路简单，一般容量在 4KB 以下的 RAM 多采用四管或三管电路。图 7-12a 所示为四管动态 MOS 存储单元电路。图中，V_1 和 V_2 为两个 N 沟道增强型 MOS 管，它们的栅极和漏极交叉相连，信息以电荷的形式储存在电容 C_1 和 C_2 上，V_5、V_6 是同一列中各单元公用的预充管，预充脉冲的脉冲宽度为 $1\mu s$ 而周期一般不大于 $2ms$，C_{01}、C_{02} 是位线上的分布

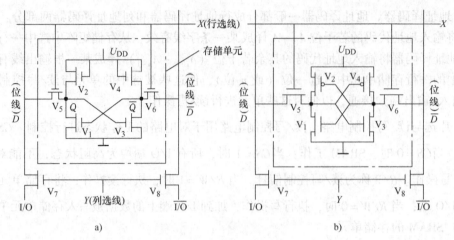

图 7-11 SRAM 存储单元

a) 六管 NMOS 存储单元   b) 六管 CMOS 存储单元

电容，其容量比 C_1、C_2 大得多。

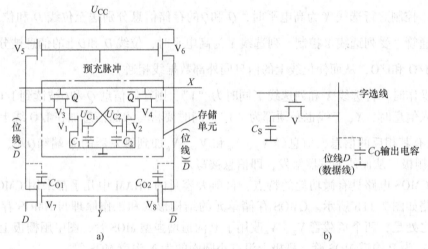

图 7-12 动态 MOS 存储单元

a) 四管动态 MOS 存储单元   b) 单管动态 MOS 存储单元

若 C_1 被充电到高电位、C_2 上没有电荷，则 V_1 导通、V_2 截止，此时 $Q=0$、$\overline{Q}=1$，这一状态称为存储单元的 0 状态；反之，若 C_2 充电到高电位、C_1 上没有电荷，则 V_2 导通、V_1 截止，此时 $Q=1$、$\overline{Q}=0$，这一状态称为存储单元的 1 状态。当字选线 X 为低电位时，门控管 V_3、V_4 均截止。在 C_1 和 C_2 上电荷泄漏掉之前，存储单元的状态维持不变，因此存储的信息被记忆。实际上，由于 V_3、V_4 存在着泄漏电流，电容 C_1、C_2 上存储的电荷将慢慢释放，所以每隔一段时间都要对电容进行一次充电，即进行刷新。两次刷新之间的时间间隔一般不大于 20ms。

在读出信息之前，首先加预充脉冲 φ，预充管 V_5、V_6 导通，电源 U_{CC} 向位线上的分布电容 C_{O1}、C_{O2} 充电，使 D 和 $\overline{D}$ 两条位线都充到 U_{CC}。预充脉冲消失后，V_5、V_6 截止，C_{O1}、C_{O2} 上的信息保持。要读出信息时，该单元被选中（X、Y 均为高电平），V_3、V_4 导通。若原来存储单元处于 0 状态（$Q=0$、$\overline{Q}=1$），即 C_1 上有电荷、V_1 导通、C_2 上无电荷、V_2 截止，这

样 C_{O1} 经 V_3、V_1 放电到 0，使位线 D 为低电平，而 C_{O2} 因 V_2 截止无放电回路，所以经 V_4 对 C_1 充电，补充了 C_1 漏掉的电荷，结果读出数据仍为 $D=1$、$\overline{D}=0$；反之，若原存储信息为 1，即 $Q=1$、$\overline{Q}=0$，C_2 上有电荷，则预充电后 C_{O2} 经 V_4、V_2 放电到 0，而 C_{O1} 经 V_3 对 C_2 补充充电，读出数据为 $D=0$、$\overline{D}=1$，可见位线 D、$\overline{D}$ 上读出的电位分别和 C_2、C_1 上的电位相同。同时每进行一次读操作，实际上也进行了一次补充充电（刷新）。

写入信息时，首先该单元被选中，V_3、V_4 导通，Q 和 $\overline{Q}$ 分别与两条位线连通。若需要写 0，则在位线 D 上加高电位、$\overline{D}$ 上加低电位。这样，D 上的高电位经 V_4 向 C_1 充电，使 $Q=1$，而 C_2 经 V_3 向 $\overline{D}$ 放电，使 $\overline{Q}=0$，于是该单元写入了 0 状态。图 7-12b 所示为单管动态 MOS 存储单元，它只有一个 NMOS 管和存储电容器 C_S，C_O 是位线上的分布电容（$C_O \gg C_S$）。显然，采用单管存储单元的 DRAM，其容量可以做得更大。写入信息时，字线为高电平，V 导通，位线上的数据经过 V 存入 C_S。

读出信息时也使字线为高电平，V 导通，这时 C_S 经 V 向 C_O 充电，使位线获得读出的信息。设位线上原来的电压 $U_0=0$，C_S 原来存有正电荷，电压 U_S 为高电平，因读出前后电荷总量相等，因此有 $U_S C_S = U_0(C_S + C_O)$，因 $C_O \gg C_S$，所以 $U_0 \ll U_S$。例如，读出前 $U_S = 5\text{V}$，$\dfrac{C_S}{C_O} = \dfrac{1}{50}$，则位线上读出的电压将仅有 0.1V，而且读出后 C_S 上的电压也只剩下 0.1V，这是一种破坏性读出。因此每次读出后，需要对该单元补充电荷进行刷新，同时还需要高灵敏度放大器对读出信号加以放大。

7.1.3 存储器的扩展

1. 位数的扩展

存储器芯片的字长多数为 1 位、4 位、8 位等。当实际存储系统的字长超过存储器芯片的字长时，需要进行位扩展。

位扩展可以利用芯片的并联方式实现，图 7-13 所示为用 8 片 1024×1 位的 RAM 扩展为 1024×8 位 RAM 的存储系统框图。图中，8 片 RAM 的所有地址线、$R/\overline{W}$、$\overline{CS}$ 分别对应并接在一起，而每一片的 I/O 端作为整个 RAM 的 I/O 端的一位。ROM 芯片上没有读/写控制端 $R/\overline{W}$，位扩展时其余引出端的连接方法与 RAM 相同。

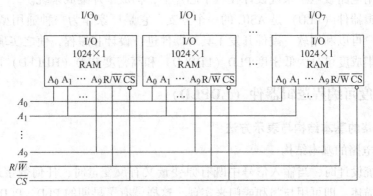

图 7-13　RAM 的位扩展连接框图

2. 字数的扩展

字数的扩展可以利用外加译码器控制芯片的片选 ($\overline{CS}$) 输入端来实现。图 7-14 所示为用字扩展方式将 4 片 256×8 位的 RAM 扩展为 1024×8 位 RAM 的连接框图。图中，译码器的输入是系统的高位地址 A_9、A_8，其输出是各片 RAM 的片选信号。若 $A_9A_8 = 01$，则 RAM (2) 的 $\overline{CS} = 0$，其余各片 RAM 的 $\overline{CS}$ 均为 1，故选中第二片。只有该片的信息可以读出，送到位线上，读出的内容则由低位地址 $A_7 \sim A_0$ 决定。显然，4 片 RAM 轮流工作，任何时候，只要有一片 RAM 处于工作状态，整个系统字数扩大了 4 倍，而字长仍为 8 位。ROM 的字扩展方法与上述方法相同。

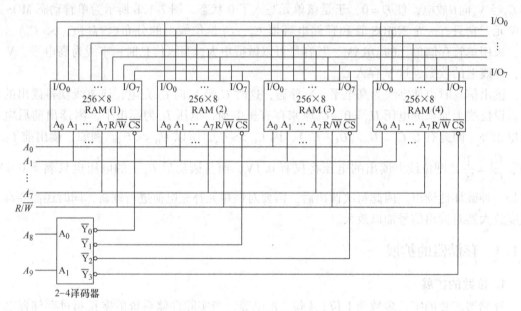

图 7-14 RAM 的字扩展连接框图

任务 7.2 认识可编程逻辑器件

ASIC 是一种专门为某一应用领域或专门用户需要而设计、制造的 LSI 或 VLSI 电路，它可以将某些专用电路或电子系统设计在一个芯片上，构成单片集成系统。

可编程逻辑器件（PLD）是 ASIC 的一个分支，它是厂家作为一种通用型器件生产的半定制电路，用户可以利用软、硬件开发工具对器件进行设计和编程，使之实现所需要的逻辑功能。PLD 按集成度可分为低密度 PLD（LDPLD）和高密度 PLD（HDPLD）两类。

7.2.1 低密度可编程逻辑器件（LDPLD）

1. PLD 电路的基本结构与表示方法

（1）PLD 电路的基本结构

在数字系统设计时，当输入信号中既有原变量又有反变量时，任何数字逻辑都能用与-或逻辑函数来描述，即可用与门和或门来实现，这样就有了早期的 PLD。PLD 的核心结构是由输入缓冲电路、与阵列、或阵列和输出缓冲电路 4 部分功能电路组成的。基本 PLD 的基本结构框图如图 7-15 所示。很多的新型器件都是据此发展起来的。

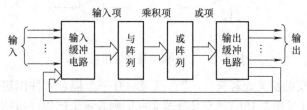

图 7-15   PLD 的基本结构框图

与阵列和或阵列是 PLD 的核心，通过用户编程可实现"与-或"逻辑。其中，与阵列产生逻辑函数所需的与项（乘积项），而或阵列选择所需的与项，实现或逻辑，构成"与-或"逻辑函数（乘积项之和）。

输入缓冲电路主要对输入变量进行预处理，为与阵列提供互补的输入变量，即原变量和反变量。

输出缓冲电路主要用来对输出的信号进行处理。对于不同的 PLD，其输出缓冲电路的结构有很大的差别，通常含有三态门、寄存器、逻辑宏单元等。用户可根据需要进行编程，实现不同类型的输出结构，既能输出组合逻辑信号，又能输出时序逻辑信号，并能决定输出信号的极性。输出缓冲电路还可以把某些输出端经反馈通路引回输入缓冲电路，使输出端具有 I/O 功能。

（2）PLD 电路的表示方法

由于 PLD 内部电路的连接十分庞大，所以对其进行描述时采用了一种与传统方法不相同的简化方法。这些表示法的特点是将芯片内部的结构配置与逻辑图一一对应起来，使器件制造商和电路设计者较容易掌握。PLD 的表示法在电路结构、物理结构、版图的布局之间都有很巧妙的映射，因此读起来十分方便。

为了能形象地描述 PLD 的内部结构，并便于识读，现在广泛采用下面的逻辑表示方法：

1）互补输入缓冲电路表示法。PLD 中互补输入缓冲电路可用如图 7-16 所示的符号来表示，它的输出分别是输入 A 的原变量 A 和反变量 $\overline{A}$。

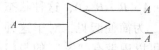

图 7-16   互补输入缓冲电路表示法

2）三态输出缓冲电路表示法。在 PLD 封装引脚有限的情况下，为充分利用有限的引脚，常将一部分引脚用作 I/O 端（既可作为输入端，又可作为输出端）使用。当 I/O 端作为输出端时，常常用到具有一定驱动能力的三态输出缓冲电路，它具有同相输出和反相输出两种形式，在 PLD 的逻辑电路中以图 7-17 所示的符号表示。

3）与、或门阵列表示法。由于 PLD 的特殊结构，用通用的逻辑门符号表示比较繁杂，特用一些常用符号来简化表示，PLD 的与门表示法如图 7-18 所示。图中，与门的输入线通常画成行（横）线，与门的所有输入变量都称为输入项，并画成与行线垂直的列线以表示与门的

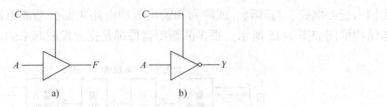

图 7-17　三态输出缓冲电路表示法

输入。列线与行线相交的交叉处若有 "·"，则表示有一个耦合元件固定连接（见图 7-18a）；"×" 表示编程连接（见图 7-18b）；交叉处若无标记则表示未连接（被擦除）（见图 7-18c）。

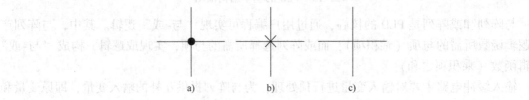

图 7-18　PLD 的与门表示法
a) 固定连接　b) 编程连接　c) 未连接

PLD 与门表示法如图 7-19 所示。与门的输出称为乘积项 P，图中与门的输出 $P = A \cdot B \cdot D$。或门可以用类似的方法表示，也可以用传统的方法表示，如图 7-20 所示。

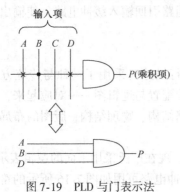

图 7-19　PLD 与门表示法

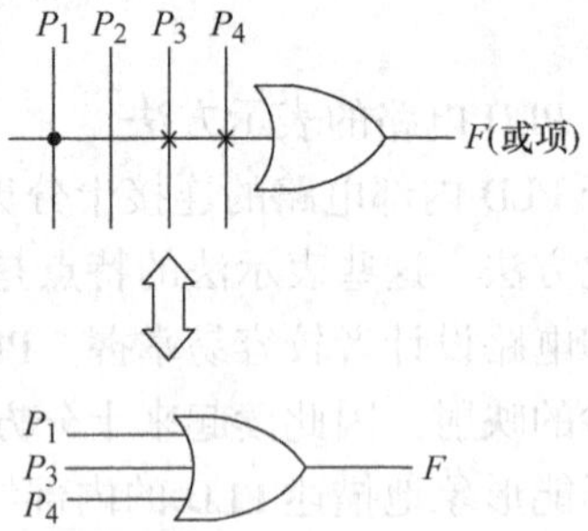

图 7-20　PLD 或门表示法

图 7-21 所示为 PLD 与门的简略表示法。图中，与门 P_1 的全部输入项接通，因此 $P_1 = A \cdot A \cdot B \cdot B = 0$，这种状态称为与门的默认（Default）状态。为简便起见，对于这种全部输入项都接通的默认状态，可以用带有 "×" 的与门符号表示，如图中的 $P_2 = P_1 = 0$ 表示默认状态。P_3 中任何输入项都不接通，即所有输入都悬空，因此 $P_3 = 1$，也称为 "悬浮 1" 状态。

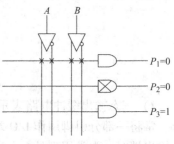

图 7-21　PLD 与门的简略表示法

2. LDPLD 电路的分类与特点

LDPLD 是早期开发的 PLD，主要产品有 PROM、现场可编程逻辑阵列（FPLA）、可编程阵列逻辑（PAL）和通用阵列逻辑（GAL）。

（1）PROM

前面提到的 PROM 实质上是 PLD，它包含一个固定连接的与阵列（该与阵列就是全译

码的地址译码器）和一个可编程的或门阵列。相应地，4 位
输入地址码的 PROM 可用图 7-22 所示的 PLD 表示法描述。

由于 PROM 中的与阵列是一个固定的全译码阵列，当输
入变量较多时，必然会导致器件工作速度降低，同时 PROM
的体积较大，成本也较高，所以它主要不是作为 PLD 来使用
的，它的基本用途是用作存储器，如软件固化、显示查寻等。

（2）现场可编程逻辑阵列（FPLA）

FPLA 是 20 世纪 70 年代中期在 PROM 基础上发展起来的
PLD，它的与阵列和或阵列均可编程。采用 FPLA 实现逻辑函
数时只需要运用化简后的与或式，由与阵列产生与项，再由
或阵列完成与项相或的运算后便得到输出函数，FPLA 结构如
图 7-23 所示。

（3）可编程阵列逻辑（PAL）

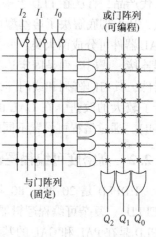

图 7-22　PROM 结构图

PAL 也是与、或阵列结构，但仅与阵列是编程连接，或阵列是固定连接，其基本结构如
图 7-24 所示。

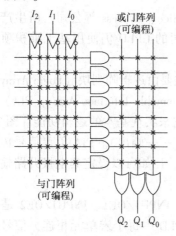

图 7-23　FPLA 结构图

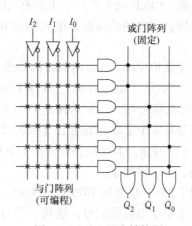

图 7-24　PAL 基本结构图

用 PAL 实现逻辑函数时，每个输出是若干个乘积项之和，而乘积项的数目是固定的。
一般情况下，PAL 中 1 个或门有 7~8 个乘积项，可以满足逻辑设计的需要。

与阵列可编程、或阵列固定的结构避免了 PLA 存在的一些问题，运行速度也有所提高。
上述提到的可编程结构只能解决组合逻辑的编程问题，而对时序电路却无能为力。由于时序
电路是由组合电路及存储单元（锁存器、触发器、RAM）构成的，对其中组合电路部分的
可编程已经解决，所以只要再加上锁存器、触发器即可。

PAL 器件的发展给逻辑设计带来了很大的灵活性，但它还存在着一些不足之处：一方
面，它采用熔丝连接工艺，靠熔丝烧断达到编程的目的，一旦编程便不能改写，另一方面，
不同输出结构的 PAL 对应不同型号的 PAL 器件，不便于用户使用。

（4）通用阵列逻辑（GAL）

可编程 GAL 器件是 Lattice 公司于 1985 年首先推出的新型 PLD。GAL 器件是 PAL 的第

二代产品，首次在 PLD 上采用了 E^2PROM 工艺，使得 GAL 器件具有电可擦除重复编程的特点，从而彻底解决了熔丝型可编程器件的一次性可编程问题。按门阵列的可编程结构不同，GAL 器件可分成两大类：一类是与 PAL 基本结构相似的普通型 GAL 器件，其与门阵列是编程连接，或门阵列是固定连接，如 GAL16V8；另一类是与 FPLA 器件相类似的新一代 GAL 器件，其与门阵列和或门阵列都是编程连接，如 GAL39V18。GAL 对 PAL 的输出 I/O 结构进行了较大的改进，在 GAL 的输出部分增加了输出逻辑宏单元 OLMC（Output Logic Macro Cell），通过编程可设置不同的输出状态，以增强器件的通用性。

7.2.2 高密度可编程逻辑器件（HDPLD）

HDPLD 是 20 世纪 80 年代中期发展起来的产品，它包括可擦除、可编程逻辑器件（EPLD）、复杂可编程逻辑器件（CPLD）和现场可编程门阵列（FPGA）3 种类型。EPLD 和 CPLD 是在 PAL 和 GAL 的基础上发展起来的，其基本结构由与或阵列组成，因此通常称为阵列型 PLD，而 FPGA 具有门阵列的结构形式，通常称为单元型 PLD。

下面主要对 CPLD 和 FPGA 进行简单介绍。

1. 复杂可编程逻辑器件（CPLD）

目前，CPLD 的生产厂家主要有 Altera、Xilinx、Lattice、Cypress 等公司。所生产的产品多种多样，器件的结构也有很大的差异，但大多数公司的 CPLD 仍使用基于乘积项的单元结构。

基于乘积项的 CPLD 内部结构如图 7-25 所示，它主要由逻辑阵列块（Logic Array Block，LAB）、宏单元（Macrocells）、可编程连线阵列（Programmable Interface Array，PIA）和 I/O 控制块等四部分组成。宏单元是 PLD 的基本结构，由它来实现基本的逻辑功能。图 7-25 中灰色部分是多个宏单元的集合（因为宏单元较多，没有一一画出）。PIA 负责信号传递，连接所有的宏单元。I/O 控制块负责 I/O 的电气特性控制，比如可以设定集电极开路输出、摆率控制、三态输出等。

图 7-25 中左上的 INPUT/GLCK1、INPUT/GCLRn、INPUT/OE1、INPUT/OE2 是全局时钟、清零和输出使能信号，这几个信号有专用连线与 PLD 中每个宏单元相连，信号到每个宏单元的延时相同并且延时最短。

（1）逻辑阵列块（LAB）

从图 7-25 中可以看出，每 16 个宏单元可组成一个 LAB，各个 LAB 可通过 PIA 和全局总线连接在一起。全局总线由专用输入引脚、I/O 引脚和宏单元的反馈信号构成。每个 LAB 的输入信号可以是来自 PIA 的 36 个通用逻辑输入信号，或用于寄存器辅助功能的全局控制信号，也可以是从 I/O 引脚到寄存器的直接输入信号。

（2）宏单元（Macrocells）

在 CPLD 中，宏单元是非常重要的逻辑单元，用来实现各种具体的逻辑功能，可以独立地配置成组合逻辑或时序逻辑。每个宏单元由逻辑阵列、乘积项选择矩阵、扩展乘积项、可编程寄存器和 4 个数据选择器等功能模块组成。

1）逻辑阵列和乘积项选择矩阵。逻辑阵列和乘积项选择矩阵用来实现宏单元的组合逻辑函数。其中，逻辑阵列组成与阵列，为乘积项选择矩阵提供 5 个乘积项；乘积项选择矩阵用来实现 5 个乘积项的逻辑函数，或将这 5 个乘积项作为可编程寄存器的控制信号，实现寄

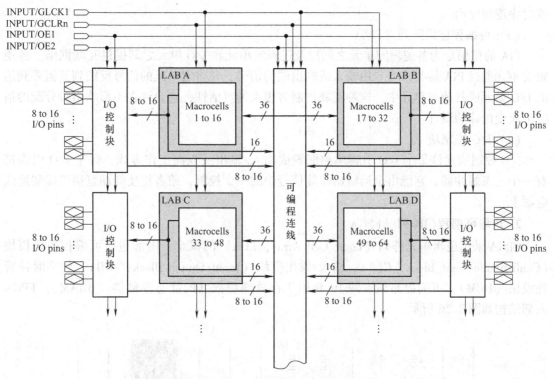

图 7-25　基于乘积项的 CPLD 内部结构

存器的复位、置位、时钟输入和时钟使能等功能。

2）扩展乘积项。扩展乘积项包括共享扩展项和并联扩展项两部分，用来补充宏单元的逻辑资源。尽管大多数的逻辑功能可以用每个宏单元中的 5 个乘积项来实现，但对于某些乘积项大于 5 项的复杂逻辑函数，则需要采用附加乘积项来补充。共享扩展项由每个宏单元提供一个单独的乘积项，通过一个非门取反后反馈到逻辑阵列中，可被 LAB 内任何一个或全部宏单元使用和共享，以便实现复杂的逻辑函数。并联扩展项是将一些宏单元中未使用的乘积项直接分配到邻近的宏单元中，以实现逻辑资源共享。

3）可编程寄存器。每个宏单元中有一个可编程 D 触发器，它的时钟和清零输入可以利用编程选择，也可以使用专用的全局清零和全局时钟，还可以使用内部逻辑（乘积项阵列）产生的时钟和清零。如果不需要触发器，可以将此触发器旁路，信号直接输给 PIA 或输出到 I/O 引脚。

4）数据选择器。宏单元中含有 4 个数据选择器，即复位信号选择器、时钟/使能信号选择器、快速输入选择器和旁路选择器。

● 复位信号选择器用来选择触发器的复位信号，通过编程可以选择全局复位或乘积项复位。

● 时钟/使能信号选择器用来实现触发器时钟方式的控制，通过编程可实现触发器 3 种不同的时钟方式。

● 快速输入选择器用来选择触发器的数据输入信号，通过编程可以选择来自宏单元的逻辑输入或来自 I/O 引脚的快速输入。

● 旁路选择器用来选择宏单元输出逻辑的方式，通过编程可实现宏单元的组合逻辑输出或时序逻辑输出。

（3）可编程连线阵列（PIA）

PIA 的作用是为各逻辑宏单元之间以及逻辑宏单元和 I/O 单元之间提供互联网络。各逻辑宏单元通过 PIA 接收来自专用输入或输出端的信号，并将宏单元的信号反馈到其需要到达的 I/O 单元或其他宏单元中。这种互联机制有很大的灵活性，它允许在不影响引脚分配的情况下改变内部的设计。

（4）I/O 控制块

I/O 控制块允许每个 I/O 引脚单独配置成输入/输出或双向工作方式。每个 I/O 引脚都有一个三态缓冲器，它能由全局输出使能信号中的一个控制，或者把使能端直接连接到地或电源上。

2. 现场可编程门阵列（FPGA）

FPGA 采用逻辑单元阵列（Logic Cell Array，LCA）的概念，内部包括可编程逻辑模块（Configurable Logic Block，CLB）、输入/输出模块（Input/Output Block，IOB）、数字时钟管理模块（DCM）、可编程布线资源 IR 和用于存放编程数据的静态存储器（BRAM）。FPGA 内部结构如图 7-26 所示。

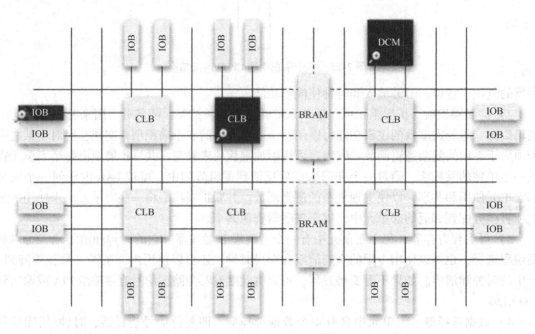

图 7-26　FPGA 内部结构

1）可编程逻辑模块（CLB）。CLB 是实现逻辑功能的基本单元，通常规则地排列成一个阵列，散布于整个芯片中。CLB 一般由逻辑函数发生器、触发器、数据选择器等构成，函数发生器用于实现 n 位输入变量的一个任意组合逻辑。

2）输入/输出模块（IOB）。IOB 提供了器件引脚和内部逻辑阵列之间的连接，主要由输入发生器、输入缓冲器和输出触发/锁存器、输出缓冲器组成。IOB 可被定义为输入/输出，具有双向 I/O 功能。当定义成输入时，通过该引脚的信号先送进输入缓冲器，然后分两路，一路直接送到 MUX；一路经延时送到输入通路 D 触发器，再送到数据选择器。根据不同的控制信息确定送至 CLB 阵列的是来自输入缓冲还是触发器。

3）数字时钟管理模块（DCM）。大多数 FPGA 均提供数字时钟管理（Xilinx 的全部 FP-GA 均具有这种特性）。Xilinx 推出最先进的 FPGA 提供数字时钟管理和相位环路锁定。相位环路锁定能够提供精确的时钟综合，且能够降低抖动，并实现过滤功能。

4）可编程布线资源 IR。可编程布线资源 IR 连通 FPGA 内部的所有单元，而连线的长度和工艺决定着信号在连线上的驱动能力和传输速度。FPGA 芯片内部有着丰富的布线资源，根据工艺、长度、宽度和分布位置的不同而划分为 4 种不同的类别：

① 全局布线资源，用于芯片内部全局时钟和全局复位/置位的布线。

② 长线资源，用以完成芯片 Bank 间的高速信号和第二全局时钟信号的布线。

③ 短线资源，用于完成基本逻辑单元之间的逻辑互连和布线。

④ 分布式的布线资源，用于专有时钟、复位等控制信号线。

FPGA 是可编程芯片，因此 FPGA 的设计方法包括硬件设计和软件设计两部分。硬件包括 FPGA 芯片电路、存储器、输入/输出接口电路以及其他设备，软件即相应的 VHDL 程序或 Verilog HDL 程序。FPGA 采用自顶而下的设计方法，开始从系统级设计，然后逐步分化到二级单元、三级单元，直到可以直接操作基本逻辑单元或 IP 核为止。

任务7.3　用 PLD 仿真设计全加器

在电子技术设计领域，PLD 可以通过软件编程而对其硬件结构和工作方式进行重构，从而使得硬件的设计可以如同软件设计那样方便快捷。基于电子设计自动化（Electronics Design Automation，EDA）技术的设计方法，极大地改变了传统数字系统的设计方法、设计过程和设计观念，成为现代数字系统设计的主流。本节介绍在 Multisim 14 仿真软件中用图形输入法设计一个基于 PLD 的全加器电路，并对电路进行仿真验证的方法。

7.3.1　PLD 的开发与设计

PLD 的开发是指利用开发系统的软件和硬件对 PLD 进行设计和编程的过程。

开发系统的软件是指 PLD 专用的编程语言和相应的编程程序。硬件部分主要包括计算机和编程器。PLD 的设计过程主要包括设计准备、设计输入、设计处理和器件编程四个步骤，同时还包括相应的功能仿真、时序仿真和器件测试 3 个设计验证过程，如图 7-27 所示。

（1）设计准备

采用有效的设计方案是 PLD 设计成功的关键，因此在设计输入之前首先要考虑两个问题：选择系统方案，进行抽象的逻辑设计；选择合适的器件，满足设计的要求。

对于 LDPLD，一般可以进行书面逻辑设计，将电路的逻辑功能直接用逻辑方程、真值表状态图或原理图等方式进行描述，然后根据整个电路输入/输出端数以及所需要的资源（门、触发器数目）选择能满足设计要求的器件系列和型号。器件的选择除了应考虑器件的引脚数、资源外，还要考虑其速度、功耗以及结构特点。

对于 HDPLD，系统方案的选择通常采用"自顶向下"的设计方法。首先在顶层进行功能框图的划分和结构设计，然后再逐级设计低层的结构。一般将描述系统总功能的模块放在

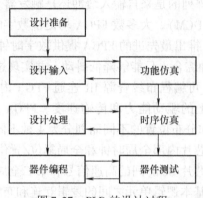

图 7-27　PLD 的设计过程

最上层，称为顶层设计；将描述系统某一部分功能的模块放在下层，称为底层设计，底层模块还可以再向下分层。这种"自顶向下"和分层次的设计方法使整个系统的设计变得简洁和方便，并且有利于提高设计的成功率。目前系统方案的设计工作和器件的选择都可以在计算机上完成，设计者可以采用国际标准的两种硬件描述语言 VHDL 或 Verilog 对系统进行功能描述，并选用各种不同的芯片进行平衡、比较，选择最佳结果。

（2）设计输入

设计者将所设计的系统或电路以开发软件要求的某种形式表示出来，并送入计算机的过程称为设计输入。它通常有原理图输入、硬件描述语言输入和波形输入等多种方式。

原理图输入是一种最直接的输入方式，它大多用于对系统或电路结构很熟悉的场合，但系统较大时，这种方法的输入效率相对较低。

硬件描述语言是用文本方式描述设计，它分为普通硬件描述语言和行为描述语言。普通硬件描述语言有 ABEL-HDL、CUPL 等，它们支持逻辑方程、真值表、状态机等逻辑表达方式。行为描述语言是指高层硬件描述语言 VHDL 和 Verilog，它们有许多突出的优点：如语言的公开可利用性，便于组织大规模系统的设计，具有很强的逻辑描述和仿真功能，而且输入效率高，在不同的设计输入库之间转换也非常方便。

（3）设计处理

从设计输入完成以后到编程文件产生的整个编译、适配过程通常称为设计处理或设计实现。它是器件设计中的核心环节，是由计算机自动完成的，设计者只能通过设置参数来控制其处理过程。在编译过程中，编译软件对设计输入文件进行逻辑化简、综合和优化，并适当地选用一个或多个器件自动进行适配、布局和布线，最后产生编程文件。

编程文件是可供器件编程使用的数据文件：对于阵列型 PLD 来说，是产生熔丝图文件，即 JEDEC（简称 JED）文件，它是电子器件工程联合会制定的标准格式；对于 FPGA 来说，是生成位流数据文件（Bitstream Generation）。

（4）设计验证

设计验证过程包括功能仿真、时序仿真和器件测试，前两项工作是在设计输入和设计处理过程中同时进行的。

功能仿真是设计输入完成以后的逻辑功能验证，又称前仿真。它没有延时信息，对于初步功能检测非常方便。时序仿真在选择好器件并完成布局、布线之后进行，又称后仿真或定时仿真。时序仿真可以用来分析系统中各部分的时序关系以及仿真设计性能。

（5）器件编程

器件编程是指将编程数据放到具体的 PLD 中。对阵列型 PLD 来说，是将 JED 文件 "下载（Down Load）" 到 PLD 中去；对 FPGA 来说，是将位流数据文件 "配置" 到器件中去。

器件编程需要满足一定的条件，如编程电压、编程时序和编程算法等。普通的 PLD 和一次性编程的 FPGA 需要专用的编程器来完成器件的编程工作。基于 SRAM 的 FPGA 可以由 EPROM 或微处理器进行配置，ISP 系统编程器件则不需要专门的编程器，只要一根下载编程电缆就可以了。

7.3.2 PLD 仿真实现全加器电路

目前世界上有十几家生产 CPLD/FPGA 的公司，最大的三家是 Altera、Xilinx 和 Lattice，且每个 FPGA 厂商都有其专属的开发软件及工具，这也意味着要想对不同的 FPGA 进行开发设计，首先要熟练掌握不同的开发工具，而这并不是简单的事情。而 Multisim 14 是一个完整的电子设计仿真软件，利用它可以完成基于 FPGA 数字系统的图形化设计，并生成 VHDL 代码用于器件编程，实现了基于计算机仿真设计与虚拟实验来完成数字电子系统设计的全新理念和手段。

下面将详细介绍用 Multisim 14 设计基于 FPGA 的全加器电路的方法步骤。

（1）新建 PLD 设计

1）打开 Multisim 14 软件，单击菜单 "File" → "New" 命令，弹出如图 7-28 所示的 "New Design（新建设计）" 对话框。

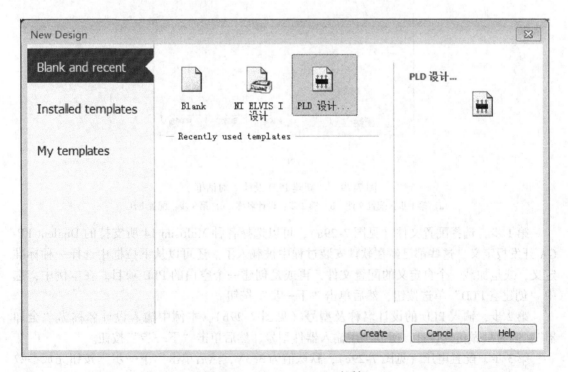

图 7-28　"New Design" 对话框

2）单击"PLD 设计"按钮，然后单击底部的"Create"按钮，弹出如图 7-29 所示的"新建 PLD 设计"对话框。

图 7-29 "新建 PLD 设计"对话框
a）第 1 步：配置文件 b）第 2 步：设计名称 c）第 3 步：配置电压

第 1 步，选择配置文件（见图 7-29a），可以选择各种 Multisim 14 所支持的 Digilent FP-GA 开发板定义，这些都已经在软件安装过程中被载入了。还可以从下拉框中选择一种标准定义，或是加载一个自定义的配置文件，再或是创建一个空白的 PLD 项目。在本例中，选中"创建空 PLD"单选按钮，然后单击"下一步"按钮。

第 2 步，输入 PLD 的设计名称及型号（见图 7-29b），本例中输入设计名称为"全加器"，因为只做仿真设计，所以不用输入器件型号，然后单击"下一步"按钮。

第 3 步，配置电压（见图 7-29c），默认值为 3.3V，然后单击"下一步"按钮完成参数的配置，关闭对话框。

（2）元器件放置及布局

在打开的 PLD 编辑窗口中，"全加器"项目会在 Multisim 14 窗口左侧的"设计工具箱"中出现，如图 7-30 所示。在绘图区的上方会出现两个 PLD 设计专用工具栏，分别是 PLD 工具栏和 PLD 元器件工具栏，如图 7-31 和图 7-32 所示。

图 7-30　设计工具箱

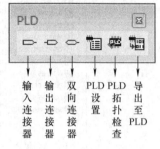

图 7-31　PLD 工具栏

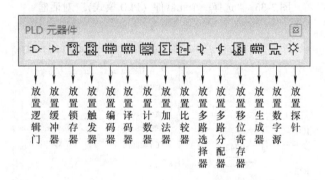

图7-32　PLD 元器件工具栏

1）放置逻辑门。放置逻辑门器件的方式有两种：第一种方式是单击"PLD 元器件"工具栏中的"放置逻辑门"按钮 ，打开"选择一个元器件（PLD 模式）"对话框，如图 7-33 所示；第二种方式是单击菜单"Place（放置）"→"Component（元器件）"命令，同样会打开"选择一个元器件（PLD 模式）"对话框。选择相应的元器件即可。在本例设计中需要放置 2 个异或门 XOR2、3 个与门 AND3 和 1 个或门 OR3。

2）放置连接器。放置连接器的方式也有两种：第一种方式是单击"PLD"工具栏中相应的按钮；第二种方式是单击菜单"Place（放置）"→"Connectors（连接器）"命令，再选择相应的连接器。本例设计中需要放置 3 个输入连接器和 2 个输出连接器，如图 7-34a 所示。双击连接器，在弹出的"端口连接器"对话框中修改名称，如图 7-34b 所示。

（3）连接逻辑门和连接器

将所有逻辑门和连接器按图 7-35 所示连接起来，完成电路绘制。

图 7-33 "选择一个元器件（PLD 模式）"对话框

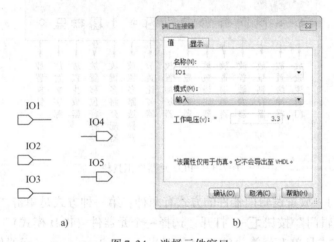

图 7-34 选择元件窗口

a）放置的端口连接器 b）"端口连接器"对话框

7.3.3 仿真验证 PLD 的全加器电路功能

绘制完成 PLD 项目中的全加器电路（见图 7-35）之后，可以直接通过 Multisim 14 软件来仿真验证电路功能是否正确。

1）单击菜单 "File（文件）"→"New（新建）"命令，弹出如图 7-28 所示的 "New Design" 对话框，单击顶端的 "Blank" 按钮新建一个空白的仿真文件。然后单击底部的 "Create" 按钮，保存文件名为 "全加器仿真.ms14"。

2）单击工具栏的按钮 "🖳"（快捷键 <Ctrl + H>），或者单击菜单 "Place（放置）"→ "Hierarchical Block From File…（层次块来自文件）"命令。选择 7.3.2 节设计完成的 "全加

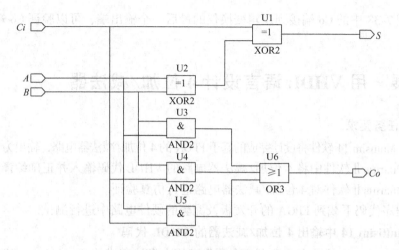

图 7-35　全加器电路

器 . ms14" PLD 电路，在绘图区放置全加器的器件符号如图 7-36 所示。此时"设计工具箱"面板会出现如图 7-37 所示的调用了"全加器（PLD1）"电路的层次结构。

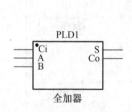

图 7-36　全加器器件符号图

图 7-37　全加器仿真电路的"设计工具箱"面板

3）在绘图区中放置逻辑变换仪（XLC1），并将全加器的 3 个输入端 Ci、A 和 B 接到逻辑变换仪的输入端，S 接到最后一个输出端，如图 7-38 所示完成电路的连接。

4）运行仿真。双击打开逻辑变换仪的面板，如图 7-39 所示，单击右边的"电路图→真值表" ⎡ ⟷ → ₁₀₁ ⎤，会得到 S 端的输出真值表。通过真值表可以验证全加器的设计是否正确。

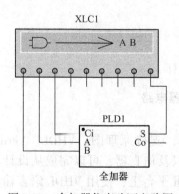

图 7-38　全加器仿真验证电路图

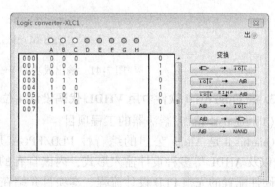

图 7-39　全加器仿真验证的逻辑变换仪面板

243

5）将图 7-38 中的 Co 端接到逻辑变换仪的最后一个输出端，可以验证 Co 端的输出真值表是否正确。

知识拓展　用 VHDL 语言设计 4 位加/减法器

1. 设计任务要求

1）通过 Multisim 14 软件将设计完成的基于 FPGA 的 4 位加/减法器电路，输出为 VHDL 代码。

2）在 Quartus Ⅱ 软件中将 4 位加/减法器电路的 VHDL 代码输入并正确编译。

3）在 Quartus Ⅱ 软件对 4 位加/减法器电路进行仿真验证。

4）将程序代码下载到 FPGA 的开发板及配套的硬件电路中进行测试。

2. 在 Multisim 14 中输出 4 位加/减法器的 VHDL 代码

1）在 Multisim 14 软件中打开上一个项目实施中设计完成的 "sadd4. ms14" 文件。

2）单击 Multisim14 菜单 "Transfer" → "Export to PLD…" 命令。弹出如图 7-40 所示的 "将 PLD 导出至 VHDL" 对话框，设置好顶层模块文件的输出路径及文件名（不能为中文），同时选中 "自定义包文件名" 复选框，单击 "确定" 按钮。

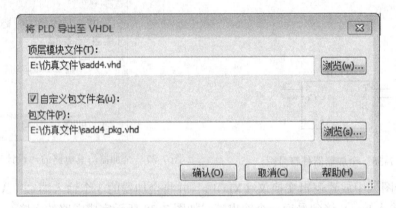

图 7-40　"将 PLD 导出至 VHDL" 对话框

输出成功的两个 VHDL 程序文件如图 7-41 所示，"sadd4. vhd" 和 "sadd4_pkg. vhd" 的 VHDL 程序见附录。

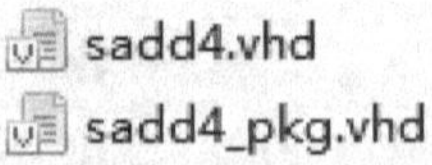

sadd4.vhd
sadd4_pkg.vhd

图 7-41　输出成功的 VHDL 程序文件

3. 在 Quartus Ⅱ 软件中用 VHDL 代码设计 4 位加/减法器电路

（1）建立 4 位加/减法器的工程项目

Quartus Ⅱ 是 Altera 公司的综合性 PLD/FPGA 开发软件，支持原理图、VHDL、Verilog HDL 以及 AHDL 等多种设计输入形式，内嵌自有的综合器以及仿真器，可以完成从设计输入到硬件配置的完整 PLD 设计流程。本项目介绍在 Quartus Ⅱ 平台上，使用 VHDL 语言输入法设计 4 位加/减法器电路的操作流程，包括编辑、编译、仿真和编程下载等基本过程。

1）在 Quartus II 中，因为设计是按项目来管理的，所以要给本项目先新建一个文件夹，并命名为"sadd4"。

2）单击 Quartus II 软件按钮，打开 Quartus II 软件，本例中采用的是 Quartus II 9.1 Web Edition 版本。

3）在软件启动向导页面中，单击"Creat a New Project（创建一个新工程）"按钮（见图 7-42），或者在软件界面中单击菜单"File"→"New Project Wizard"命令。

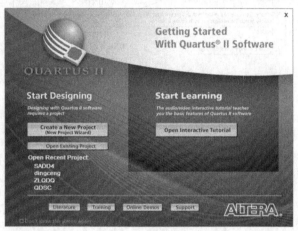

图 7-42　Quartus II 启动向导页面

4）在弹出图 7-43 所示的"New Project Wizard：Introduction（新建项目向导介绍）"对话框中，单击"Next"按钮。

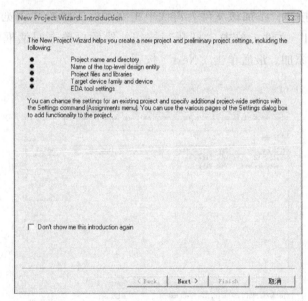

图 7-43　"New Project Wizard：Introduction"对话框

5）弹出的"New Project Wizard：Directory，Name，Top-Level Entity（文件路径、文件名、底层文件名）"对话框（见图 7-44）中，单击第一个文本框右侧的"浏览"按钮 ...，选择"sadd4"文件夹，单击"打开"按钮；然后在第二和第三个文本框中输入顶层和底层文件名（项目文件名只能由字母、数字和下画线组成），本例中，项目及文件名都是 "sadd4"。然后单击 "Next" 按钮。

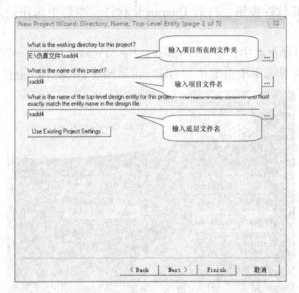

图 7-44　"New Project Wizard：Directory，Name，Top-Level Entity" 对话框

6）在弹出的 "New Project Wizard：Add Files（添加设计文件）" 对话框中（见图 7-45），添加图 7-41 所示的 Multisim 14 软件的两个 VHDL 代码输出文件。单击文本框右侧的 "浏览" 按钮，选择输出的 "sadd4. vhd" 文件，单击 "打开" 按钮；然后再单击对话框中的 "Add" 按钮，添加该文件。再次单击文本框右侧的 "浏览" 按钮，选择输出的 "sadd4_pkg. vhd" 文件，单击 "打开" 按钮；然后再单击对话框中的 "Add" 按钮，即可完成两个文件的添加。最后单击 "Next" 按钮。

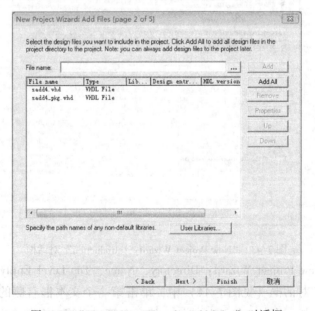

图 7-45　"New Project Wizard：Add Files" 对话框

7）在弹出的"New Project Wizard：Family & Device Settings（器件设置）"对话框（见图7-46）中，根据系统设计的实际需要选择目标芯片。本例中选用 Cyclone 系列的 EP1C3T144C8 芯片，单击"Next"按钮。

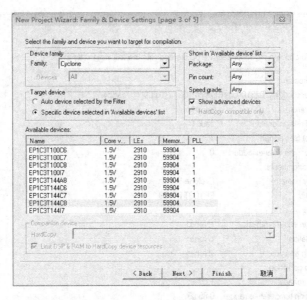

图7-46 "New Project Wizard：Family & Device Settings"对话框

8）在弹出的"New Project Wizard：EDA Tool Settings（EDA 工具设置）"对话框（见图7-47）中，从上到下的 3 个工具分别是设计实体综合、仿真和时间分析。本例中选择默认的"None"选项，表示使用 Quartus Ⅱ 中自带的工具。单击"Next"按钮。

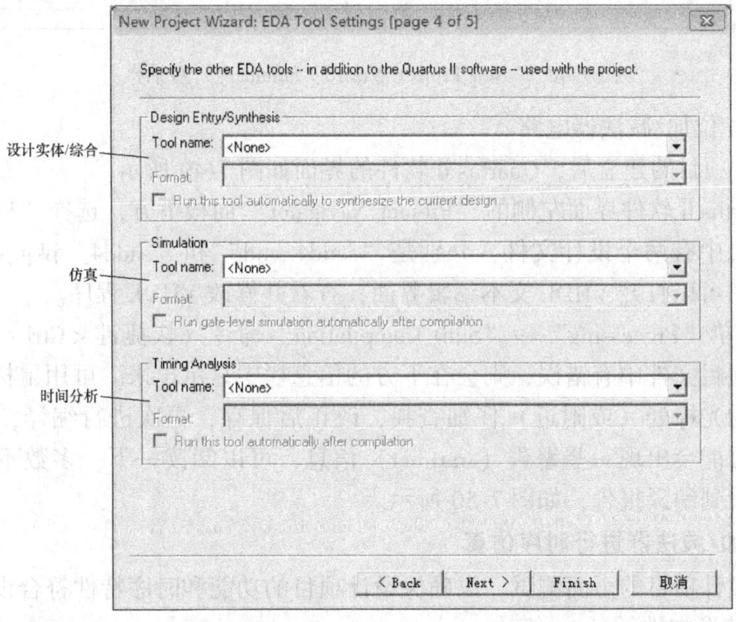

图7-47 "New Project Wizard：EDA Tool Settings"对话框

9）在弹出的"New Project Wizard：Summary（新建项目摘要）"对话框（见图7-48）中，仔细阅读摘要信息是否与设计相同，如果不同，可单击"Back"按钮返回修改。最后单击"Finish"按钮，关闭新建项目向导。

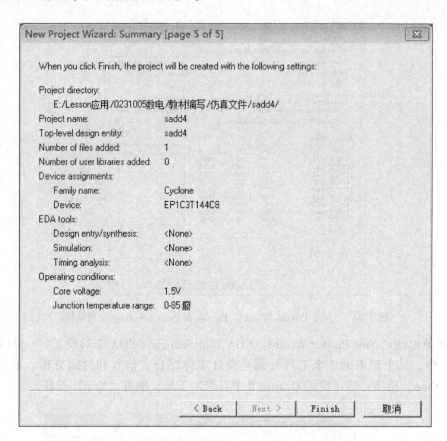

图7-48 "New Project Wizard：Summary" 对话框

（2）编译4位加/减法器电路

完成 sadd4 项目的建立后，Quartus Ⅱ软件的界面如图7-49所示。

1）在 Quartus Ⅱ软件界面左侧的"Project Navigator"面板下方，选择"Files"页面，可以看到当前项目中有两个设计文件，分别是"sadd4. vhd"和"sadd4_ pkg. vhd"文件。双击文件的名称，可以打开 VHDL 文本编辑界面，查看并修改 VHDL 程序。

2）单击菜单"Processing"→"Start Compilation"命令（快捷键＜Ctrl＋L＞），启动全程编译。如果项目文件中有错误，则会在下方的信息栏中显示出来。可用鼠标双击此条提示信息，在闪动的光标处（或附近）仔细查找，改正后保存，再次进行编译，直到没有错误为止。另外，可能会出现一些警告（warning）信息，可以阅读一下，多数不需要修改。编译成功后可以看到编译报告，如图7-50所示。

4. 对4位加/减法器进行时序仿真

仿真是对设计项目的全面测试，以确保设计项目的功能和时序特性符合设计要求。

（1）建立波形文件

单击菜单"File"→"New"命令，打开"New（新建文件）"对话框，如图7-51所

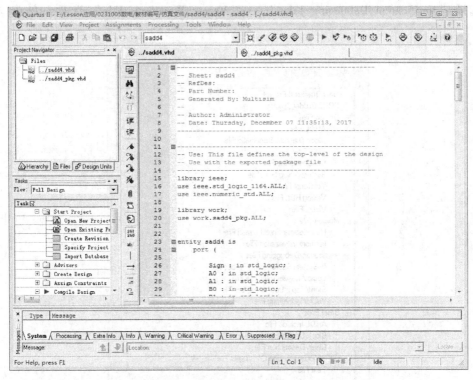

图 7-49　Quartus Ⅱ 软件界面

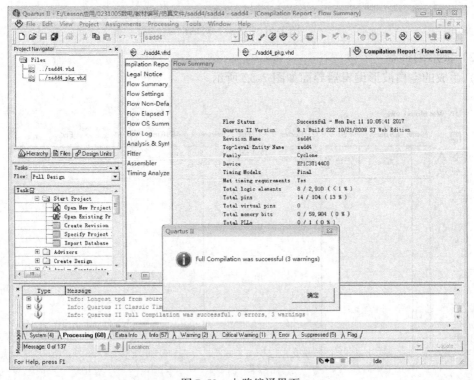

图 7-50　电路编译界面

示，选择"Verification/Debugging Files"→"Vector Waveform File"选项，单击"OK"按钮。

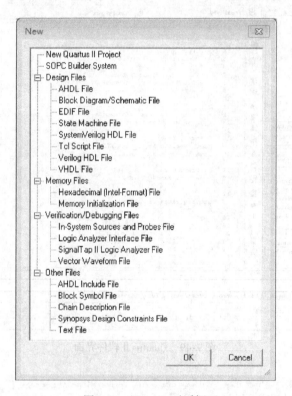

图 7-51　"New"对话框

（2）波形编辑器

1）生成的空白波形编辑器界面如图 7-52 所示。

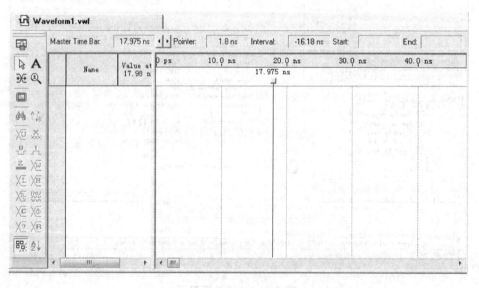

图 7-52　波形编辑器界面

2）为了使仿真时间设置在一个合理的时间区域上，单击菜单"Edit"→"End Time"命令，在弹出对话框中的 Time 文本框中输入 1，单位选 μs（默认），即整个仿真域的时间设定为 1μs。

3）单击菜单"Edit"→"Grid Size"命令，在弹出对话框中的 Period 文本框中输入 30，单位选 ns，即整个仿真时间周期为 30ns。

4）设置完成后，要将波形文件保存。单击菜单"File"→"Save"命令，将波形文件以默认名"sadd4.vwf"存入文件夹"sadd4"中。

（3）插入引脚

1）单击菜单"Edit"→"Insert Node or Bus"命令，弹出"Insert Node or Bus（插入引脚或总线）"对话框，如图 7-53 所示。

2）单击"Node Finder"按钮。在弹出的"Node Finder（引脚查找）"对话框中，选中 Filter 下拉列表中的"Pins: all"，单击"List"按钮，则在下方的 Node Found 窗口中会出现设计项目的所有端口引脚名。

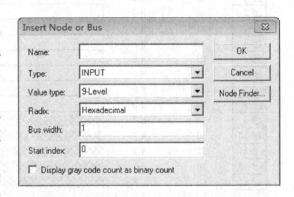

图 7-53 "Insert Node or Bus"对话框

3）单击中间的">>"按钮，选择所有的引脚，如图 7-54 所示。

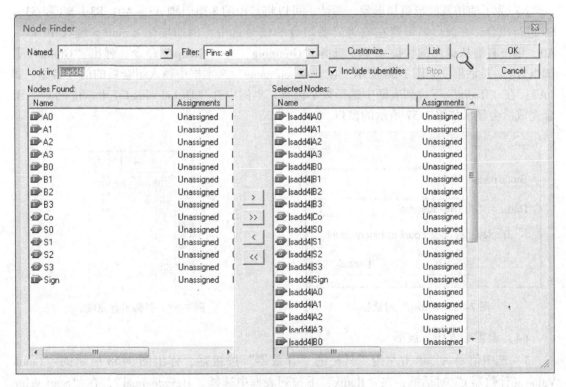

图 7-54 "Node Finder"对话框

4）单击"OK"按钮退出"Insert Node or Bus"对话框。

5）完成引脚选择后，在波形编辑器中将输入信号 Sign、A3 ~ A0 和 B3 ~ B0 移至最前面，输出信号 S3 ~ S0 和 Co 移至后面，如图 7-55 所示。

	Name	Value at 30.0 ns
▷0	Sign	H 0
▷1	A3	H 0
▷2	A2	H 0
▷3	A1	H 0
▷4	A0	H 0
▷5	B3	H 0
▷6	B1	H 0
▷7	B2	H 0
▷8	B0	H 0
▷9	S3	H X
▷10	S2	H X
▷11	S1	H X
▷12	S0	H X
▷13	Co	H X

图 7-55　导入引脚后的波形编辑器

6）为了使仿真波形更加形象、易读，可以将其中的 3 组引脚 A3 ~ A0、B3 ~ B0 和 S3 ~ S0 进行组合，在波形编辑器左侧将需要组合的信号选中，例如按住 < Shift > 键选中 A3 ~ A0，单击右键从弹出的快捷菜单中选择"Grouping"→"Group"命令，弹出"Group（引脚组合）"对话框，如图 7-56 所示。在"Group name"文本框中输入组合后的信号名称，如"A"；在"Radix"下拉列表框中选择数字进制，本例中选"Hexadecimal（十六进制）"。组合完成后会显示如图 7-57 所示的窗口。

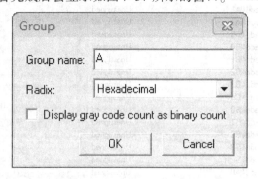

图 7-56　"Group"对话框

图 7-57　引脚组合完成

（4）设置输入仿真波形

1）选中信号 A，单击左侧工具栏的"计数器"按钮 $\underline{XC}$，弹出图 7-58 所示的"Count Value（计数器）"对话框，在"Radix"下拉列表框中选择"Hexadecimal"，在"Start value（初始数值）"中输入 0，在"Increment by（增加）"中输入 2，单击"确定"按钮。

2）信号 B 与 A 的设置方法相同，只是将"Increment by（增加）"中设置 3。

3）在信号 S 右侧"Value at..."处双击，弹出图 7-59 所示的"Node Properties（引脚参数）"对话框，在"Radix"下拉列表框中选择"Hexadecimal"，因为是输出引脚不用编辑波形，所以选中"Display gray code count as binary count"复选框。

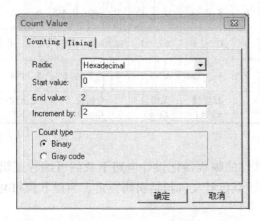

图 7-58　"Count Value"对话框

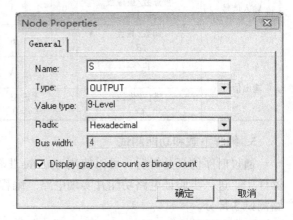

图 7-59　"Node Properties"对话框

4）选中信号 Sign 的 180ns 以后的区间，单击右侧工具栏的"逻辑 1"按钮，设置为高电平。设置完成的波形图如图 7-60 所示。

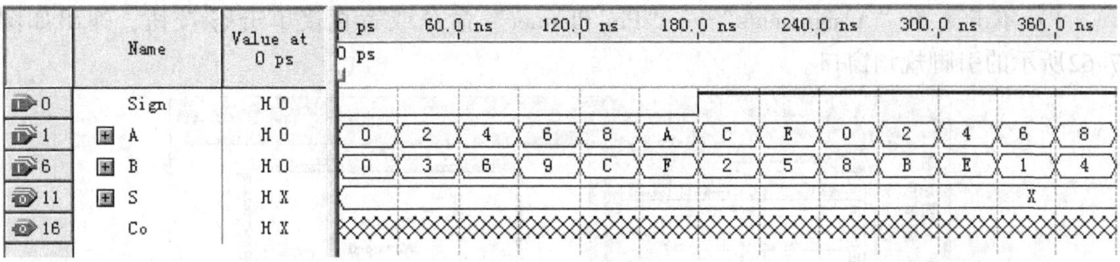

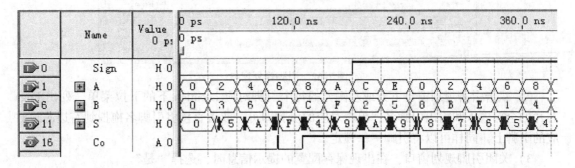

图 7-60　设置完成的波形图

（5）执行仿真

单击菜单"Processing"→"Start Simulation"命令，启动仿真器，仿真结果如图 7-61 所示。

图 7-61　波形仿真结果

从图 7-61 中可以得到仿真结果，见表 7-2，说明时序仿真结果正确。

表 7-2　4 位加/减法器时序仿真结果

	加/减 Sign	加法 Sign = 0						减法 Sign = 1						
输入信号	被加数/被减数 A	0	2	4	6	8	A	C	E	0	2	4	6	8
	加数/减数 B	0	3	6	9	C	F	2	5	8	B	E	1	4
输出信号	和/差 S	0	5	A	F	4	9	A	9	8	7	6	5	4
	进位/借位 Co	无进位 Co = 0					有进位 Co = 1	无借位 Co = 1				有借位 Co = 0		无借位 Co = 1

5. 编程下载和功能测试

通过时序仿真分析后，可以使用 Quartus Ⅱ 软件的编程器把设计电路下载到可编程逻辑器件中，进一步验证电路功能并实现电路。编程下载设计文件包括引脚锁定、编程下载和电路测试 3 部分。

（1）引脚锁定

在目标芯片引脚锁定前，需要先确定使用的 EDA 硬件开发平台及相应的工作模式，然后确定了设计电路的输入和输出端与目标芯片引脚的连接关系，最后进行引脚锁定。引脚锁定是指将设计文件的输入、输出信号分配到器件引脚的过程，步骤如下：

1）单击菜单 "Assignments" → "Pin Planner" 命令或者直接单击 按钮，弹出如图 7-62 所示的引脚规划窗口。

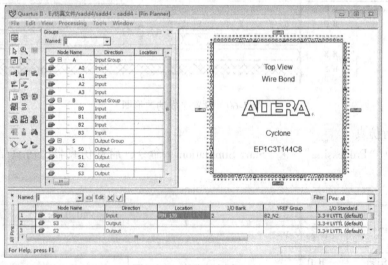

图 7-62　引脚规划窗口

2）双击引脚规划窗口下方或左侧方的每个引脚对应 Location 下的下拉菜单，列出 Fpga 芯片的全部输入和输出引脚名，单击对应的引脚即可，或者直接将引脚名拖拽到右边芯片对应的引脚上，同样可以将引脚一一锁定。

3）关闭引脚规划窗口，在出现保存配置的提示信息时，选择 "是"。

4）单击菜单 "Processing" → "Start Compilation" 命令，再次启动全程编译。编译成功

后，会产生设计电路的下载文件（.sof 或者 .pof），然后就可以将设计的程序下载到可编程逻辑芯片中。

（2）编程下载

FPGA 的编程方式有两种：一种是 JTAG（.sof）方式，会将程序下载到可编程逻辑器件中，但是断电不能保存；还有一种是 AS（.pof）方式，会将程序下载到存储器中，这样断电也能保存。下面是编程下载的步骤：

1）在编程下载设计文件之前，需要连接硬件测试系统，如使用 Usb-Blaster 下载器，先将下载器接到计算机 USB 端口安装驱动程序，然后打开电源，找到 Quartus II 软件安装路径，安装驱动程序，打开电源。

2）单击菜单"Tools"→"Programmer"命令或单击工具栏 🐝 按钮，弹出编程窗口，如图 7-63 所示，单击左上方"Hardware Setup"按钮，选择"Usb-Blaster"，"Mode（模式）"设为"JTAG"。

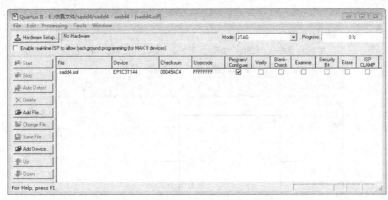

图 7-63　编程窗口

3）单击左侧的"Add File（添加文件）"按钮，在弹出的"Select Programming File（选择编程文件）"对话框中，选择添加 4 位加/减法器设计工程目录下的"sadd4.sof"文件，然后单击"Start"按钮，开始编程。

（3）功能测试

根据 FPGA 硬件电路开发环境对 4 位加/减法器进行电路功能测试。

项目实施　FPGA 实现 4 位加/减法器

1. 设计任务要求

1）用 Multisim 14 软件设计基于 FPGA 的 4 位加/减法器电路，每一位数据的计算采用 7.3.2 节的全加器 PLD 电路来实现。

2）调用设计完成的 4 位加/减法器电路，在 Multisim 14 软件中仿真验证电路功能的正确性。

2. 四位加/减法器的 FPGA 电路设计

1）打开 Multisim 14 软件，单击菜单"File"→"New"命令，弹出"New Design"对话框。

2）单击顶端的"PLD 设计"按钮，然后单击底部的"Create"按钮。弹出"新建 PLD 设计"对话框。

第 1 步，选择配置文件，创建一个空白的 PLD 项目，然后单击"下一步"按钮。

第 2 步，输入 PLD 的设计名称及型号，在本例中不用输入器件型号，设计名称为 "sadd4"（因为本章知识拓展中已用到该 FPGA 输出的 VHDL 文件，因此不能使用中文名称，否则在 Quartus 软件中编译会出错），然后单击"下一步"按钮。

第 3 步，配置 I/O 端口及其电压，默认值为 3.3V，然后单击"下一步"按钮完成参数的配置，关闭窗口。

3）单击工具栏的 按钮（快捷键 < Ctrl + H >），或者单击菜单"Place（放置）"→ "Hierarchical Block From File…（层次块来自文件）"命令。选择 7.3.2 节设计完成的"全加器 . ms14"PLD 电路，在绘图区放置全加器的元器件符号。

4）重新设计全加器的器件符号，可以使电路绘制更合理美观（此步骤也可以不做）。选中全加器的器件符号，单击鼠标右键，在弹出的快捷菜单中选择"Edit Symbol/Title Block（编辑符号/标题块）"命令，打开如图 7-64 所示的"符号编辑器"界面。

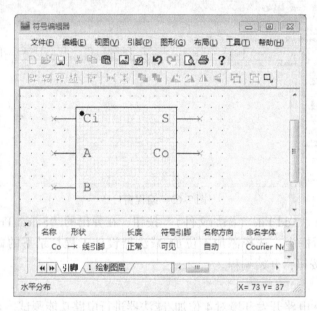

图 7-64 "符号编辑器"界面

选择如图 7-65 所示的"绘图"工具栏中的"调整框界大小"按钮，将器件符号的下框界向下拖拽变大，再将矩形边框线拖拽对齐框界。然后移动 A、B、Co 引脚使引脚间距变大，如图 7-64 中所示，完成器件符号的修改。

图 7-65 "绘图"工具栏

单击菜单"文件"→"保存"命令，关闭窗口。此时在绘图区会出现修改完成的全加器符号。

5）在绘图区选中"PLD1"的全加器符号，单击"复制"按钮（快捷键<Ctrl + C>），再单击"粘贴"按钮（快捷键<Ctrl + V>），在绘图区共放置 4 个全加器，并垂直布局好，此时"设计工具箱"面板会出现如图 7-66 所示的调用了"全加器（PLD1 - 4）"电路的层次结构。

单击"PLD 元器件"工具栏中的按钮 ⎓，打开"选择一个元器件（PLD 模式）"对话框，放置 4 个异或门"XOR2"，如图 7-67 所示布局。

图 7-66 sadd4 的"设计工具箱"面板

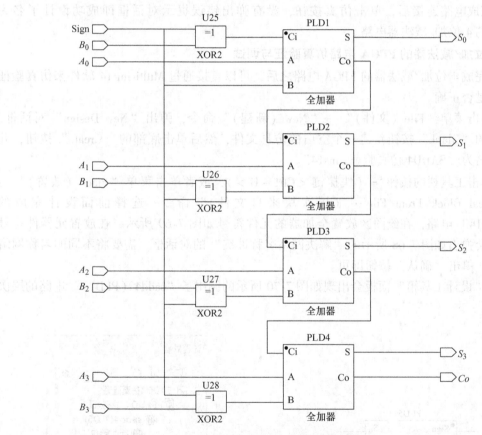

图 7-67 4 位加/减法器电路原理图

单击菜单"Place（放置）"→"Connectors（连接器）"按钮，放置"输入连接器" 9 个，"输出连接器" 5 个，如图 7-43 所示。双击连接器在弹出的"端口连接器"对话框中可修改名称。

6）按图 7-67 所示连接电路，其中在连接全加器的"Co"和下一级的"Ci"端口时会弹出如图 7-68 所示的"解决网络名称冲突"的对话框。将不同的名称网络进行合并，单击"确认"按钮即可。

图 7-68　"解决网络名称冲突"对话框

7）完成电路连接后，单击仿真按钮，没有弹出错误提示对话框即成功设计了名为"sadd4"的 4 位加/减法器电路。

3. 4 位加/减法器的 FPGA 电路仿真验证与调试

绘制完成 4 位加/减法器的 FPGA 电路之后，可以直接通过 Multisim 14 软件来仿真验证电路功能是否正确。

1）单击菜单"File（文件）" → "New（新建）"命令，弹出"New Design"对话框，单击顶端的"Blank"按钮新建一个空白的仿真文件，然后单击底部的"Create"按钮，并保存文件名为"SADD4 仿真验证 . ms14"。

2）单击工具栏的按钮 （快捷键 < Ctrl + H > ），或者单击菜单"Place（放置）" → "Hierarchical Block From File …（层次块来自文件）"命令。选择前面设计完成的"sadd4. ms14"电路，在绘图区放置全加器的元件符号如图 7-69 所示。在放置元器件符号时，同样会弹出如图 7-68 所示的"解决网络名称冲突"的对话框，需要将不同的名称网络进行合并，单击"确认"按钮即可。

此时"设计工具箱"面板会出现如图 7-70 所示的调用了"sadd4（PLD1）"电路的层次结构。

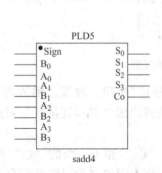

图 7-69　sadd4 的元件符号图

图 7-70　全加器仿真电路的"设计工具箱"面板

3）重新设计 sadd4 的元件符号。选中 sadd4 的元件符号，单击右键，在弹出的右键快捷菜单中选择"Edit Symbol/Title Block（编辑符号/标题块）"命令，会打开如图 7-64 所示的"符号编辑器"。选择"绘图"工具栏中的"调整框界大小"按钮，将元件符号的下框界向下拖拽变大，再将矩形边框线拖拽对齐框界。然后移动各个引脚的位置，如图 7-71 所示，完成元件符号的修改。

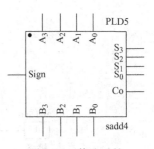

图 7-71　修改后的
sadd4 元件符号

单击菜单"文件"→"保存"命令，关闭窗口。此时在绘图区会出现修改完成的全加器元件符号。

4）在绘图区中放置 9 个"交互式数字常数"元件，单击 Multisim 14 快速访问元器件工具栏的电源图标 ÷，弹出"选择一个元器件"对话框，从"Sources"电源组中选择"DIGITAL_SOURCES（数字电源系列）"，再选中"INTERACTIVE_DIGITAL_CONSTANT（交互式数字常数）"元件，放置到图中。如图 7-72 所示，修改元器件的标签。

图 7-72　"选择一个元器件"对话框

如图 7-73 所示，再放置 5 个"数字探针"元件，单击 Multisim 14 快速访问元器件工具栏的指示器图标，弹出如图 7-72 所示的"选择一个元器件"对话框，从"Indicators"指示器组中选择"PROBE"探针系列，再选中"PROBE_DIG_RED（红色数字探针）"元件，放置到图中；然后按图修改元器件的标签，并连接电路。

5）仿真调试方法。分别设置 A 和 B 的 4 位数字，可设置参数如图 7-73 所示，A = 1001（被加数或者被减数），B = 0011（加数或者减数），再设置 Sign = 0（0 为加法，1 为减法）；单击运行仿真按钮（快捷键 <F5>），查看输出显示结果是否正确，图中做加法，求和结果 S = 1100，即

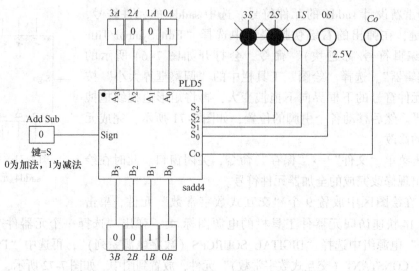

图 7-73 4 位加/减法器的仿真验证电路

$9+3=12$，无进位信号，即 $Co=0$，说明加法仿真结果正确；如果设置为减法 Sign $=1$，则计算结果 $S=0110$，即 $9-3=6$，无借位信号，即 $Co=1$。这说明减法仿真结果正确。

注意 Co 信号，当计算加法时，有输出进位信号则 $Co=1$，否则 $Co=0$；当计算减法时刚好相反，有借位信号则 $Co=0$，否则 $Co=1$。

项目考核

项目考核表见表 7-3。

表 7-3 项目考核表

项目 7 可编程逻辑器件实现 4 位加/减法器

班级		姓名		学号		组别	
项目	配分	考核要求		评分标准		扣分	得分
全加器电路设计	20	能正确设计、分析电路的工作原理		电路设计错误，扣 5 分/处			
仿真验证全加器	10	能正确调用全加器 PLD，功能正确		功能测试数据不正确，扣 2 分/处			
4 位加/减法器电路设计	30	1. 能正确分析 4 位加/减法器电路的工作原理 2. 能正确调用全加器 PLD，修改元器件符号，完成电路绘制		1. 不能正确修改元器件符号，扣 5 分/处 2. 电路设计错误，扣 5 分/处			
仿真验证 4 位加/减法器	30	1. 能正确调用 4 位加/减法器 PLD，修改元器件符号 2. 绘制 4 位加/减法器的仿真验证电路 3. 电路功能能够完全实现		1. 不能正确修改元器件符号，扣 5 分/处 2. 电路设计错误，扣 5 分/处 3. 功能测试数据不正确，扣 2 分/处			

项目	配分	考核要求	评分标准	扣分	得分
安全、 文明工作	10	1. 安全用电，无人为损坏仪器和设备 2. 操作习惯良好，能保持环境整洁，小组团结协作 3. 不迟到、早退、旷课	1. 发生安全事故或人为损坏设备，扣10分 2. 现场不整洁、工作不文明，团队不协作，扣5分 3. 不遵守考勤制度，每次扣2~5分		
合计					

项目习题

7.1 填空题

1. 半导体存储器芯片内包含大量的存储单元，每个存储单元都用唯一的_____代码加以区分，并能存储1位（或一组）_____信息。

2. RAM 一般由_____、_____和读/写控制电路3部分组成。

3. 存储矩阵由若干存储单元组成，一个存储单元存储的内容称为存储器的一个_____，每个存储单元由若干个可以存放一位二进制信息的基本存储电路组成，一个存储单元所含有的基本存储电路的个数，即能存放的二进制位数称为存储器的_____。

4. 容量为 $4\text{KB} \times 8$ 位 RAM 存储器芯片，有_____条地址输入线、_____条数据输出位线。

5. 存储器的读/写控制器受片选信号 $\overline{CS}$ 和读/写信号 $R/\overline{W}$ 控制，当 $\overline{CS} = 0$ 时，若 $R/\overline{W} = 1$，则电路执行_____操作；若 $R/\overline{W} = 0$，则电路执行_____操作。

6. 从存储功能来看 ROM 的结构，它由地址译码器和只读的存储矩阵两部分组成；从逻辑关系来看 ROM 的结构，它是由_____阵列和_____阵列构成的组合逻辑电路。

7. 某 ROM 的数据存储真值表见表7-4，当地址变量 $A_1A_0 = 10$ 时，读出一个字的内容是 $D_3D_2D_1D_0 = $ _____。

表7-4 题7.1 (7) 真值表

A_1	A_0	D_3	D_2	D_1	D_0
0	0	0	1	0	1
0	1	1	0	1	1
1	0	0	1	0	0
1	1	1	1	0	1

8. ROM 的阵列逻辑图中，_____阵列形成以地址为变量的全部最小项，_____阵列实现对某些最小项进行逻辑或运算。

9. PLA 的可编程与门阵列构成的地址译码器是一个非完全译码器，它输出的每一条字线可以对应一个_____项，也可以对应一个由地址变量任意组合的_____项。

10. PAL 由 _____ 的与门阵列和 _____ 的或门阵列构成。

7.2 选择题

1. 可由用户以专用设备将信息写入，写入后还可以用专门方法（如紫外线照射）将原来内容擦除后再写入新内容的只读存储器称为（ ）。

 A. MROM   B. PROM   C. EPROM   D. E2PROM

2. 下列存储器中，存储的信息在断电后将消失，属于"易失性"存储器件的是（ ）。

 A. 半导体 ROM   B. 半导体 RAM   C. 磁盘存储器   D. 光盘存储器

3. 动态 RAM 的基本存储电路，是利用 MOS 管栅-源极之间电容对电荷的暂存效应来实现信息存储的。为避免所存信息的丢失，必须定时给电容补充电荷，这一操作称为（ ）。

 A. 刷新   B. 存储   C. 充电   D. 放电

4. 有 10 位地址和 8 位字长的存储器，其存储容量为（ ）。

 A. 256×10 位   B. 512×8 位   C. 1024×10 位   D. 1024×8 位

5. 具有对存储矩阵中的存储单元进行选择作用的是存储器中的（ ）。

 A. 地址译码器   B. 读写控制电路   C. 存储矩阵   D. 片选控制

6. 正常工作状态下，可以随时进行读/写操作的存储器是（ ）。

 A. MROM   B. PROM   C. EPROM   D. RAM

7. 用户不能改变存储内容的存储器是（ ）。

 A. MROM   B. PROM   C. EPROM   D. 以上都对

8. 随机存储器 RAM 在正常工作状态下，具有的功能是（ ）。

 A. 只有读功能   B. 只有写功能

 C. 既有读功能，又有写功能   D. 无读/写功能

9. 只读存储器 ROM，当电源断电后再通电时，所存储的内容（ ）。

 A. 全部改变   B. 全部为 0   C. 不确定   D. 保持不变

10. 关于 PROM 和 PLA 的结构，下列叙述不正确的是（ ）。

 A. PROM 的与阵列固定不可编程   B. PROM 的或阵列可编程

 C. PLA 的与、或阵列均可编程   D. PROM 的与、或阵列均不可编程

11. 用 ROM 实现组合逻辑函数时，所实现函数的表达式应变换成（ ）。

 A. 最简与或式   B. 标准与或式

 C. 最简与非-与非式   D. 最简或非-或非式

7.3 简答题

1. PLD 有哪些种类？它的基本结构是什么？

2. 简述 PAL 器件的基本结构？它是如何来实现组合逻辑电路和时序逻辑电路的？

3. 简述 PLD 的设计步骤。

综合训练

综合训练 1   数字电子钟设计

1. 概述

数字电子钟是一种用数字显示秒、分、时、日的计时装置。与传统的机械钟相比，它具有走时准确、显示直观、无机械传动装置等优点，因而得到了广泛的应用。

数字电子钟的电路组成框图如图 Z-1 所示。

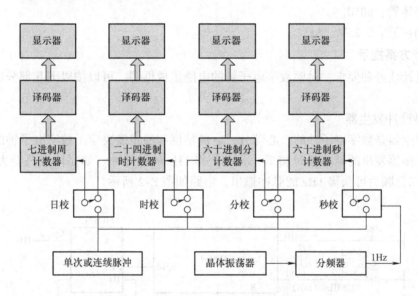

图 Z-1   数字电子钟的电路组成框图

由图 Z-1 可见，数字电子钟由以下几部分组成：晶体振荡器和分频器组成的秒脉冲发生器；校时电路；六十进制秒、分计数器，二十四进制（或十二进制）时计数器，七进制周计数器；秒、分、时、周的译码显示部分等。

2. 设计任务和要求

用中、小规模集成电路设计一台能显示日、时、分、秒的数字电子钟，要求如下：

1）由晶体振荡器产生 1Hz 标准秒信号。

2）秒、分为 00～59 六十进制计数器。

3）时为 00～23 二十四进制计数器。

4）周显示从 1～日，为七进制计数器。

5）可手动校时：能分别进行秒、分、时、日的校时。只要将开关置于手动位置，可分别对秒、分、时、日进行手动脉冲输入调整或连续脉冲输入的校正。

6）整点报时。整点报时电路要求在每个整点前鸣叫 5 次低音（500Hz），整点时再鸣叫 1 次高音（1000Hz）。

3. 可选用器材

1）数字电子技术技能训练开发板。

2）直流稳压电源。

3）集成电路：CD4060、74LS74、74LS161、74LS248 及门电路。

4）晶体振荡器：32768Hz。

5）电容：100μF/16V、22pF、3~22pF。

6）电阻：200Ω、10kΩ、22MΩ。

7）电位器：2.2kΩ 或 4.7kΩ。

8）数显：共阴极 LED 数码管显示器 LC5011-11。

9）开关：单次按键。

10）晶体管：8050。

11）扬声器：0.25W、8Ω。

4. 设计方案提示

根据设计任务和要求，对照数字电子钟的电路组成框图，可以按以下几部分进行模块化设计。

（1）秒脉冲发生器

脉冲发生器是数字电子钟的核心部分，它的精度和稳定度决定了数字电子钟的质量，通常用晶体振荡器发出的脉冲经过整形、分频获得 1Hz 的秒脉冲。如晶体振荡器为 32768Hz，通过 15 次二分频后可获得 1Hz 的脉冲输出，电路如图 Z-2 所示。

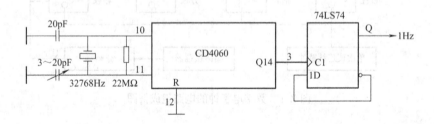

图 Z-2　秒脉冲发生器

（2）计数译码显示

秒、分、时、日分别为六十、六十、二十四、七进制计数器。秒、分均为六十进制，即显示 00~59，它们的个位为十进制，十位为六进制。时为二十四进制计数器，显示 00~23，个位仍为十进制，而十位为三进制，但当十位计到 2，而个位计到 4 时清零，即二十四进制。

周为七进制数，按人们一般的概念一周的显示日期"日、1、2、3、4、5、6"，所以设计这个七进制计数器应根据译码显示器的状态表（见表 Z-1）来进行，不难设计出"日"计数器的电路（日用数字 8 代替）。

Q_4	Q_3	Q_2	Q_1	显　示
1	0	0	0	日
0	0	0	1	1
0	0	1	0	2
0	0	1	1	3
0	1	0	0	4
0	1	0	1	5
0	1	1	0	6

所有计数器的译码显示均采用 BCD—七段译码器，显示器采用共阴极或共阳极的显示器。

（3）校时电路

在刚刚开机接通电源时，由于日、时、分、秒为任意值，所以需要进行调整。置开关在手动位置，分别对时、分、秒、日进行单独计数，计数脉冲由单次脉冲或连续脉冲输入。

（4）整点报时电路

当时计数器在每次计到整点前 6s 时，需要报时，这可用译码电路来解决。即当分为 59 时，则秒在计数计到 54 时，输出一延时高电平去打开低音与门，使报时声按 500Hz 频率鸣叫 5 声，直至秒计数器计到 58 时，结束此高电平脉冲；当秒计数到 59 时，则驱动高音 1kHz 频率输出而鸣叫 1 声。

5. 参考电路

数字电子钟逻辑电路参考图如图 Z-3 所示。

6. 参考电路简要说明

（1）秒脉冲电路

由晶体振荡器 32768Hz 经 14 分频器分频为 2Hz，再经一次分频，即得 1Hz 标准秒脉冲，供时钟计数器用。

（2）单次脉冲、连续脉冲

这主要供手动校时用。若开关 S_1 打在单次端，要调整日、时、分、秒则可按单次脉冲进行校正。如 S_1 在单次，S_2 在手动，则此时按动单次脉冲键，使周计数器从星期一到星期日计数。若开关 S_1 处于连续端，校正时，不需要按动单次脉冲键，即可进行校正。单次、连续脉冲均由门电路构成。

（3）秒、分、时、日计数器

这一部分电路均使用中规模集成电路 74LS161 实现，其中，秒、分为六十进制，时为二十四进制。从图 Z-3 中可以发现，秒、分两组计数器完全相同。当计数到 59 时，再来一个脉冲变成 00，然后再重新开始计数。图中利用"异步清零"反馈到 $\overline{CR}$ 端，而实现个位十进制、十位六进制的功能。

时计数器为二十四进制，当开始计数时，个位按十进制计数，当计到 23 时，这时再来一个脉冲，应该回到"0"。所以，这里必须使个位既能完成十进制计数，又能在高低位满足"23"这一数字后，时计数器清零，图中采用了十位的"2"和个位的"4"相与非后再清零。

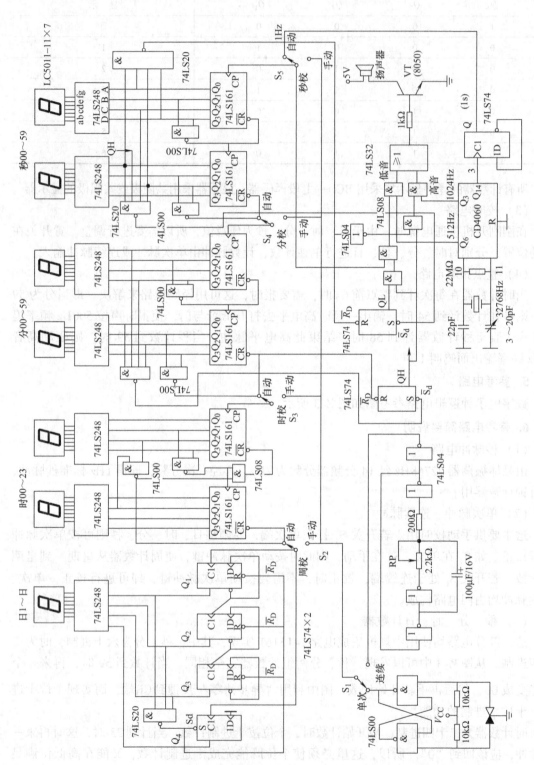

图Z-3 数字电子钟逻辑电路参考图

对于日计数器电路，它是由4个D触发器（也可以用JK触发器）组成的，其逻辑功能满足了表Z-1，即当计数器计到6后，再来一个脉冲，用7的瞬态将Q_4、Q_3、Q_2、Q_1置数，即为"1000"，从而显示"日"（8）。

（4）译码、显示

译码、显示很简单，采用共阴极LED数码管显示器LC5011-11和译码器74LS248，当然也可选用共阳极数码管和译码器。

（5）整点报时

当计数到整点的前6s，此时应该准备报时。图Z-3中，当分计到第59min时，将分触发器QH置1，而等到秒计数到第54s时，将秒触发器QL置1，然后通过QL与QH相与后再和1s标准秒信号相与而去控制低音扬声器鸣叫，直至第59s时，产生一个复位信号，使QL清0，停止低音鸣叫，同时第59s信号的反相又和QH相与后去控制高音扬声器鸣叫。当计到分、秒从59：59—00：00时，鸣叫结束，完成整点报时。

（6）报警电路

报警电路由高、低两种频率通过或门驱动一个晶体管，带动扬声器鸣叫。1kHz和500Hz从晶振分频器近似获得。如图Z-3中CD4060分频器的输出端Q_5和Q_6，Q_5输出频率为1024Hz，Q_6输出频率为512Hz。

综合训练2　智力竞赛抢答器设计

1. 概述

进行智力竞赛时，一般分为若干组，主持人提出的问题分必答和抢答两种。必答有时间限制，计时时间结束时要报警，回答问题的正确与否，由主持人判别加分还是减分，成绩评定结果要用电子装置显示。抢答时，要判定哪组优先，并予以指示和鸣叫。因此，能完成以上智力竞赛抢答器逻辑功能的数字逻辑控制系统，至少应包括以下几部分：

1）计分、显示部分。

2）判别选组控制部分。

3）定时电路和音响部分。

2. 设计任务和要求

用TTL或CMOS集成电路设计智力竞赛抢答器逻辑控制电路，具体要求如下：

1）抢答组数为4组，输入抢答信号的控制电路应由无抖动开关来实现。

2）判别选组电路。能迅速、准确地判出抢答者，同时能排除其他组的干扰信号，闭锁其他各路输入使其他组再按开关时失去作用，并能对抢中者有光、声显示和鸣叫指示。

3）计数、显示电路。每组有3位十进制计分显示电路，能进行加/减计分。

4）定时及报警。

必答时，启动定时灯亮，以示开始，当时间到时要发出单音调"嘟"声，并熄灭指示灯。

抢答时，当抢答开始后，指示灯应闪亮。当有某组抢答时，指示灯灭，最先抢答一组的灯亮，并发出声音，也可以驱动组别数字显示（用数码管显示）。回答问题的时间应可调整，分别为10s、20s、50s、60s或稍长。

5）主持人应有复位按钮。抢答和必答定时应有手动控制。

3. 可选用器材

1) 数字电子技术技能训练开发板。

2) 直流稳压电源。

3) 集成电路：74LS190、74LS48、CD4043、74LS112 及门电路。

4) 显示器：LCD5011-11、CL002、发光二极管。

5) 拨码开关（8421 码）。

6) 阻容元件、电位器。

7) 扬声器、开关等。

4. 设计方案提示

1) 复位和抢答开关输入防抖电路，可采用加吸收电容或 RS 触发器电路来完成。

2) 判别选组实现的方法可以用触发器和组合电路完成，也可用一些特殊元器件组成，例如用 MC14599 或 CD4099 八路可寻址输出锁存器来实现。

3) 计数显示电路可用 8421 码拨码开关译码电路实现。8421 码拨码开关能进行加或减计数，也可用加/减计数器（如 74LS193）来组成。译码、显示用共阴极或共阳极组件。

4) 定时电路。当有开关启动定时器时，使定时计数器按减计数或加计数方式进行工作，并使指示灯亮，当定时时间到时，输出脉冲驱动报警电路工作，并使指示灯熄灭。

5. 参考电路

根据智力竞赛抢答器的设计任务和要求，其逻辑参考电路如图 Z-4 所示。

6. 参考电路简要说明

图 Z-4 所示为四组智力竞赛抢答器逻辑参考电路，若要增加组数，只需要把计分显示部分增加即可。

（1）计分部分

每组均由 8421 码拨码开关 KS-1，完成分数的增和减，每组为 3 位（个、十、百位），每位可以单独进行加或减。例如，100 分加 10 分变为 110 分，只需按动拨码开关十位 "+" 号一次；若加 "20" 分，只要按动 "+" 号两次。若减分，方法相同，即按动 "−" 号就能完成减数计分。计分电路也可以用电子开关或集成加、减法计数器来组合完成。

（2）判组电路

这部分电路由 RS 触发器完成，CD4043 为三态 RS 锁存触发器，当 S_1 按下时，Q_1 为 1，这时或非门 74LS25 为低电平，封锁了其他组的输入。Q_1 为 1，使发光二极管 VL_1 发亮，同时也驱动报警电路鸣叫，实现声、光指示。输入端采用了阻容方法，以防止开关抖动。

（3）定时电路

当进行抢答或必答时，主持人按动单次脉冲启动开关，使定时数据置入计数器，同时使 JK 触发器翻转（$Q=1$），定时器进行减计数定时，定时开始，定时指示灯亮。当定时时间到，即减法计数器为 "00" 时，Bo 为 "1"，定时结束，这时去控制音响电路鸣叫，并灭掉指示灯（JK 触发器的 $\overline{Q}=1$，$Q=0$）。定时显示用 CL002，定时时钟脉冲为 "秒" 脉冲。

（4）音响电路

音响电路中，f_1 和 f_2 为两种不同的音响频率，当某组抢答时，应为多音，其时序应为间断音频输出。当定时到，应为单音，其时序应为单音频输出，时序波形图如图 Z-5 所示。

268

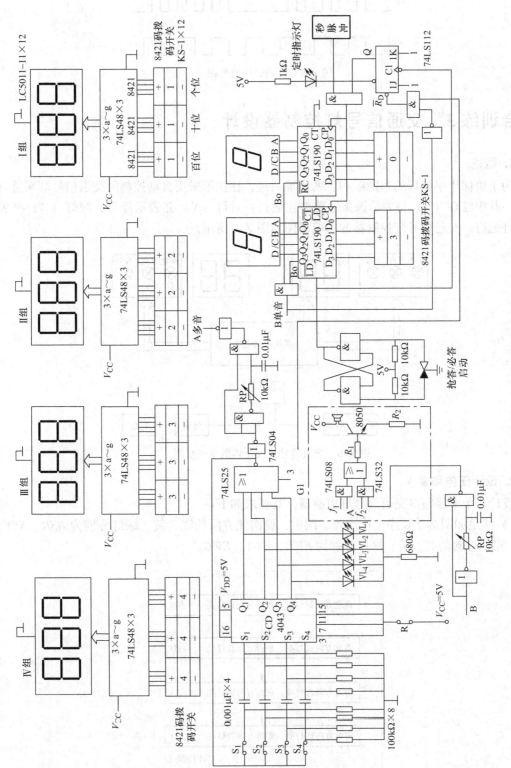

图Z-4 四组智力竞赛抢答器逻辑电路图

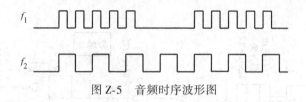

图 Z-5　音频时序波形图

综合训练 3　交通信号灯控制器设计

1. 概述

为了确保十字路口的车辆顺利、畅通地通过，往往都采用自动控制的交通信号灯来进行指挥。其中红灯（R）亮表示该条道路禁止通行；黄灯（Y）亮表示停车；绿灯（G）亮表示允许通行。交通信号灯控制器的系统框图如图 Z-6 所示。

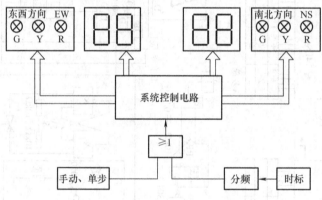

图 Z-6　交通信号灯控制器的系统框图

2. 设计任务和要求

设计一个十字路口交通信号灯控制器，其要求如下：

1）满足如图 Z-7 顺序工作流程。图中，设南北方向的红、黄、绿灯分别为 NSR、NSY、NSG，东西方向的红、黄、绿灯分别为 EWR、EWY、EWG。

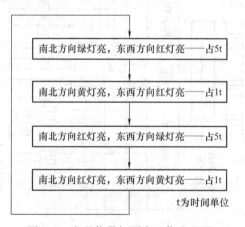

图 Z-7　交通信号灯顺序工作流程图

270

它们的工作方式，有些必须是并行进行的，如南北方向绿灯亮，东西方向红灯亮；南北方向黄灯亮，东西方向红灯亮；南北方向红灯亮，东西方向绿灯亮；南北方向红灯亮，东西方向黄灯亮。

2）应满足两个方向的工作时序：即东西方向亮红灯时间应等于南北方向亮黄、绿灯时间之和，南北方向亮红灯时间应等于东西方向亮黄、绿灯时间之和。时序工作流程图如图 Z-8 所示。

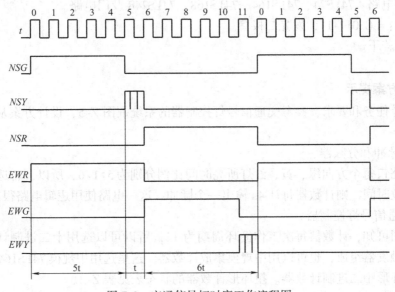

图 Z-8　交通信号灯时序工作流程图

图 Z-8 中，假设每个单位时间为 3s，则南北、东西方向绿、黄、红灯亮时间分别为 15s、3s、18s，一次循环为 36s。其中，红灯亮的时间为绿灯、黄灯亮的时间之和，黄灯是间歇闪烁。

3）十字路口要有数字显示，以便人们更直观地把握时间。具体为：当某方向绿灯亮时，置显示器为某值，然后以每秒减 1 计数方式工作，直至减到数"0"，此时十字路口红、绿灯交换，一次工作循环结束，而进入下一方向的工作循环。

例如，当南北方向从红灯转换成绿灯时，置南北方向数字显示为 18，并使数显计数器开始减 1 计数，当减到绿灯灭而黄灯亮（闪烁）时，数显值应为 3，当减到 0 时，此时黄灯灭，而南北方向的红灯亮；同时，使得东西方向的绿灯亮，并置东西方向的数显值为 18。

4）可以手动调整和自动控制，夜间为黄灯闪烁。

5）在完成上述任务后，可以对电路进行以下几方面的改进或扩展：

① 设某一方向（如南北方向）为十字路口主干道，另一方向（如东西方向）为次干道；主干道由于车辆、行人多，而次干道的车辆、行人少，所以主干道绿灯亮的时间可以选定为次干道绿灯亮时间的 2～3 倍。

② 用 LED 模拟汽车行驶电路。当某一方向绿灯亮时，这一方向的 LED 接通，并一个一个向前移动，表示汽车在行驶；当遇到黄灯亮时，移位 LED 就停止，而过了十字路口的移

位 LED 继续向前移动；红灯亮时，则另一方向转为绿灯亮，那么，这一方向的 LED 就开始移位（表示这一方向的车辆行驶）。

3. 可选用器材

1）数字电子技术技能训练开发板。

2）直流稳压电源。

3）交通信号灯及汽车模拟装置。

4）集成电路：74LS74、74LS164、74LS168、74LS248 及门电路。

5）显示：LC5011-11，发光二极管。

6）电阻若干。

7）开关。

4. 设计方案提示

根据设计任务和要求，参考交通信号灯控制器的系统框图 Z-5，设计方案从以下几部分进行考虑。

（1）秒脉冲和分频器

因十字路口每个方向绿、黄、红灯所亮时间比例分别为 5:1:6，所以，若选 4s（也可以 3s）为一单位时间，则计数器每计 4s 输出一个脉冲。这一电路使用逻辑电路很容易实现。

（2）交通信号灯控制器

由波形图可知，计数器每次工作循环周期为 12，所以可以选用十二进制计数器。计数器可以用单触发器组成，也可以用中规模集成计数器。这里选用中规模 74LS164 八位移位寄存器组成扭环形十二进制计数器。扭环形计数器的状态表见表 Z-2。

表 Z-2　扭环形计数器的状态表

t	计数器输出						南北方向			东西方向		
	Q_0	Q_1	Q_2	Q_3	Q_4	Q_5	NSG	NSY	NSR	EWG	EWY	EWR
0	0	0	0	0	0	0	1	0	0	0	0	1
1	1	0	0	0	0	0	1	0	0	0	0	1
2	1	1	0	0	0	0	1	0	0	0	0	1
3	1	1	1	0	0	0	1	0	0	0	0	1
4	1	1	1	1	0	0	1	0	0	0	0	1
5	1	1	1	1	1	0	0	↑	0	0	0	1
6	1	1	1	1	1	1	0	0	1	1	0	0
7	0	1	1	1	1	1	0	0	1	1	0	0
8	0	0	1	1	0	1	0	0	1	1	0	0
9	0	0	0	1	0	1	0	0	1	1	0	0
10	0	0	0	0	0	1	0	0	1	1	0	0
11	0	0	0	0	0	0	0	0	1	0	↓	0

根据状态表，我们不难列出东西方向和南北方向绿、黄、红灯的逻辑表达式，即

东西方向　绿：$EWG = Q_4 \cdot Q_5$

黄：$EWY = \overline{Q_4} \cdot Q_5 (EWY' = EWY \cdot CP_1)$

红：$EWR = \overline{Q_5}$

南北方向　绿：$NSG = \overline{Q}_4 \cdot \overline{Q}_5$

黄：$NSY = Q_4 \cdot \overline{Q}_5 (NSY' = NSY \cdot CP_1)$

红：$NSR = Q_5$

由于黄灯要求闪烁几次，所以用时标 1s 和 EWY 或 NSY 黄灯信号相"与"即可。

（3）显示控制部分

显示控制部分实际上是一个定时控制电路。当绿灯亮时，使减法计数器开始工作（用对方的红灯信号控制），每来一个秒脉冲，使计数器减 1，直到计数器为"0"而停止。译码显示可用 74LS248 BCD 码七段译码器，显示器用 LC5011-11 共阴极 LED 数码管显示器，计数器件选用可预置加、减法计数器，如 74LS168、74LS193 等。

（4）手动/自动控制，夜间控制

可用选择开关进行控制。置开关在手动位置，输入单次脉冲，可使交通信号灯在某一位置上，开关在自动位置时，则交通信号灯按自动循环工作方式运行。夜间时，将夜间开关接通，黄灯闪烁。

（5）汽车模拟运行控制

用移位寄存器组成汽车模拟控制系统，即当某一方向绿灯亮时，则绿灯亮"G"信号使该路方向的移位通路打开，而当黄、红灯亮时，则使该方向的移位停止。图 Z-9 所示为南北方向汽车模拟控制电路。

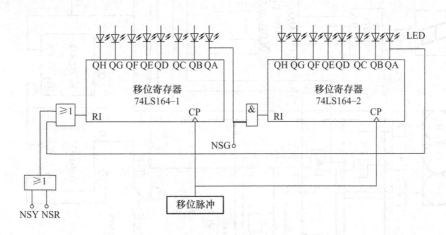

图 Z-9　南北方向汽车模拟控制电路

5. 参考电路

根据设计任务和要求，交通信号灯控制器参考电路如图 Z-10 所示。

6. 参考电路简要说明

（1）单次手动及脉冲电路

单次脉冲是由两个与非门组成的 RS 触发器产生的，当按下 S_1 时，有一个脉冲输出使 74LS164 移位计数，实现手动控制。S_2 在自动位置时，由秒脉冲电路经分频后（四分频）输入给 74LS164，这样，74LS164 为每 4s 向前移一位（计数 1 次）。秒脉冲电路可用晶振或 RC 振荡电路构成。

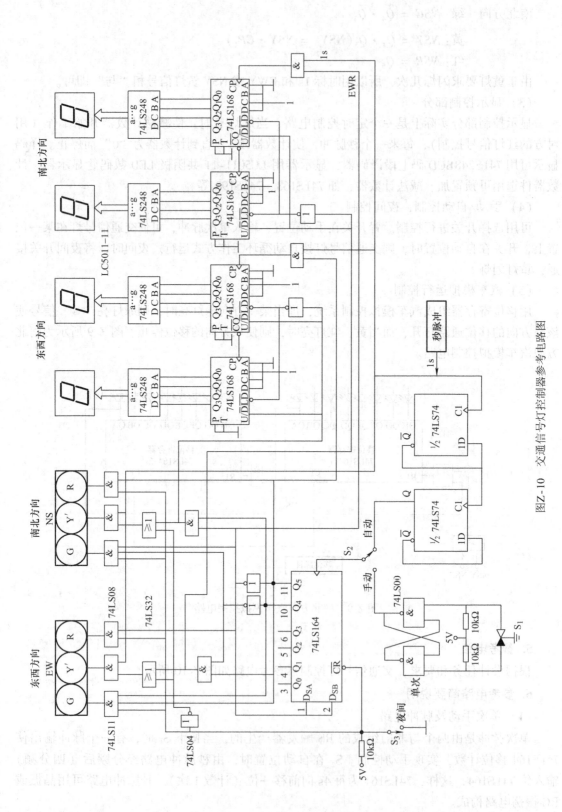

图Z-10 交通信号灯控制器参考电路图

（2）控制器部分

它由74LS164组成扭环形计数器，然后经译码后输出十字路口南北、东西两个方向的控制信号。其中，黄灯信号必须满足闪烁，并在夜间时，使黄灯闪烁，而绿、红灯灭。

（3）数字显示部分

当南北方向绿灯亮，而东西方向红灯亮时，使南北方向的74LS168以减法计数器方式工作，从数字"24"开始往下减，当减到"0"时，南北方向绿灯灭、红灯亮，而东西方向红灯灭、绿灯亮。由于东西方向红灯灭信号（EWR：0）使与门关断，减法计数器工作结束，而南北方向红灯亮使东西方向减法计数器开始工作。

在减法计数开始之前，由黄灯亮信号使减法计数器先置入数据，图 Z-10 中接入 U/$\overline{D}$ 和 $\overline{LD}$ 的信号就是由黄灯亮（为高电平）时，置入数据。黄灯灭（Y = 0）而红灯亮（R = 1）开始减计数。

（4）汽车模拟控制电路

这一部分电路参考图 Z-9。当黄灯（Y）或红灯（R）亮时，则这端为高（H）电平，在 CP 移位脉冲作用下，而向前移位，高电平"H"从 QH 一直移到 QA（图中 74LS164-1）由于绿灯在红灯和黄灯位高电平时，它为低电平，所以 74LS164-1 中 QA 的信号就不能送到 74LS164-2 移位寄存器的 RI 端。这样，就模拟了当黄、红灯亮时汽车停止的功能。而当绿灯亮，黄、红灯灭（G = 1、R = 0、Y = 0）时，74LS164-1 和 74LS164-2 都能在 CP 移位脉冲作用下向前移位。这就意味着绿灯亮时，汽车可向前运行。

附录　VHDL 程序

附录 A　sadd4. vhd 程序文件

```
--------------------------------------------------
-- Sheet: sadd4
-- RefDes:
-- Part Number:
-- Generated By: Multisim
--
-- Author: Administrator
-- Date: Thursday, December 07 11:35:13, 2017
--------------------------------------------------
--------------------------------------------------
-- Use: This file defines the top-level of the design
-- Use with the exported package file
--------------------------------------------------
library ieee;
    use ieee. std_logic_1164. ALL;
    use ieee. numeric_std. ALL;

library work;
    use work. sadd4_pkg. ALL;

entity sadd4 is
    port (Sign : in std_logic;
        A0, A1, A2, A3: in std_logic;
        B0, B1, B2, B3: in std_logic;
        S0, S1, S2, S3: out std_logic;
        Co : out std_logic);
end sadd4;

architecture behavioral of sadd4 is

    component AND2_NI
        port (B : in STD_LOGIC : = 'X';
            A : in STD_LOGIC : = 'X';
            Y : out STD_LOGIC : = 'U');
        end component;

    component AUTO_IBUF
        port(I : in std_logic;
            O : out std_logic);
```

```
    end component;

    component AUTO_OBUF
        port(I : in std_logic;
            O : out std_logic);
    end component;

    component OR3_NI
        port (C : in STD_LOGIC : = 'X';
            B : in STD_LOGIC : = 'X';
            A : in STD_LOGIC : = 'X';
            Y : out STD_LOGIC : = 'U');
    end component;

    component XOR2_NI
        port (B : in STD_LOGIC : = 'X';
            A : in STD_LOGIC : = 'X';
            Y : out STD_LOGIC : = 'U');
    end component;

    signal \1\ : std_logic;
    signal \PLD1/A\ : std_logic;
    signal \4\ : std_logic;
    signal \2\ : std_logic;
    signal \PLD1/B\ : std_logic;
    signal \3\ : std_logic;
    signal \PLD1/S\ : std_logic;
    signal \PLD1/Co\ : std_logic;
    signal \5\ : std_logic;
    signal \7\ : std_logic;
    signal \6\ : std_logic;
    signal \8\ : std_logic;
    signal \PLD4/Ci\ : std_logic;
    signal \9\ : std_logic;
    signal \PLD2/B\ : std_logic;
    signal \PLD2/A\ : std_logic;
    signal \PLD2/S\ : std_logic;
    signal \PLD2/Co\ : std_logic;
    signal \PLD3/B\ : std_logic;
```

```vhdl
signal \PLD3/A\: std_logic;
signal \PLD3/S\: std_logic;
signal \PLD3/Co\: std_logic;
signal \PLD4/B\: std_logic;
signal \PLD4/A\: std_logic;
signal \PLD4/S\: std_logic;
signal \PLD4/Co\: std_logic;
signal \10\: std_logic;
signal \11\: std_logic;
signal \12\: std_logic;
signal \13\: std_logic;
signal \14\: std_logic;
signal \15\: std_logic;
signal \16\: std_logic;
signal \17\: std_logic;
signal \18\: std_logic;
signal \19\: std_logic;
signal \20\: std_logic;
begin
    Sign_AUTOBUF : AUTO_IBUF
        port map( I = > Sign, O = > \PLD4/B\ );
    A0_AUTOBUF : AUTO_IBUF
        port map( I = >A0, O = > \PLD4/A\ );
    A1_AUTOBUF : AUTO_IBUF
        port map( I = >A1, O = > \PLD1/A\ );
    B0_AUTOBUF : AUTO_IBUF
        port map( I = >B0, O = > \1\ );
    B1_AUTOBUF : AUTO_IBUF
        port map( I = >B1, O = > \2\ );
    B2_AUTOBUF : AUTO_IBUF
        port map( I = >B2, O = > \3\ );
    A2_AUTOBUF : AUTO_IBUF
        port map( I = >A2, O = > \PLD2/A\ );
    B3_AUTOBUF : AUTO_IBUF
        port map( I = >B3, O = > \4\ );
    A3_AUTOBUF : AUTO_IBUF
        port map( I = >A3, O = > \PLD3/A\ );
    S0_AUTOBUF : AUTO_OBUF
        port map( I = > \PLD4/S\, O = >S0 );
    S1_AUTOBUF : AUTO_OBUF
        port map( I = > \PLD1/S\, O = >S1 );
    S2_AUTOBUF : AUTO_OBUF
        port map( I = > \PLD2/S\, O = >S2 );
    S3_AUTOBUF : AUTO_OBUF
        port map( I = > \PLD3/S\, O = >S3 );
    Co_AUTOBUF : AUTO_OBUF
        port map( I = > \PLD3/Co\, O = >Co );
    U25 : XOR2_NI
        port map( A = > \PLD4/B\, B = > \1\, Y = >
\PLD4/Ci\ );
    U26 : XOR2_NI
        port map( A = > \2\, B = > \PLD4/B\, Y = >
\PLD1/B\ );
    U27 : XOR2_NI
        port map( A = > \3\, B = > \PLD4/B\, Y = >
\PLD2/B\ );
    U28 : XOR2_NI
        port map( A = > \PLD4/B\, B = > \4\, Y = >
\PLD3/B\ );
    U1 : XOR2_NI
        port map( A = > \PLD4/Ci\, B = > \5\, Y = >
\PLD4/S\ );
    U2 : XOR2_NI
        port map( A = > \PLD4/A\, B = > \PLD4/B\,
Y = > \5\ );
    U3 : AND2_NI
        port map( A = > \PLD4/B\, B = > \PLD4/
A\, Y = > \6\ );
    U4 : AND2_NI
        port map( A = > \PLD4/B\, B = > \PLD4/
Ci\, Y = > \7\ );
    U5 : AND2_NI
        port map( A = > \PLD4/A\, B = > \PLD4/
Ci\, Y = > \8\ );
    U6 : OR3_NI
        port map( A = > \6\, B = > \7\, Y = >
\PLD4/Co\, C = > \8\ );
    U7 : XOR2_NI
        port map( A = > \PLD4/Co\, B = > \9\,
Y = > \PLD1/S\ );
    U8 : XOR2_NI
        port map( A = > \PLD1/A\, B = > \PLD1/
B\, Y = > \9\ );
    U9 : AND2_NI
        port map( A = > \PLD1/B\, B = > \PLD1/
A\, Y = > \10\ );
    U10 : AND2_NI
        port map( A = > \PLD1/B\, B = > \PLD4/
Co\, Y = > \11\ );
    U11 : AND2_NI
        port map( A = > \PLD1/A\, B = > \PLD4/
Co\, Y = > \12\ );
    U12 : OR3_NI
        port map( A = > \10\, B = > \11\, Y = >
\PLD1/Co\, C = > \12\ );
    U13 : XOR2_NI
        port map( A = > \PLD1/Co\, B = > \13\,
Y = > \PLD2/S\ );
```

```
        U14 : XOR2_NI
            port map( A = > \PLD2/A\, B = > \PLD2/
B\, Y = > \13\ );
        U15 : AND2_NI
            port map( A = > \PLD2/B\, B = > \PLD2/
A\, Y = > \14\ );
        U16 : AND2_NI
            port map( A = > \PLD2/B\, B = > \PLD1/
Co\, Y = > \15\ );
        U17 : AND2_NI
            port map( A = > \PLD2/A\, B = > \PLD1/
Co\, Y = > \16\ );
        U18 : OR3_NI
            port map( A = > \14\, B = > \15\, Y = >
\PLD2/Co\, C = > \16\ );
        U19 : XOR2_NI
            port map( A = > \PLD2/Co\, B = > \17\,
```
```
Y = > \PLD3/S\ );
        U20 : XOR2_NI
            port map( A = > \PLD3/A\, B = > \PLD3/
B\, Y = > \17\ );
        U21 : AND2_NI
            port map( A = > \PLD3/B\, B = > \PLD3/
A\, Y = > \18\ );
        U22 : AND2_NI
            port map( A = > \PLD3/B\, B = > \PLD2/
Co\, Y = > \19\ );
        U23 : AND2_NI
            port map( A = > \PLD3/A\, B = > \PLD2/
Co\, Y = > \20\ );
        U24 : OR3_NI
            port map( A = > \18\, B = > \19\, Y = >
\PLD3/Co\, C = > \20\ );
end behavioral;
```

附录 B   sadd4_pkg. vhd 程序文件

```
--------------------------------------------------
-- Sheet: sadd4
-- RefDes:
-- Part Number:
-- Generated By: Multisim
--
-- Author: Administrator
-- Date: Thursday, December 07 11:35:13, 2017
--------------------------------------------------
--------------------------------------------------
-- Use: This file contains definitions of components
-- Use with the exported top-level file
--------------------------------------------------
library ieee;
    use ieee. std_logic_1164. ALL;
    use ieee. numeric_std. ALL;

package sadd4_pkg is

    component AND2_NI
        port ( B : in STD_LOGIC : = 'X';
               A : in STD_LOGIC : = 'X';
               Y : out STD_LOGIC : = 'U');
    end component;

    component AUTO_IBUF
        port( I : in std_logic;
              O : out std_logic);
```
```
    end component;

    component AUTO_OBUF
        port( I : in std_logic;
              O : out std_logic);
    end component;

    component OR3_NI
        port ( C : in STD_LOGIC : = 'X';
               B : in STD_LOGIC : = 'X';
               A : in STD_LOGIC : = 'X';
               Y : out STD_LOGIC : = 'U');
    end component;

    component XOR2_NI
        port ( B : in STD_LOGIC : = 'X';
               A : in STD_LOGIC : = 'X';
               Y : out STD_LOGIC : = 'U');
    end component;

end sadd4_pkg;

package body sadd4_pkg is
end sadd4_pkg;

library work;
    use work. sadd4_pkg. ALL;
library IEEE;
```

```vhdl
use IEEE. STD_LOGIC_1164. ALL;

entity AND2_NI is
    port ( B : in STD_LOGIC : = 'X';
        A : in STD_LOGIC : = 'X';
        Y : out STD_LOGIC : = 'U' ) );
end AND2_NI;
architecture BEHAVIORAL of AND2_NI is
begin
    Y < = A and B;
end BEHAVIORAL;

library work;
    use work. sadd4_pkg. ALL;
library IEEE;
    use IEEE. STD_LOGIC_1164. all;

entity AUTO_IBUF is
    port( I : in std_logic;
        O : out std_logic ) ;
end AUTO_IBUF;

architecture AUTO_IBUF_ARCH of AUTO_IBUF is
begin
    O < = I;
end AUTO_IBUF_ARCH;

library work;
    use work. sadd4_pkg. ALL;
library IEEE;
    use IEEE. STD_LOGIC_1164. all;

entity AUTO_OBUF is
    port( I : in std_logic;
        O : out std_logic ) ;
end AUTO_OBUF;

architecture AUTO_OBUF_ARCH of AUTO_OBUF is
begin
    O < = I;
end AUTO_OBUF_ARCH;

library work;
    use work. sadd4_pkg. ALL;
library IEEE;
    use IEEE. STD_LOGIC_1164. ALL;

entity OR3_NI is
    port ( C : in STD_LOGIC : = 'X';
        B : in STD_LOGIC : = 'X';
        A : in STD_LOGIC : = 'X';
        Y : out STD_LOGIC : = 'U' );
end OR3_NI;

architecture BEHAVIORAL of OR3_NI is
begin
    Y < = ( A or B or C );
end BEHAVIORAL;

library work;
    use work. sadd4_pkg. ALL;
library IEEE;
    use IEEE. STD_LOGIC_1164. ALL;

entity XOR2_NI is
    port ( B : in STD_LOGIC : = 'X';
        A : in STD_LOGIC : = 'X';
        Y : out STD_LOGIC : = 'U' );
end XOR2_NI;

architecture BEHAVIORAL of XOR2_NI is
begin
    Y < = A xor B;
end BEHAVIORAL;
```

参 考 文 献

[1] 邱寄帆. 数字电子技术 ［M］. 北京：高等教育出版社，2015.
[2] 欧伟明. 实用数字电子技术 ［M］. 北京：电子工业出版社，2014.
[3] 宁慧英. 数字电子技术与应用项目教程 ［M］. 北京：机械工业出版社，2013.
[4] 马艳阳. 数字电子技术项目化教程 ［M］. 西安：西安电子科技大学出版社，2013.
[5] 海波. 数字电子技术基础 ［M］. 北京：清华大学出版社，2013.
[6] 邵利群. 数字电子技术项目教程 ［M］. 北京：清华大学出版社，2012.
[7] 李忠国. 数字电子技能实训 ［M］. 北京：人民邮电出版社，2006.